機能膜技術の応用展開
Progress of Specialty Membranes

監修:吉川正和

シーエムシー出版

推薦のことば

　膜技術は，物質の選択透過機能膜の創製と，それによる分離と分離の輸送を基本機能とした必須の根幹的化学技術として，20世紀後半から大きく発展してきた。今日，膜は，合目的に不可欠な機能膜として社会的にも大きな貢献をしてきている。さらに，21世紀に入り，現在，国家的に，また，グローバルな重要科学技術として取り上げられた環境関連科学技術，資源関連科学技術，エネルギー関連科学技術，さらに生命関連科学技術などの主要な総ての分野においても，それらの科学技術の進展には，膜が不可欠な機能材料やシステムとして役割を持つことは明らかであり，そのことにおいても，機能膜に対する期待が，最近，改めて大きく広がってきていることが窺える。こうした状況を踏まえて，本書が企画された。

　今日，人類の存続にも関わることから，大きな社会問題にもなっているエネルギー，資源問題に絡み環境問題に対応する，水，大気の分野において，また，エネルギー貯蔵，変換についてのエネルギーの分野，情報，通信の分野，さらに，生体や生命科学の分野においてもまた，これらと大きく関わっているナノテクノロジー関連分野にまで，機能膜の科学技術が及ぶ範囲は広範である。それらは，水浄化や造水における選択濾過膜や透過膜，物質生産過程，食品生産過程における省エネルギーと環境負荷の小さいシステムを提供する膜分離プロセス，また，エネルギー変換における燃料電池膜，さらに，半導体をはじめとする情報関連機能素子の構築や生産過程における超純水や溶剤の精製，また，医療材料の分野においても，透析膜や分離膜などの不可欠な機能材料として数えきれない役割を果たしている。今日，機能膜に対して，効率の高い，結果的に環境負荷の小さい合目的なシステムを実現させる主要な機能材料であることに，以前にもまして大きな期待が寄せられている。

　膜の本質的機能は，膜透過物質（被輸送物質）の選択的透過あるいは排除による分離と輸送にあり，その根幹的機能の故に，膜の機能は多岐に亘る。省エネルギー，省資源，さらに環境汚染防止問題は，それらにある変化過程の高効率化に尽きる。膜は，原理的にみて，レスエネルギー，レスエントロピーな過程を提供する。その点で，膜技術に対する期待は潜在的にも極めて大きい。膜は，2つの相を隔てスカラー量として考えられる物質の濃度，圧力などの量的ないし質的変化系に，空間方向性すなわちベクトル性を与え，また，エネルギーや情報のモードを量的あるいは質的に変換させる低次元機能材料とも定義することができる。すなわち，膜透過は，界面相を構成する表面あるいは近傍の原子，分子，イオンなどと，被輸送体との相互作用を介して，それぞれの熱力学的ポテンシャルを透過あるいは輸送に結び付けられる現象である。われわれを

魅了して止まない精緻な生体膜も、生体成分の選択的な汲み上げと排除によって生命現象維持と高度な膜現象を発現している機能膜の1つである。

膜は、巨視的にも超微視的（ナノレベル）にみても外界との接触面積が大きい界面（表面）機能材料である。透過物は分子やイオンに限るものではない。電子、ホール、光子も対象にできよう。膜は、これらの透過やシステム化された輸送を通して、選択的輸送のみならず、エネルギーや情報の変換を行なう機能材料とする定義も可能である。とくに、ナノ操作による最近の超薄膜の研究が、その構造構築法や評価法の進歩と共に、生体膜や電子材料、光学材料の研究の進歩を促し、それらの交流と融合によって機能膜の分野を拡大させる可能性を高めている。また、機能膜の本質的機能のみをもってしても、対象を変えて新しい分野を広げることもできよう。情報・通信分野や生体関連膜分野への展開の期待も大きい。さらに、基礎原理に立脚した、機能の多重化や複合化により、機能を多様化、高度化させることによって、より合目的な機能膜材料の創成も試みられている。また、最近の科学技術の発展、深化は、機能膜に対する期待をますます高め、同時に合目的な機能要求も厳しくなり、さらに、革新的な発展が望まれる。膜科学技術が果たすべき重要な問題は山積している。膜構築材料も機能膜創製にとって重要である。有機、無機、金属、また、それらのハイブリッドと、多彩であり、合目的に有用な機能膜分野を拓いてきている。

先端科学技術は21世紀に入って新たに急速な展開を見せている。膜技術に対する期待は、膜技術自身の先端的分野における進展は勿論のことであるが、膜技術が密接に関連している上述の先端科学技術研究の急速な発展とともに、改めて大きく広がることはいうまでもない。先端は標的となりやすく、次の先端によって先の先端が見え難くなることが多い。機能膜は、膜材料としてもそれを応用した膜システムや膜プロセスとしても、合目的な設計と利用のもとに、独自の大きな分野を創出してきた。しかし、機能膜に対する期待は、先端技術の発展、深化とともにますます大きく広がってきている。本書は、このことを受け止め、気鋭の執筆者によって書かれたものである。その内容は、確固たる分野を占めている機能膜のそれぞれについて、機能発現の基礎原理から応用、また問題点を示すことによって、自ずから、機能膜についての知識だけではなく、読者にフレキシブルな発想が誘起され、また、問題提起とその解決方策が紙背に現れてくることが期待されていることが窺える。

本書が時宜を得たのもであり、膜科学技術の飛躍的な発展に寄与するものと期待する。
最近に至って膜科学技術に対する期待は潜在的に改めて大きい。

清水　剛夫

京都大学名誉教授
（株）ＫＲＩ

序

　編者はカナダ国立科学研究評議会化学研究所において1988年より1990年にかけて松浦剛博士のグループで客員研究員として滞在させて頂き，高分子膜の研究に携わった。オタワでの膜研究を終え日本への帰国の途についたとき，帰国後何か日本の膜学に貢献することをしたいと機中にて漠然と考えていた。帰国後もそのように思っていた折に，Marcel Mulder博士の手によるBasic Principles of Membrane Technologyの初版本に出くわした。勿論，日本人膜研究者により書かれた多くの膜学関連の書物もあったが，この本は膜素材である高分子科学から膜工学までをも網羅しており，これこそ使命と考え，多くの日本人膜研究者ならびに元日本人膜研究者である松浦剛博士のお手を借りて，Basic Principles of Membrane Technology Second Editionを「膜技術」というタイトルでアイピーシーより1997年にこれを訳本として出版するに至った。この作業を行っているときよりこれまで，訳本では無く，わが国の膜学の第一線において活躍されておられる研究者による膜学に貢献する書物を作ることがかなわないものかと心に思っていた。そのような思いを胸に抱きながらもなすすべもなく日々の教育と研究とに追われていたとき，シーエムシー出版の門脇孝子氏より本書の編集のお誘いを頂いた。そのお話を伺った当初は，編者にとっては役者不足であると考えお断りしていたが，恩師である清水剛夫博士の勧めも手伝い，十年来の思いを果たすべく，本書の編集をお引き受けすることにした。お引き受けしたものの，小生一人でこのような大著を執筆することなど到底不可能なことである。そこで，国内はもとより世界の膜学を牽引されておられる多くの執筆者の助けをお借りすることにより，ようやく本書の出版に辿り着いた。本書がわが国の膜学，その中でも取り分け，人工膜の発展に寄与することを切に希望すると共に，そうなるであろうことを確信している。最後に，本書の出版において御尽力頂いたシーエムシー出版の門脇孝子氏に感謝する。

2005年2月

吉川正和

普及版の刊行にあたって

本書は2005年に『最先端の機能膜技術―未来の膜技術を展望する―』として刊行されました。普及版の刊行にあたり，内容は当時のままであり加筆・訂正などの手は加えておりませんので，ご了承ください。

2011年5月

シーエムシー出版　編集部

執筆者一覧（執筆順）

清水 剛夫	京都大学名誉教授；㈱KRI　特別顧問
	（現）京都大学教育研究振興財団　常務理事
吉川 正和	京都工芸繊維大学　高分子学科　教授
	（現）京都工芸繊維大学　大学院生体分子工学専攻　教授
喜多 英敏	（現）山口大学　大学院理工学研究科　教授
中尾 真一	（現）工学院大学　工学部　環境エネルギー化学科　教授
都留 稔了	広島大学　大学院工学研究科　物質化学システム専攻　助教授
原谷 賢治	（独）産業技術総合研究所　環境化学技術研究部門　副研究部門長
谷岡 明彦	（現）東京工業大学　大学院理工学研究科　教授
青木 隆史	（現）京都工芸繊維大学　大学院工芸科学研究科
	バイオベースマテリアル学部門　准教授
伊藤 直次	（現）宇都宮大学　大学院工学研究科　物質環境化学専攻　教授
高羽 洋充	（現）東北大学　大学院工学研究科　化学工学専攻　准教授
井上 岳治	東レ㈱　地球環境研究所　研究員
山口 猛央	東京大学　大学院工学系研究科　化学システム工学専攻　助教授
	（現）東京工業大学　資源化学研究所　教授
酒井 清孝	（現）早稲田大学　大学院先進理工学研究科　応用化学専攻　教授
鍋谷 浩志	（現）（独）農研機構　食品総合研究所　企画管理部　業務推進室長
都甲 潔	（現）九州大学　大学院システム情報科学研究院　主幹教授
樋口 亜紺	（現）台湾・国立中央大学　化学工学及び材料工学科　講座教授
尹 富玉	成蹊大学　工学研究科　応用化学専攻

執筆者の所属表記は，注記以外は2005年当時のものを使用しております。

目　次

概論編

第1章　機能性高分子膜　　吉川正和

1　はじめに ……………………………………3
　(1)　凝集分離材料 ………………………………3
　(2)　吸着分離材料 ………………………………3
　(3)　膜分離材料 …………………………………5
2　近年の機能性高分子膜研究の動向 ………5
3　膜素材としての高分子 ……………………6
4　今後の機能性高分子膜研究 ………………7

第2章　機能性無機膜　　喜多英敏

1　はじめに ……………………………………9
2　緻密膜 ………………………………………9
3　多孔質膜 ……………………………………10
4　おわりに ……………………………………15

機能編

第3章　圧力を分離駆動力とする液相系分離膜　　中尾真一，都留稔了

1　はじめに ……………………………………19
2　液体分離膜の最近の動向 …………………20
3　非水系ろ過膜 ………………………………22
4　無機膜の開発 ………………………………23
4.1　無機膜の特徴と製法 ……………………23
4.2　市販無機膜およびその応用分野 ………26
4.3　無機ろ過膜の開発と応用 ………………27
5　おわりに ……………………………………32

第4章　気体分離膜　　原谷賢治

1　はじめに ……………………………………35
2　膜の種類と気体透過機構 …………………35
　2.1　非多孔質膜での溶解拡散流 ……………36
　　2.1.1　高分子膜 ………………………………36
　　2.1.2　液体膜 …………………………………37
　　2.1.3　金属膜，酸化物膜 ……………………37
　2.2　ミクロ孔膜での透過 ……………………38
　2.3　メソ孔膜での透過 ………………………38
　2.4　抵抗モデル ………………………………38
3　気体分離膜開発研究の進展 ………………39

I

3.1　自由体積の設計と拡散速度 …………39
　3.2　溶解選択性の付与 ………………40
　3.3　水素排除型膜 ……………………41
　3.4　ミクロ孔無機膜の進展 …………41
　3.5　非多孔質無機膜 …………………42
4　混合気体の分離……………………………43
　4.1　分離性能の計算式 ………………43
　4.2　膜表面での濃度分極 ……………44
5　気体分離膜モジュールの設計法…………45

　5.1　フローモデルとモジュール設計式 …46
　　5.1.1　完全混合 ……………………46
　　5.1.2　並流プラグフローと向流プラ
　　　　　グフロー ……………………46
　　5.1.3　十字流プラグフロー ………47
　5.2　圧力損失の問題 …………………47
　5.3　逆混合の問題 ……………………47
6　おわりに……………………………………48

第5章　有機液体分離膜　　吉川正和

1　はじめに……………………………………50
2　浸透気化の特徴……………………………51
3　浸透気化装置のデザイン…………………53
4　透過速度と分離係数………………………55
5　浸透気化の実際……………………………56
　5.1　透過側圧力 ………………………56
　5.2　供給側圧力の影響 ………………57
　5.3　操作温度の影響 …………………57
　5.4　膜厚の影響 ………………………58
　5.5　浸透気化に影響を与えるその他の
　　　因子 …………………………………59
6　膜透過式……………………………………59
7　浸透気化膜の設計…………………………62
8　膜内における透過物質の状態と浸透気
　　化性能 ……………………………………63
9　浸透気化において注意すべき点…………65
　9.1　透過選択性発現機構の解明 ……65
　9.2　分離係数 …………………………66
　9.3　浸透気化と蒸気透過 ……………66
10　展望 ………………………………………68

第6章　イオン交換膜　　谷岡明彦

1　イオン交換膜の現状………………………71
2　イオン交換膜の選択性……………………72
3　イオン交換膜におけるイオンの輸送原理…73
4　最近のイオン交換膜におけるイオン輸
　　送理論の進展 ……………………………74
　4.1　膜電位 ……………………………75
　4.2　Donnan電位 ……………………75
　4.3　拡散電位 …………………………76
　4.4　有効荷電密度 ……………………76
　4.5　膜中のイオン移動度 ……………79
5　今後のイオン交換膜………………………80
　5.1　R.MacKinnonのカリウムチャネル …80
　5.2　膜のファウリング対策 …………81

第7章　液体膜　青木隆史

1　はじめに……………………………84
2　液体膜の安定性……………………84
3　高分子から構成された液体膜……86
4　室温以下にT_gを有する高分子擬似液体膜…86
4.1　ABA型ブロック共重合体……………87
4.2　櫛形共重合体………………………90
5　おわりに………………………………91

第8章　触媒機能膜　伊藤直次

1　はじめに……………………………94
2　触媒膜材料…………………………95
　2.1　パラジウムおよびその合金 ………95
　2.2　銀 …………………………………96
　2.3　固体電解質 ………………………97
　　2.3.1　酸素イオン伝導体 ……………97
　　2.3.2　水素イオン伝導体 ……………97
　2.4　リン酸（プロトン伝導体）………98
　2.5　混合伝導体 ………………………99
　2.6　ゼオライト膜 ……………………99
　2.7　触媒担持多孔質膜………………101
3　触媒膜を利用した反応 ……………102
　3.1　パラジウム系膜…………………102
　　3.1.1　脱水素反応…………………102
　　3.1.2　水素化反応…………………103
　　3.1.3　二つの反応のカップリング……105
　3.2　銀膜………………………………108
　3.3　イオン伝導体……………………108
　　3.3.1　炭化水素の熱分解等………108
　　3.3.2　水蒸気，二酸化炭素分解……109
　　3.3.3　酸化脱水素反応……………110
　　3.3.4　部分酸化反応………………110
　　3.3.5　メタンの二量化……………111
　　3.3.6　メタンの部分酸化…………112
　3.4　ゼオライト膜……………………113
　3.5　触媒担持膜………………………114
　　3.5.1　バナジウム担持多孔質アルミナ
　　　　　…………………………………114
　　3.5.2　ヘテロポリ酸担持多孔質膜……116
4　触媒膜反応の最近の事例（還元的酸化反応）………………………………117
　4.1　背景………………………………117
　4.2　パラジウム膜中の水素挙動……118
　4.3　パラジウム触媒膜の作成法……119
　4.4　反応原理の仮説…………………120
　4.5　反応試験結果……………………120
　　4.5.1　反応器および試験方法……120
　　4.5.2　反応原理の実証試験………121
　　4.5.3　反応試験結果の一例………121
5　おわりに……………………………123

第9章　新しい膜性能推算法（分子シミュレーション）　高羽洋充

1　はじめに …………………………127
2　計算方法の概要 …………………128
　2.1　原子間ポテンシャル関数と相互作用パラメータ…………………128
　2.2　直接シミュレーション計算方法……132
　2.3　透過理論との組み合わせ法…………135
　　2.3.1　溶解－拡散モデル……………135
　　2.3.2　表面流れモデル………………135
3　ポリマー膜性能の評価例 ……………138
4　無機膜性能の評価例 …………………141
　4.1　直接法による計算例………………141
　4.2　透過理論との組み合わせ法による計算例………………………142
5　おわりに ………………………………146

応用編

第10章　水処理用膜（浄水，下水処理）　井上岳治

1　世界の水事情と水処理用膜分離技術 …151
2　RO膜・NF膜 …………………………152
　2.1　海水淡水化RO膜 ………………153
　2.2　かん水淡水化RO膜／NF膜………155
　2.3　低ファウリングRO膜 ……………156
3　UF膜・MF膜 …………………………157
　3.1　飲料水製造…………………………157
　3.2　膜利用活性汚泥技術………………159
4　インテグレーテッド・ハイブリッドメンブレンシステム ………………160
5　水処理用膜分離技術の課題 …………162

第11章　固体高分子型燃料電池用電解質膜　山口猛央

1　はじめに ………………………………164
2　炭化水素系電解質膜 …………………166
3　細孔フィリング電解質膜の開発 ……167
4　細孔フィリング型電解質膜の作成および評価 ……………………………168
5　細孔フィリング電解質膜を用いた燃料電池性能 ………………………172
6　おわりに ………………………………174

第12章　医療用膜　酒井清孝

1　新しい医療技術 ………………………176
2　人の命を助ける人工膜 ………………176
3　透析器と透析膜 ………………………177
4　優れた透析膜 …………………………178

5	市販透析膜 …………………… 178	8	逆浸透膜 ………………………… 182
6	透析膜の構造と透過性 ………… 179	9	ウイルス除去膜 ………………… 183
7	新しい透析膜と将来への課題 … 180	10	ガス透過（交換）膜 …………… 184

第13章　食品用膜　　鍋谷浩志

1	食品産業における膜分離技術の沿革 … 187	4.1	ナノろ過法 ……………………… 191
2	食品産業における膜分離技術の特徴 … 187		4.1.1　牛乳およびホエーの脱塩 ……… 192
	2.1　品質の向上が可能 ………………… 187		4.1.2　アミノ酸調味液の脱色 ………… 192
	2.2　工程の簡略化が可能 ……………… 188		4.1.3　醬油の脱色 ……………………… 193
	2.3　エネルギーコストの低減が可能 … 189		4.1.4　高濃度濃縮システム …………… 193
	2.4　操作が単純 ………………………… 189		4.1.5　オリゴ糖の精製 ………………… 194
3	食品産業における膜分離技術の応用例		4.1.6　機能性ペプチド精製 …………… 194
	……………………………………… 190	4.2	有機溶媒系での膜分離 ………… 194
4	食品産業における膜技術の新たな展開	4.3	分離以外の目的への膜技術の応用 … 195
	……………………………………… 191	5	おわりに ………………………… 195

第14章　味・匂いセンサー膜　　都甲　潔

1	はじめに ……………………… 198	5	食品への適用 …………………… 209
2	味覚センサー ………………… 200		5.1　ビールの味 ………………………… 209
	2.1　受容膜 ……………………………… 200		5.2　ミネラルウォーター ……………… 210
	2.2　基本味応答 ………………………… 201		5.3　ブドウ果汁の劣化 ………………… 211
	2.3　応答メカニズム …………………… 202	6	医薬品の苦味 …………………… 212
3	アミノ酸とジペプチド ……… 204	7	味覚センサーで香りを測る …… 213
	3.1　アミノ酸 …………………………… 204	8	匂いセンサー …………………… 214
	3.2　ペプチドの味 ……………………… 207	9	展望 ……………………………… 216
4	コーヒー牛乳＝麦茶＋牛乳＋砂糖 …… 208		

第15章　環境保全膜　　樋口亜紺，伊　富玉

1	緒言 …………………………… 219	2　内分泌攪乱物質の定義および作用メカ

ニズム ………………………………220
3　環境中からの内分泌攪乱物質の除去法
　　……………………………………221
4　機能膜を用いた内分泌攪乱物物質の
　　除去 ………………………………222
5　疎水性機能膜を用いた内分泌攪乱物質
　　の吸着法による除去 ………………223
　5.1　様々な膜を用いた内分泌攪乱物質
　　　の吸着法による除去………………223
　5.2　活性炭とPDMS膜の吸着性の比較…226
　5.3　母乳中の内分泌攪乱物質の除去およ
　　　び分析………………………………226
　5.4　ミネラルウォーター中からの内分
　　　泌攪乱物質の除去………………227

6　疎水性機能膜を用いた内分泌攪乱物
　　質のパーベーパレーション法による除去…229
　6.1　パーベーパレーション法の原理と
　　　装置……………………………229
　6.2　加温下におけるパーベーパレーシ
　　　ョン法によるDBCPの濃縮と除去…232
　6.3　分離係数と透過流量の膜厚依存性…233
　6.4　分離係数と内分泌攪乱物質の分子
　　　量との関係……………………234
　6.5　塩水溶液中における内分泌攪乱物
　　　質のPV法による濃縮・除去………238
　6.6　海水中における有機物質並びに
　　　内分泌攪乱物質のPV法による分析…239

概論編

第1章　機能性高分子膜

吉川正和*

1　はじめに

　化学プロセスは合成と分離という二大プロセスから成り立っている。合成化学が飛躍的に進歩を遂げ，出発物質より目的とする化合物のみを得ることが可能となるまでは，常に混合物より目的とする物質を獲得するために何らかの分離操作を行わねばならない。また，環境分析をはじめとする分析の前処理としての，目的物質の単離のための分離操作も，標的化合物のみを認識する完全な分子認識材料（センサー素子）が開発されるまでは，前処理としての分離操作が必用不可欠であろう。

　分離の最も初歩的な形態としては，物質の物理的あるいは化学的な属性の相違を利用して行う，蒸留，昇華，結晶，沈澱，遠心分離，ゾーンメルティング等が挙げられる。この場合，混合物のもつ属性の相違にのみ依存して分離を行うため，その分離には自ずと限界がある。その限界を越えるには，分離材料を用い，分離材料と分離される物質との間の種々の物理的ならびに化学的相互作用を用いて実行せねばならない。

　分離材料は，前述したように基質と分離材料との間の物理的ならびに化学的相互作用によって選択性や基質特異性が発現され，温和な操作条件下で高効率な分離が行われる。分離材料は以下の三つに大別される。

(1)　凝集分離材料

　混合系より特定物質の凝集を促進させることにより相分離させる分離材料で，凝集剤やミセル化剤がこの範疇に属する。これは，工業廃水の清澄化，沈降速度改良，さらには土壌改良，ウィルス除去，脱臭剤，脱色剤等がある。分離除去を目的とする場合は，不可逆的であってよいが，吸着分離を目的とする場合には可逆性を示す選択吸着によって行われる必要がある。

(2)　吸着分離材料

　(1)における吸着分離を多段階操作としたものがクロマトグラフィーである。平板状では，ペーパークロマトグラフィー，薄層クロマトグラフィー，ゲル電気泳動，管状ではガスクロマトグラフィー，液体クロマトグラフィー，超臨界流体クロマトグラフィー，細管等速電気泳動，等電点

---

　* Masakazu Yoshikawa　京都工芸繊維大学　高分子学科　教授

最先端の機能膜技術

表1 膜分離過程とその膜分離機構

膜分離過程	分離の目的	膜構造	保持される物質	膜透過される物質	選択的に膜透過させるべき物質	駆動力	分離機構	供給側ならびに透過側の相
気体分離 (蒸気分離)	特定の基質の富化もしくは除去	対象膜,非対象膜,非多孔質膜	溶解度が高くない場合はサイズの大きな気体が保持される	サイズが小さいか,もしくは溶解度の高い気体	どちらでもよい	濃度勾配 (気体の分圧差)	溶解-拡散機構	気体(蒸気)
浸透気化 (パーベーパレーション)	特定の基質の富化もしくは除去	対象膜,非対象膜,非多孔質膜	溶解度が高くない場合は,サイズの大きな物質が保持される	溶解度の高い,サイズの小さい,より気化しやすい非電解質(中性物質)	供給側に少量存在する物質	濃度勾配	溶解-拡散機構	供給側は液体,透過側は蒸気(気体)
透析	巨大分子の共存しない微少分子溶液あるいは微少分子の共存しない巨大分子溶液	対象微多孔質膜	>0.02μmの分子が保持される。血しょう分離においては>0.05μmの分子	微少分子,分子サイズのより小さな分子	供給側に少量に存在する物質,浸透圧の不均衡による溶媒の透過	濃度勾配	ふるい分け,微多孔質膜中の拡散	液体
電気透析	荷電粒子を含む液体からの脱塩,荷電粒子の濃縮	陽イオン交換膜,陰イオン交換膜	共イオン,巨大荷電粒子,水	微少荷電粒子	供給側に少量に存在する荷電粒子,電気浸透による少量の水	電気化学ポテンシャル,電気浸透	粒子の電荷ならびにその荷電粒子の大きさ	液体
精密ろ過	粒子の存在しない溶液,粒子の存在しない気体	対象膜,多孔質膜	0.02～10μmの粒子	粒子の存在しない溶液あるいは気体	主成分である溶媒(気体),少量存在する溶質(粒子),巨大溶質(巨大粒子)	静水圧差 (1～10気圧)	ふるい分け	液体,気体
限外ろ過	巨大粒子を含まない溶液,微小粒子を含まない溶液,巨大粒子の分別	非対象膜,多孔質膜	1～20nmの巨大分子	微少分子を含む溶液	主成分である溶媒,少量存在する微小粒子ならびに巨大粒子	静水圧と微小な浸透圧との差 (0.5～5気圧)	ふるい分け	液体
ナノフィルトレーション	1nm前後のサイズを持つ分子や溶質の除去	非対象膜,複合膜,荷電膜	Ca^{2+}, Mg^{2+}等大きなイオン,1～2nmの微粒子,バクテリア,高分	Na^+等の1価イオン,低分子有機化合物,溶媒	主成分である溶媒	静水圧と小さな浸透圧との差 (5～20気圧)	Donnan平衡に基づく静電的排除効果,ふるい分け	液体,気体
逆浸透	溶質を含まない溶媒,微小溶質を含む溶液の濃縮	非対象膜,表面(活性層の薄層は非多孔質膜)	<1nmの微小粒子	溶媒	主成分である溶媒	静水圧と浸透圧との差 (20～100気圧)	溶解-拡散機構	液体

第1章　機能性高分子膜

電気泳動，キャピラリー電気泳動がある。この多段階分離は時間軸に対して行われる。このクロマトグラフィーも通常は回分操作で行われる。擬似移動床法によりクロマトグラフィーも連続的な運転が可能であるが，その操作は煩雑であり，主としてクロマトグラフィーは回分操作により分離や分析が行われている。ある意味では，そのことより完全分離が達成されやすい。

(3) 膜分離材料

分離において，連続的な操作を可能にすると共に，輸送と関連付けることのできる分離材料が膜分離材料である。膜分離材料による分離は，表1にまとめたように，気体分子から高分子量な化合物の分離までがある。膜分離は分離される物質の大きさによる篩分けと物理的ならびに化学的な相互作用による親和性の相違によって分離が行われる。さらには，基質特異性に優れた分子をキャリヤーに用いたキャリヤー膜（流動キャリヤー膜（液体膜）[1]，固定キャリヤ・膜[2,3]）がある。このキャリヤー膜は生体膜に見られる精緻な膜機能の概念を人工膜へ適用したものである。

このように分離膜による物質分離は連続的にかつ，表1に示したように，浸透気化を除く膜分離は相変化を伴うことなく行われる。連続的に操作されることにより，目的外の物質も僅かながらも膜輸送されることになり，クロマトグラフィーによる物質分離のように純粋物質を得るには，厳密に基質特異性を示す分子認識能を有する分離膜を構築せねばならない。しかしながら，現状においては，その分離操作の連続性から実現にはまだ時間を要すると考えられる。

2　近年の機能性高分子膜研究の動向

近年の膜研究は，地球規模でその解決が急がれている環境やエネルギーの問題に関連した研究が盛んに行われてきている。その例として，主として二酸化炭素とメタンに代表される地球温暖化ガスの分離・濃縮，あるいはVolatic Organic Compound（VOC，揮発性有機化合物）除去膜，さらには近年非常に活発に研究されている燃料電池用膜が挙げられる。

また，再び注目されている膜の応用分野として，膜による水処理が挙げられる。「20世紀は石油をめぐる戦争の時代だった。だが，21世紀は水をめぐる戦争の時代になるだろう」と1995年8月に，Ismail Serageldin世界銀行副総裁（1995年当時）が警告を発しているように，水問題は地球規模で深刻な問題となっている。これまでは，膜による水処理は中東地域における造水，半導体産業における超純水製造等に用途が限定されている嫌いがあった。わが国は比較的水資源に関しては恵まれていたが，近年，クリプトスポリジウムによる飲料水汚染や特定地域への人口集中による水源確保が問題となり，福岡市，松山市，沖縄県などでは渇水が発生している。このような水資源の量的不足に対する問題以外に，安全でおいしい水を確保するための質的問題の解決も

重要になってきた。その対策としての家庭用浄水器のための膜研究、さらには水処理技術の活用による、飲用以外としての使用可能な汚染水の資源化に関する研究も図られてきている。シンガポールにおけるNEWaterの例はWater woesとして記憶に新しいことであろう。

3 膜素材としての高分子

　高分子膜による膜分離は高分子科学の発展と共に発展してきた。有機高分子材料は概して安価であり、大量生産され、また、無機材料と比較して成形加工が容易であることから、消費材料としては最適な材料である。しかしながら、耐熱性、耐溶剤性、耐久性、耐候性に関しては無機材料と比較した場合、充分とは言い難い現状にある。水処理において長期にわたり使用される場合、塩素滅菌による膜構成高分子の変性が問題となる[4]。高分子材料より構築される分離膜は、無機膜とは異なり、常に透過物質や膜に接する物質による可塑化に対して注意を怠ってはならない。これと関連して、高分子膜は無機膜とは異なり、膜内に存在する細孔の孔径を固定化することは事実上不可能である。取り分け、分子篩によって膜分離を行う場合、孔径をオングストローム（0.1 nm）オーダーでもって厳密に制御する必要があるが、現在の高分子科学はこれに対応することは今もって困難であろう。

　このような問題の解決法として、新規な高分子を創製し、それより新たな機能を示す高分子膜を開発するという方策が考えられるが、現状において大量消費が望めそうもない新規な高分子の工業化には相当な困難が伴われるように思われる。しかしながら、これまでの高分子科学ならびに膜開発の知識を活用することにより、さらなる高分子膜の発展が期待される。その例として、分子認識能を賦与された高分子膜を既存の高分子材料より簡易に調製する方法として簡易分子インプリント法がある[5〜7]。この方法は、見方を変えれば、既存の分子インプリント法の亜流であるような印象を受けるが、既存のWulffによって始められた分子インプリント法がボトムアップ方式であるのに対して、簡易分子インプリント法はトップダウン方式といえよう。いわゆる、ナノテクの分野においては、このトップダウン方式はあと10年足らずのうちに行き詰まり、ボトムアップ方式でいかねばならないと言われているが、高分子分離膜の開発においてはこのトップダウン方式こそが、次世代高分子分離膜創製の鍵を握っていると言っても過言ではない。この簡易分子インプリント法は、構造形成可能な高分子材料ならば、それが人工的に造られた合成高分子、天然高分子の如何を問わず、分子認識部位を高分子膜に賦与することが可能となる。すなわち、分子篩効果と親和性の相違を利用した究極の物質分離膜を獲得することが期待できよう。

4 今後の機能性高分子膜研究

まず第一に,「膜」がもつ特徴を遺憾なく発揮することができる応用分野を開拓し,それに向かい,膜システムと膜材料の開発を進めてゆく必要がある。これは車の両輪であり,両者がバランス良く発展しない限り,分離膜開発の発展はあり得ない。

人工膜の開発の指針として,精緻な機能を有し,それにより生命の維持を図っている生体膜機能の分離膜への賦与が1970年代中頃より提唱されている[8,9]。ナノテクノロジー,バイオテクノロジーの集大成の一つとして,生体機能模倣人工膜が位置付けされる。そのような膜が出現することにより,能動輸送(上り坂輸送),促進輸送,刺激応答,シグナル伝達(情報伝達),エネルギー変換,光学分割等が実際的に適用されるようになろう。さらには,これはもう20年も前から言われていることではあるが,図1に示したように[10],分離膜により従来の化学工業において行われてきている蒸留や再結晶が合成膜により行われ,さらに反応釜や反応塔を用いて行われてきている化学反応までもが膜の中で行われるようになり,反応と同時に分離・精製ができるような時代が到来することも夢ではない。生体膜が現在の機能を獲得するまでに数十億年の歳月を要したことを考えると,その歴史が300年に満たない人工膜の進歩は飛躍的と言っても過言ではない。今後,本稿を読まれた読者が夢物語と思われたことが近未来に具現することを確信し,本稿を終えることにする。

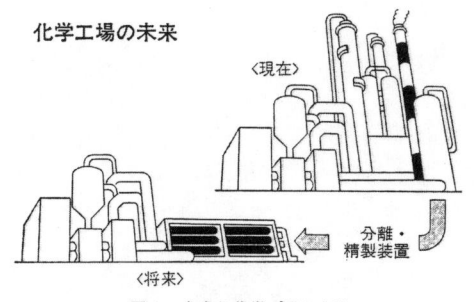

図1 未来の化学プラント[10]

文　献

1) 今井，古崎，膜学実験シリーズ第II巻 生体機能類似膜編，清水，軽部，吉川，民谷（編），2.2，共立出版（1994）
2) T. Shimidzu, M. Yoshikawa, in Pervaporation membrane separation processes, R. Y. M. Huang, ed. Chap. 7, Elsevire, Amsterdam (1991)
3) 清水，吉川，膜学実験シリーズ第II巻 生体機能類似膜編，清水，軽部，吉川，民谷（編），2.1，共立出版（1994）
4) 大矢，高分子，**51**，508（2002）
5) 吉川，機能性超分子の設計と将来展望，緒方，寺野，由井（編），pp. 213，シーエムシー（1998）
6) 吉川，膜，**26**，39（2001）
7) M. Yoshikawa, *Bioseparation*, **10**, 277 (2002)
8) 清水，化学と工業，**33**，758（1980）
9) 清水，人工臓器，**10**，819（1981）
10) 伊藤，化学と工業，**39**，8（1986）

第2章　機能性無機膜

喜多英敏*

1　はじめに

　膜分離法の発展は，膜素材の改良と膜形態の設計技術の進歩により成し遂げられてきた。これまで主に用いられてきた膜材料は，高分子材料であったが，高分子膜では透過係数の大きな膜は分離係数が小さくなる傾向があり，高選択かつ高透過性の分離膜を得るためには新しい分子設計指針が求められている。無機膜による分離は米国のマンハッタン計画の中で多孔質膜が6フッ化ウラン-235の濃縮で大規模に使用された以外は近年まで注目されることが少なかった。従来の無機多孔質素材では細孔径が大きく高い分離選択性が得られないが，近年ナノメートルサイズの細孔をもつ無機多孔質膜の研究が活発化し，優れた分離選択性が報告され注目されている[1,2]。ここではこのような高い分離選択性を示す無機膜とその応用について紹介する。

2　緻密膜

　高純度水素製造の金属パラジウム膜が代表例である。図1の透過機構のように水素はパラジウ

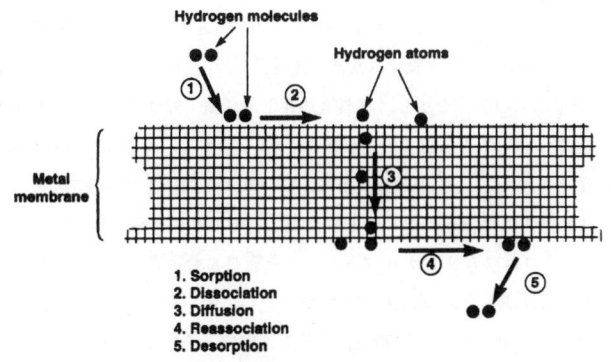

図1　金属膜の水素透過機構[3]

＊　Hidetoshi Kita　山口大学　工学部　機能材料工学科　教授

ム金属表面で吸着，解離し膜中を拡散する[3]。1960年代にユニオンカーバイド社でフルスケールのプラントが建設されたが，膜の高コストと高い操作温度（370℃）のため競争力がなかった。その後，ジョンソンマッセイ社が小規模にPd-Ag合金膜による高純度水素製造装置を実用化しているのみであったが，燃料電池向けの水素製造装置として，無電解メッキ，CVDやスパッタ法で多孔質支持体上に作成したパラジウム薄膜を用いた高純度水素の製造が検討されている[4]。

酸素選択透過膜としては，酸素イオン伝導体固体電解質としての安定化ジルコニアが有名である。CaOで安定化したCSZとY$_2$O$_3$で安定化したYSZが代表的なものである。さらにより電導性が高い，酸素原子が欠落した結晶内空孔部分を酸素イオンが移動すると考えられているペロブスカイト型酸化物がある。これらの酸素透過膜についてはメタンの酸化カップリング等の酸化反応をおこなうメンブレンリアクターとしての検討が種々報告されているが，膜の安定性，作動温度が高いこと，薄膜化が困難であること等の検討課題も多い[5,6]。

3 多孔質膜

多孔質膜による分離は，膜に開いた孔に対する分子の透過性の差を利用して分離するもので，透過する物質の種類，条件，膜の孔径などにより，クヌーセン拡散，表面拡散，毛管凝縮またはミクロポアフィリングおよび分子ふるいによる分離に分類され，高い分離性は細孔径が数ナノメートル以下での表面拡散，毛管凝縮またはミクロポアフィリングおよび分子ふるい機構で発現する。特に，2nm以下のミクロ孔を有する膜素材として，非晶質のシリカ，アルミナ膜や炭素膜，多孔質ガラス膜，結晶体のゼオライト膜などが活発に研究されている。

シリカ膜はゾル-ゲル法，CVD法，熱分解法などで多孔質支持体上に製膜される。細孔径を制御したミクロ孔を有するシリカ膜は水素選択透過膜として高い透過係数（10^{-6}＞molPa^{-1}s^{-1}m^{-2}）と高い選択性（H$_2$/N$_2$＞100）を示し，水蒸気共存下の高温での安定性向上の検討が行われている[7]。CO$_2$/N$_2$分離においても室温での分離係数が100をこえている。また液系の浸透気化分離においては，水-アルコール系，水-有機酸（酢酸，プロピオン酸，アクリル酸）系で膜は水選択透過性であり，水選択性は膜細孔への水の毛管凝縮によることが示唆される[8]。図2はテトラエトキシシランとジルコニウムテトラ-n-ブトキシドを酸で加水分解して調整したシリカ-ジルコニアコロイドゾルから作成した，多孔性シリカ-ジルコニア膜（平均細孔径約1.5nm）によるメタノール/メチル-t-ブチルエーテル（MTBE）の分離性能である。分離係数の最高値は約1500を示す[9]。

図3に示す分相法で作成する多孔質ガラスでは可とう性のある中空ガラス繊維膜が開発されている[10]。その細孔径はメタンの分子径である0.4nm程度と考えられており，透過速度は小さいが

第2章 機能性無機膜

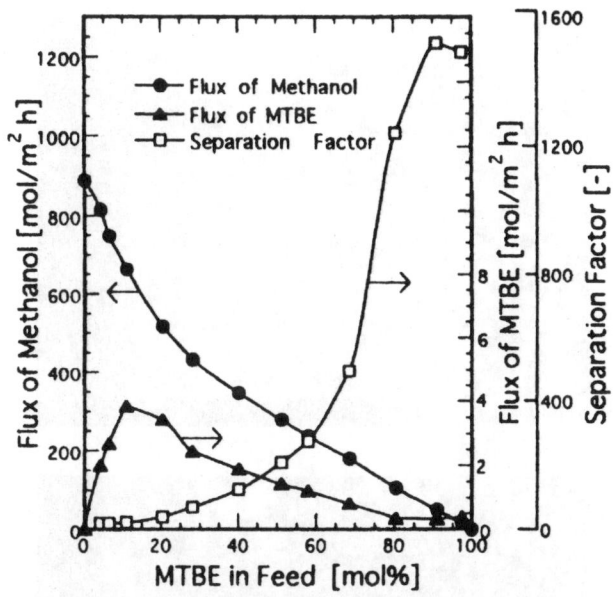

図2 シリカ-ジルコニア膜によるメタノール/MTBEの浸透気化分離結果（50℃）[9]

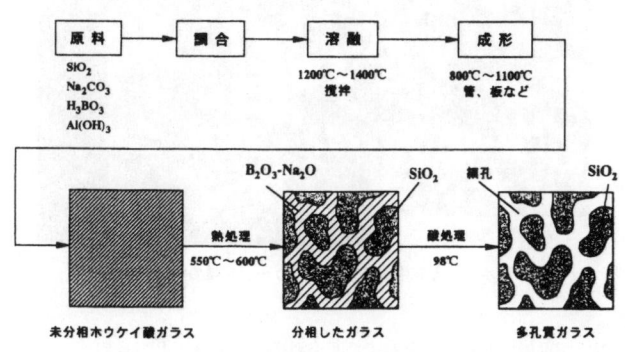

図3 多孔質ガラスの作成過程[10]

選択性が100℃で水素/窒素1100，二酸化炭素/窒素67，酸素/窒素12，200℃で水素/窒素580，二酸化炭素/窒素23，酸素/窒素6.8，二酸化炭素/メタン280と非常に高い値を示す。

　高分子を前駆体として数百度以上で熱処理することにより熱分解・炭化を経て作成する炭素多孔体はガス分子径に近い細孔を有しその細孔径分布が狭く，分子サイズの分離が可能であること，さらに高分子前駆体の優れた成形性を生かして平膜のほか中空糸状に製膜した自立膜や多孔

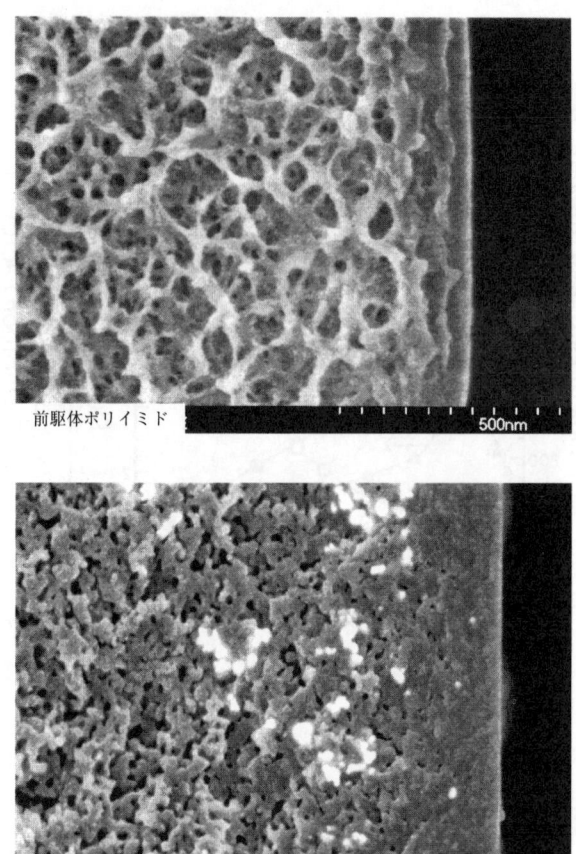

図4　ポリイミド中空糸前駆体とカーボン膜の断面SEM写真

質支持体上に製膜が可能であることなどで注目される。前駆体としてはポリアクリロニトリル，セルロース，ポリイミド，フェノール樹脂，フルフリルアルコール樹脂などが検討されている。例として図4に中空糸状カーボン膜のSEM写真を示す。図5には化学構造の異なる種々のポリイミドとポリピロロン膜およびそれらを前駆体とするカーボン膜のO_2/N_2の理想分離係数と酸素の透過係数を示す[21]。いずれの膜も炭化することにより多孔質化し分離係数と透過係数の両方が増加する。分離材料として炭素系多孔体（主に活性炭）は古くから用いられており，大きな表面積，電子授受能，耐薬品性といった特徴を有し，現在では吸着による分離・精製や触媒などで

第2章 機能性無機膜

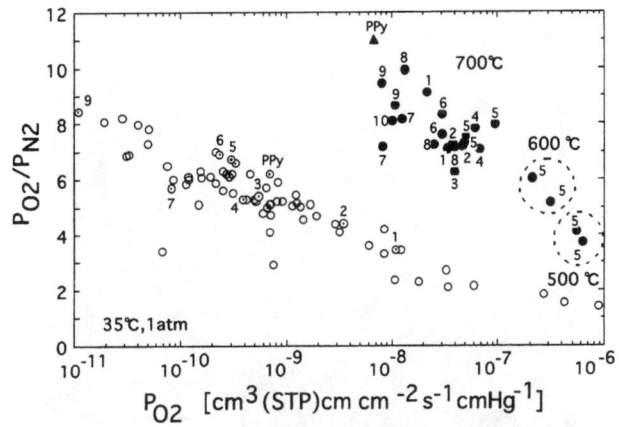

図5 ポリイミドとポリピロロンを前駆体とするカーボン膜の酸素/窒素分離性能
（〇：前駆体，●：カーボン膜）

図6 バイオマスアルコール脱水用A型ゼオライト膜モジュール（550本）

広い用途がある。さらに炭素材料はカーボンナノチューブやフラーレンなどで代表されるナノマテリアルとして従来材料にない高機能性材料として期待されており，膜素材としても興味ある材料である。

ゼオライト膜では水/アルコールの分離に代表される共沸混合物・近沸点混合物の分離において，1990年代のはじめに，ZSM-5とA型ゼオライト膜で高分子膜を超え実用性の可能性を示す優れた透過データが報告され，A型とT型ゼオライト膜が有機溶剤の脱水膜として実用化している[11]。図6にバイオマスアルコールの脱水モジュールとしてリトアニアで稼働中の三井造船製

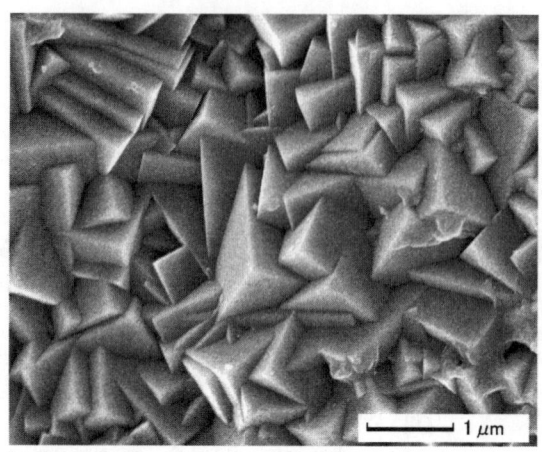

図7 多孔質支持体上に製膜したA型ゼオライト膜表面のSEM写真

表1 ゼオライト膜による有機液体混合物の浸透気化(PV)および蒸気透過(VP)分離

供給液 (A/B) (wt% of A)	膜	分離 方法	温度 (℃)	透過流束 (kg/m²h)	分離係数 (A/B)
メタノール/ベンゼン(10)	ZSM-5	PV	50	0.06	5
	T	PV	50	0.02	930
	Y	PV	50	1.02	7000
メタノール/MTBE(10)	ZSM-5	PV	50	0.02	3
	T	PV	50	0.02	1900
	X	PV	50	0.46	10000
	Y	PV	50	1.70	5300
	Y	VP	105	2.13	6400
エタノール/ETBE(10)	Y	PV	50	0.21	1200
ベンゼン/n-ヘキサン(50)	Y	PV	65	0.007	46
	Y	VP	100	0.03	260
	Y	VP	150	0.05	44
ベンゼン/シクロヘキサン(50)	ZSM-5	PV	75	0.03	1
	Y	PV	75	0.014	22
	Y	VP	100	0.023	28
	Y	VP	150	0.30	190

の膜モジュールを示す[12]。この装置は操作温度135℃で，84.8wt%のバイオマスエタノールから99.8wt%以上の無水エタノールを毎時1250kg処理できる。ゼオライト膜は水熱合成法により多孔質支持体上に製膜される。例えばA型ゼオライト膜では，ケイ酸ナトリウム，水酸化アルミニウム，水酸化ナトリウム，および水を原料として，原料モル比；$Na_2O/SiO_2=1$，$SiO_2/Al_2O_3=2$，$H_2O/Na_2O=60〜80$で均一に混合撹拌して得られるアルミノシリケートゲル中に種結晶を塗布した多孔質セラミックス支持体を浸漬させ，大気圧下，100℃で3〜4時間水熱合成し

第2章 機能性無機膜

て作成する。図7は多孔質支持体上に製膜したA型ゼオライト膜表面のSEM写真である。膜は結晶が緻密に析出した多結晶体で膜厚約10～20μmである。

ゼオライト細孔は気体分子径とほぼ同じ大きさの細孔を有するため分子ふるい膜素材として,無機ガス系,無機ガス/炭化水素系,炭化水素混合系で分離膜としての検討も行われている[11]。膜は多結晶体膜であるため結晶粒界でのピンホールを少なくする工夫が必要である。また分離系の透過選択性は共存成分の影響を強く受け単成分での透過挙動から混合系の予測が難しい。特に,ゼオライト細孔径と透過分子の大きさが同程度の場合,シリンダー状のゼオライト細孔内で透過分子の追い越しが起こりにくく,選択性の発現にはゼオライト細孔入り口での吸着が重要になる。

表1にゼオライト膜を用いた有機液体混合物の分離例を示す[11]。高分子膜では膨潤のため高い選択性が得られない分離系でゼオライト膜は優れた選択透過性を示す。近年,ゼオライト多結晶膜は,分離膜への応用の他に,センサー膜や半導体の相間絶縁膜としての利用や触媒膜としてメンブレンリアクターへの適用など幅広い展開がはかられている。特にナノメートルサイズの細孔では膜は単なる選択透過の場を提供するのみならず,細孔の微小空間を反応場として利用できる魅力的な材料で,今後,メンブレンリアクターやマイクロリアクターとして,さらに有機高分子膜では耐熱性,耐油,耐薬品性に問題があり実用化していない高温での分離,炭化水素の分離や化学反応とのハイブリット化を通してその重要性を拡大していくものと思われる。

4 おわりに

無機分離膜の研究開発は精密濾過膜や限外濾過膜に始まり,ナノ濾過そして浸透気化の応用へ

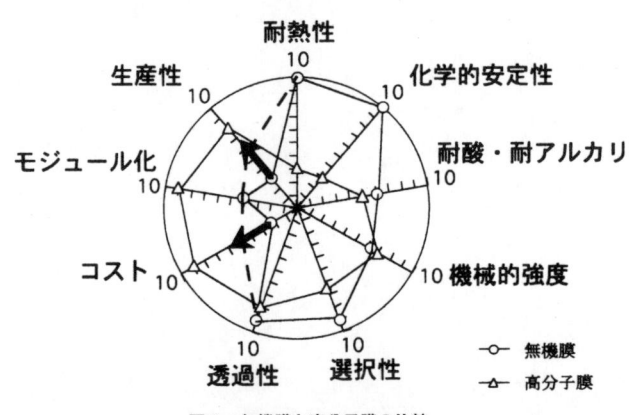

図8　無機膜と高分子膜の比較

展開し，膜素材もアルミナ，シリカ，シリカ-ジルコニア，炭素および各種のゼオライト膜の研究がなされている。図8に現時点での無機膜と高分子膜の比較を試みた。透過性能や膜の安定性で無機膜は評価が高いが，生産性やコストの点で今後一層の検討が必要で，無機膜と高分子膜の長所を生かした複合膜の開発も検討されている。

文　　献

1) 喜多，化学工学，**64**，397（2000）
2) 喜多，ケミカルエンジニヤリング，**47**，174（2002）
3) R. W. Baker, *"Membrane Technology and Application"*, McGraw Hill, 2000
4) 諸岡，草壁，水田，斉藤，化学装置，**42(9)**，46（2000）
5) A.J.Burggraaf and J.Cot, Ed., *"Fundamentals of Inorganic Membrane Science and Technology"*, Elsevier, 1996
6) 鈴木，山崎，加賀野井，栗村，分離技術，**34**，2（2004）
7) S.Nakao, Proceedings of 10th APCChE Congress, 1 F-01（2004）
8) 浅枝，化学装置，**27**，60（1985）
9) 大谷，中村，吉岡，都留，浅枝，化学工学会第30回秋季大会講演要旨集，M317（1997）
10) 矢澤，分離技術，**32**，49（2002）
11) 喜多，化学工業，**53**，704（2002）
12) T. Yamamura, M.Kondo, J. Abe, H. Kita, K. Okamoto, Preceedings of 5th ICIM, 599（2004）

機能編

第3章　圧力を分離駆動力とする液相系分離膜

中尾真一[*1]，都留稔了[*2]

1 はじめに

　液体分離膜のなかでも，圧力を分離駆動力とする分離手法として，逆浸透，ナノ濾過膜，限外濾過，精密濾過法について，分離膜の開発，プロセスの開発，新規な応用分野への適用などの見地から，最近の研究・技術動向について概説する。特に，進展の著しい無機多孔膜の研究について，重点的に紹介したい。なお，化学工学会[1]および分離技術会[2,3]では分離技術に関するレビューを定期的に行なっており，最新の膜分離の研究動向の概要が入手可能であるので参照されたい。

　まず，膜分離手法の分類について確認しておきたい。表1にIUPAC推奨[4]を示すように，いずれも溶質の分子径を基に分類されている点に注意されたい。分画分子量による分類は実用的には有用であるが，操作条件や溶質種によって変化するため，注意が必要である。IUPAC推奨では，その分離性についての値（たとえば，阻止率）が明示されていない点が問題ではあるが，膜の分類は細孔径の大きさに従い，精密濾過（$10 \sim 0.1 \mu m$），限外濾過（100nm～2nm），ナノ濾過膜（1～2nm）に分類されると理解しておいてよいであろう。参考のために，実用上は有用

表1　IUPAC Recommendations 1996による圧駆動分離膜の分類

reverse osmosis	liquid-phase pressure-driven separation process in which applied transmembrane pressure causes selective movement of solvent against its osmotic pressure difference
nanofiltration	pressure-driven membrane-based separation process in which particles and dissolved molecules smaller than about 2 nm are rejected
ultrafiltration	pressure-driven membrane-based separation process in which particles and dissolved macromolecules smaller than 0.1 μm and larger than about 2 nm are rejected
microfiltration	pressure-driven membrane-based separation process in which particles and dissolved macromolecules larger than 0.1 μm are rejected

---

*1　Shin-ichi Nakao　東京大学　大学院工学系研究科　教授
*2　Toshinori Tsuru　広島大学　大学院工学研究科　物質化学システム専攻　助教授

と思われる分画分子量では,限外濾過は2000〜数百万,ナノ濾過膜では200〜1000に相当する。逆浸透膜の分離機構は一般には溶解拡散モデルで説明され,多孔膜に分類されていないが,細孔径では1nm程度以下に相当すると考えられる。

2 液体分離膜の最近の動向

　液体系分離膜プロセスは膜分離プロセスの中で最も早くから実用化されているが,分離膜の高機能化および製造技術の進歩によって,液体系分離膜プロセスは進化し続けている。最近の研究・開発動向として注目されるのは,逆浸透膜の高機能化,造水および排水処理プロセスへの本格的な応用などがあげられる。日本膜学会では,水処理技術に関する特集号を組んでおり[5〜8]しており,参考となる。その他の研究動向としては,有機溶媒系の逆浸透膜/ナノ濾過膜の開発,および,無機多孔膜の開発が注目されるが,それぞれについて,3節および4節で紹介する。

　まず,逆浸透膜の開発についてであるが,研究および開発動向は超低圧化と高圧化に大別される。半導体産業における超純水の製造のように,塩濃度の低い低浸透圧の供給液に対しては,超低圧化が進められている。芳香族ポリアミドは逆浸透膜素材として汎用されているが,その塩や有機物に対して高い阻止性を維持したまま,膜表面構造を3次元的ヒダ状構造とすることで膜表面積を増大させ,高透過流束を得ることができ,超低圧化が可能となった[9]。一方,海水淡水化など高浸透圧溶液の処理においては,高い回収率でプロダクトを得るためには高い圧力をかけなければならない。たとえば,従来の海水淡水化の回収率は40%程度であり,濃縮液の浸透圧は4.5MPa程度であるが,回収率60%では浸透圧は約7MPaにまで達する。膜供給液の前処理コストが高いことと,非透過液からのエネルギー回収技術の進歩により,海水回収率を60%に高める高圧逆浸透プロセスが実用化され,それに伴い,膜支持体の耐圧性を向上させた高圧逆浸透膜が開発された[10,11]。

　造水に関しては,大型プラントの実用化が特筆される。海水淡水化プラントは中近東のみならず,日本でも沖縄[12],福岡[13]で大型プラントが稼働中である。例えば,図1に示すように,平成17年より稼働予定の福岡の逆浸透法による海水淡水化プロセス(造水量5万m^3/日)では,ポリスルホン製限外濾過膜(運転圧0.2MPa)によりコロイド成分を除去した後に,酢酸セルロース製高圧逆浸透膜(運転圧8.3MPa)により淡水を得る。透過水をさらにポリアミド製逆浸透膜(運転圧1.5MPa)で水質の向上を行う。河川水からの浄水製造プロセスは,厚生省が一連の膜利用浄水プロジェクトとして進めていることとあいまって,膜分離プロセスの中でもっとも大きな実用化と今後の進展が見込まれる分野である[14]。現在のところ精密濾過膜を中心に各地の浄水設備へ応用されており,2004年では膜設置施設数374件,造水量約24万m^3/dに上る[15]。また,最

第3章　圧力を分離駆動力とする液相系分離膜

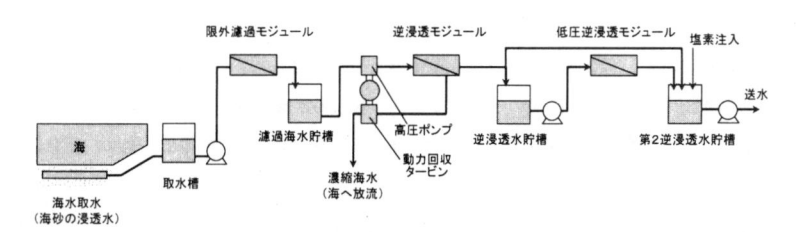

図1　海水淡水化プラント（福岡県）の概略

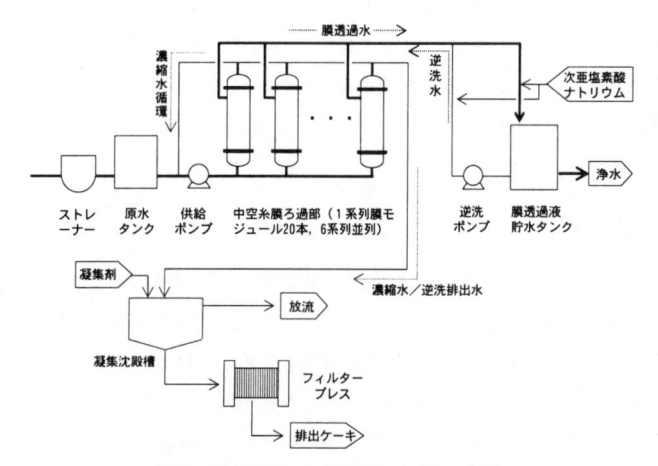

図2　浄水プラント（栃木県・今市）の概略

大規模な造水プラントが，羽村市2.7万m^3/dや今市市1.4万m^3/dに建設された。図2に，日本最大級の浄水プラント（栃木県・今市）の概略を示す[14]。原水は有機物も少なく水質も良好なためストレーナーによる前処理のみで，中空糸型限外濾過膜モジュールにポンプで加圧・供給される。膜処理部では120本のモジュールが6系列で並列配置され，各モジュールの回収率90％（残り10％は濃縮水と逆洗排水），透過流束1〜1.7 $m^3 m^{-2} d^{-1}$，有効膜間差圧20kPa程度で設計・運転されている。膜ろ過水の濁度を連続的に高感度モニターすることで，膜破断による透過水の原水への混入対策を講じている。さらに，排出水の処理として，凝集剤（ポリ塩化アルミニウム）を添加し凝集沈殿させ，上澄み水は放流し，濃縮汚泥はフィルタープレスで加圧脱水する廃水・汚泥処理設備を付帯する。

　浄水プロセスへの膜分離プロセスの実用化の進展に伴い，水処理に適した膜の開発が積極的に行なわれている。たとえば，浄水システムで問題とされるクリプトスポリジウム（直径4-5 μ

m）などの原虫類の除去に特化し，従来の精密ろ過膜と比べて細孔径の大きな大孔径膜（細孔径 $2\mu m$）が開発され，低圧力損失・高透過流束膜として注目されている[14]。また，浄水プロセスにおいて高度処理水を得る際に用いられるオゾンに対する耐薬品性，および，ファウリングの薬品洗浄に対する高い安定性から，ポリフッ化ビニリデン系（PVdF）の精密濾過膜の開発が活発に進められている[16]。

また，廃水の再利用プロセスに関しても，膜分離が多用されつつある。廃水を活性汚泥を用いて有機物を処理し，処理水と活性汚泥を分離する膜分離活性汚泥法では，機械的・化学的な耐性を有する精密濾過膜として，PVdF膜が多用される[17]。さらに廃水を高度に処理することが可能な低ファウリング逆浸透膜が開発された。これは，有機物ファウリングを低下させるために，膜表面ゼータ電位を中性とし，さらに膜表面の親水性を高めることが行なわれており，すでに各種の逆浸透膜が市販されている[18]。

3 非水系ろ過膜

液体系分離膜は水溶液系での分離を目的として開発されたが，分離膜の有用性が認識されるにしたがい水溶液系以外での応用が期待されている。たとえば，天然油脂工業における油脂の精製，廃食品油の精製などの食品産業での応用，化学工業プロセスにおける有機溶媒中で合成した中〜高分子量の反応生成物の分離，石油成分での芳香族分離，が提案されている。膜材質としては有機膜および無機膜が検討されているが，有機膜については耐溶媒性を有する素材，たとえば，フッ素系，ポリイミド系，シリコン系高分子膜を用いる有機溶液系の濾過が報告されている。表2に高分子膜を用いた非水系の濾過膜の概略をまとめる。

ポリイミド膜は優れた耐溶媒性を有することから，溶媒中の溶解高分子物質の除去やガソリン精製へ応用することが検討された。また，フッ素系精密濾過膜を用いて，廃食品油の精製が行われた。近年，耐有機溶媒性を有するナノ濾過膜が開発され市販されており，Solvent resistant NF（SRNF）としての研究分野を形成しつつある。Machadoら[23]は，SRNFとしてシリコン系の分離層をもつMPF-50，60膜（KOCH製）を用いて，種々のアルコール，アルケン，ケトンなどの有機溶媒透過性を報告した。溶媒の表面張力，粘度が透過性に与える因子であるとした。また，メタノール溶媒中での染料や色素の透過性が評価された[24]。

現状では，溶媒種としては各種アルコール，トルエン，ヘキサンなどの飽和炭化水素が用いられ，分画性能の評価には，染料，トリグリセリド，有機アンモニウム塩などが用いられている。溶媒種と溶質の組み合わせによっては，膜表面との強い相互作用が考えられる。水溶液系におけるポリエチレングリコールやデキストランなどのような分画性の指標となるような分子の選定が

第3章 圧力を分離駆動力とする液相系分離膜

表2 非水系濾過膜のまとめ

溶媒	溶質	膜	文献
各種溶剤（炭化水素，アルコール，ケトン）	高分子物質	poly (imide)	19)
メタノール	オレイン酸，リノール酸	NTR759, Desal 5	20)
トルエン	芳香族	poly (imide)	21)
アルコール，パラフィン，ケトン，水などの単成分・混合成分の透過		MPF-50, 60	22)
メタノール	Safranine O, brilliant Blue, vitamin B12	MPF-44, 50, 60	23)
エタノール，ヘキサン	脂肪酸（C13-C21），炭化水素（C16-C24）	セルローストリアセテート（自作）	24)
廃食用油の再生		NTF-52005, MPF-60, NTGS-2200	25)
ヘキサン，メタノール，エタノール	Sudan4，ヘキサフェニルベンゼン，Fast green FCF；トリグリセリド（C10-C18）	DS11AG, D, YK	26)
メタノール，エチルアセテート，トルエン	Orange2, Safranine O, Solvent Blue	MPF-44, 50, 60；Desal-5, DK；UTC-20	27)
メタノール	4級臭化アンモニウム	STARMEM, MPF-50, Desal DL	28)
トルエン	臭化テトラオクチルアンモニウム，ドコサン	STARMEM	29)

必要であろう。

4 無機膜の開発

　無機膜は耐熱性，耐溶媒性を有し，濾過膜として優れた素材としての可能性を秘めている。無機膜の開発当初は，高い分離性を有する膜を開発することが困難であったが，近年の膜製造技術の進展により，高い分離性を有する分離膜の作製が可能となっている。分離膜は細孔の有無により，多孔膜と非多孔膜に大別され，無機膜の作製法と得られる細孔径を表3にまとめる[30~34]。非多孔膜では透過成分が選択的に膜材質に溶解・拡散することで膜透過するもので100%の選択率を示すが，無機膜では透過成分は水素あるいは酸素に限られる。

4.1 無機膜の特徴と製法

　表4に，無機材質膜の一般的な特徴を示す。最近では80℃程度で使用可能な有機膜も上市され

表3 無機膜の作製法のまとめ

	作製法	材質	細孔径
多孔性膜	焼結法	αAl_2O_3, ZrO_2, TiO_2	100nm〜
	ゾル-ゲル法	SiO_2, γAl_2O_3, ZrO_2, TiO_2, Fe_2O_3	1〜50nm
	CVD法	SiO_2	<1nm
	前駆体熱分解法	C, SiC, Si_3N_4, SiO_2	<1nm
	ゼオライト膜法	シリカライト, A型	<1nm
	陽極酸化法	Al_2O_3 (amorphous)	10nm〜
	メソポーラス膜法	SiO_2など	
	相分離法	SiO_2	4nm〜
	有機無機複合法	シランカップリング剤, 有機物コーティング, 有機無機複合ゾル	
非多孔性膜	固体電解質膜	$YSZ(O_2)$, $LaSrCoO(O_2)$	
	金属膜	$Pd(H_2)$, $Pd/Ag(H_2)$	

表4 無機膜の特徴と用途など

特徴		用途など
利点	耐熱性	高温分離, スチーム殺菌
	耐溶剤性	有機溶媒分離, 石油成分の分離
	耐化学薬品性	洗浄性, 酸・アルカリでの分離
	耐酸化性	化学洗浄（酸化剤）
	機械的強度	逆洗, 摩耗性懸濁物の濾過
	長寿命	
	均一細孔	ナノ濾過膜は研究段階
	リサイクル性	分別廃棄の必要性なし
	高選択透過性	高分子膜よりも高選択透過性を示す場合がある。
欠点	加工性	シール, モジュール化
	透過性	ナノ濾過では有機膜に劣る
	重量	有機膜に比べて重い
	コスト	原材料費・支持体, 製膜コスト

ているが，無機膜は良好な耐熱性を有し，スチーム殺菌が可能であり，高温における連続的な分離に適用可能である。また，良好な耐有機溶剤性を有しているため，高濃度の有機溶剤を含む溶液の処理にも用いることができる。耐酸化剤性，耐化学薬品性を有するため，アルカリ溶液や高濃度の次亜塩素酸ソーダの使用が可能であり，ファウリング成分を完全に除去・洗浄することが可能となる。また，高い機械的強度のため，高圧での濾過が可能，強い逆洗が可能，摩耗性のある懸濁物の濾過に使用可能であるなどの特徴を有する。さらには，無機膜のほとんどはアルミナ

第3章　圧力を分離駆動力とする液相系分離膜

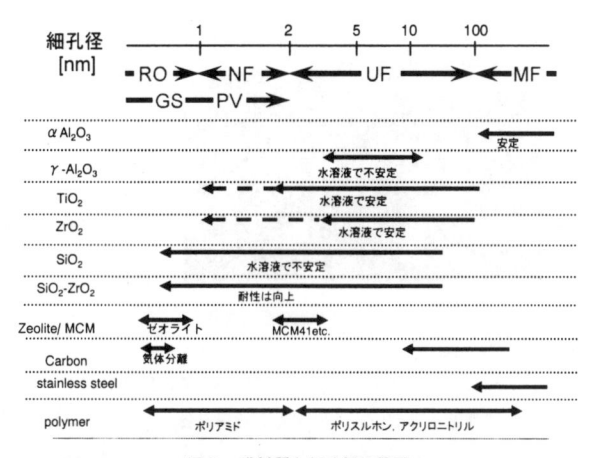

図3　膜材質と細孔径の範囲

などの金属酸化物であり，元来地球に天然に莫大に存在する物質のため，リサイクルが容易であるというだけでなく，膜濾過に対する安心感を一般消費者に与えるものと考えられる。一方，モジュール重量やコストの点で問題点があるが，大幅な改善がなされつつある。なお，従来の考え方では無機膜は諸耐性にすぐれるものの，選択性に劣るというのが一般的であったが，高分子を凌駕する選択性・透過性を示す無機膜も多く報告されている。

図3には，逆浸透から精密濾過膜の細孔径の範囲において，膜材質と制御可能な細孔径の範囲を示す。無機多孔性膜材料として，セラミックスあるいはステンレスなどの金属が用いられている。金属焼結膜の細孔径は100nm以上であり，精密濾過膜の範疇である。一方，金属酸化物などのセラミックは，焼結法（細孔径100nm以上）もしくはゾルゲル法によって製膜されている。膜材質としては，αアルミナ膜は酸性溶液やアルカリ溶液でも優れた安定性を有し，もっとも汎用される膜素材であるが，その細孔径は約100nm程度以上に限定される。一方，前駆体のベーマイトの焼成によって作製可能であるγアルミナは，限外濾過の範囲まで細孔径制御が可能であるが，αアルミナほど安定ではない。チタニアやジルコニアは水溶液で優れた安定性を有し，ナノ濾過程度の細孔径を有する多孔膜の開発が進展している。シリカはアモルファス構造を有し，水素分離を目的とする数Åの細孔からナノメーターサイズの広い範囲において細孔径を制御可能であるが，水溶液においてシリカは溶解し，安定性にかける。そこで，ジルコニアとの複合化により，耐性向上が検討されている。カーボンは酸性およびアルカリ性において安定性を有している。

一般的なセラミックス膜の構造は複合膜であり，その典型的な断面写真を図4に示す。焼結法

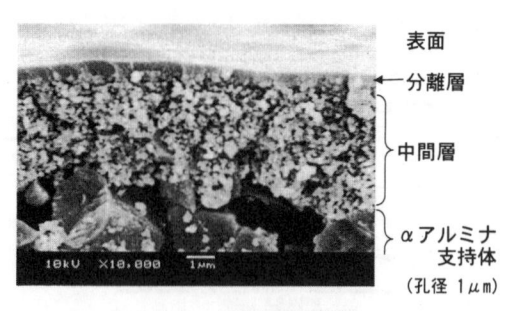

図4　無機膜の断面構造

で作製された支持体（一般には細孔径1～10μm程度）の上に，中間層および緻密な細孔を有する層をコーティングした構造となっている。緻密な分離層は微粒子あるいはコロイドなどをコーティングすることで作製されており，細孔径100nm以上の精密濾過膜は，微粒子懸濁液を支持体上にコーティング・焼成することで製膜される。限外濾過膜は，金属塩あるいは金属アルコキシドの加水分解・重縮合によって調製されるコロイド微粒子をコーティング・焼成するゾルゲル法によって製膜される。細孔径10μm以上の多孔性膜は，通常は濾材として取り扱われている。また，無機膜の分離選択性の向上を目的として，有機無機複合膜の開発も行われている。

4.2　市販無機膜およびその応用分野

表5に市販されている無機膜の例[35]を示すように，膜素材としては精密濾過膜では化学的特性に優れるαアルミナが汎用されているが，限外濾過膜の場合はゾルゲル法によるチタニア（酸化チタン）およびジルコニアが用いられる。αアルミナとは異なる結晶相を示すγアルミナでも膜細孔径を5nm程度まで小さく制御できるが，耐水性が十分ではなく水溶液系での分離には実用に供し得ない。市販膜のほとんどは，精密濾過膜および限外濾過膜の範疇であり，より高度な分離を目的としてナノ濾過膜の開発研究が精力的に行われている。

　無機膜は耐熱性・耐薬品性に優れ，スチーム殺菌や高濃度酸化剤による膜洗浄が可能なことから，食品，バイオ分野を中心に用途展開が進んできた。表6に代表的な応用分野を示すように，実用化のほとんどは精密濾過や限外濾過膜を用いた清澄化，除菌，あるいは濃縮である。現在，無機膜に限らず分離膜の応用分野として，大きな注目を浴びているのが浄水処理である。従来の水処理技術では処理不可能なトリハロ成分，農薬，クリプトストリジウムなどの原虫類による問題点が顕在化し，浄水場において精密濾過，限外濾過膜の導入が進められている。その浄水分野にセラミック膜は約10％導入されている，高い機械的強度により強度の逆洗が可能なこと，高分子膜と比べ親水的であり膜のファウリングが少ない，長い膜寿命（10～15年）などにより，高分

第3章 圧力を分離駆動力とする液相系分離膜

表5 市販されている無機膜の例

膜メーカー	材質	細孔径，分画分子量	形状
日本ガイシ	Al_2O_3	0.1〜5 μm	管状，モノリス
	$Al_2O_3+TiO_2$	4〜50nm(MWCO 1万〜15万)	管状，モノリス
ノリタケ	Al_2O_3	0.08〜10 μm	管状，モノリス，円盤
東芝セラミックス	Al_2O_3	0.1〜5 μm	モノリス
(ノリタケ)	$Al_2O_3+ZrO_2$	5〜50nm	モノリス
クボタ	Al_2O_3	0.1 μm	槽浸漬型
SPGテクノ	シラス，$Al_2O_3 SiO_2$	0.05〜30 μm	管状
日本精線	ステンレス	0.1〜3 μm	平板，管状
富士フィルター	ステンレス	0.5〜3 μm	平板，管状
三井造船	ゼオライト膜	<1nm	管状

表6 無機膜の応用分野

分離操作	膜材質	応用分野	
濾過 (精密濾過，限外濾過，ナノ濾過)	α-Al_2O_3 (MF)，TiO_2，ZrO_2 (UF)など	浄水処理	浄水の製造（除菌，清澄化）
		廃水処理	廃水の除濁，濃縮
		食品	ジュース・ワイン・醤油・酒などの清澄化，菌体除去
		バイオ	菌体除去，酵素・蛋白の精製
		化学など	廃油の処理，研磨廃水の処理
浸透気化	ゼオライト膜	化学など	アルコール脱水，有機溶媒脱水
ガス分離	シリカ膜，パラジウム膜など	化学など	水素分離，二酸化炭素分離，炭化水素分離

子膜と比べてコストの低減が可能であることが指摘されている。モノリスよりも大面積化が可能なハニカム状モジュール（日本ガイシ製，細孔径0.1 μm；膜面積15 m^2，モジュール外径0.18m，長さ1m）が，浄水用途で実用化されており，各種の応用分野への適用が期待される。

4.3 無機ろ過膜の開発と応用

　無機多孔膜として精密濾過膜および限外濾過膜がすでに市販されているため，ここではナノ濾過レベルの細孔を有する多孔膜の開発について述べたい。膜材質としては，酸化チタン，ジルコニア，シリカジルコニア，アルミナなどが膜材料として検討されている。
　シリカは細孔径制御を精密に行なうことができるが，シリカは酸性酸化物のため酸性溶液中での安定性は高いが，中性・アルカリでは水溶液に溶解し実用性に乏しい。そこで，ジルコニアの

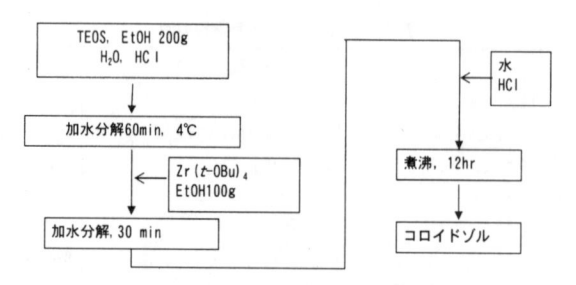

図5 シリカジルコニア複合ゾルの調製法

導入により耐水性の向上が図られている。Yazawaら[36]は珪酸エチル（TEOS）とジルコニウムテトラプロポキシド（$Zr(OC_3H_7)_4$）を出発アルコキシドとして用い，200nmのアルミナ基材上にディップコーティングすることで，NaCl阻止率90%の脱塩性能を持つシリカ-ジルコニア複合酸化物の作製に成功した。アルカリ浸漬前後の阻止率を比較すると，シリカ膜の阻止率は低下し透過流束が大きく増加した。一方，ジルコニアと複合化した場合，浸漬前後での阻止率はほぼ同一であり，ジルコニアを導入することで耐アルカリ性が大きく向上することが明らかであるとした。図5に，アルコキシド法によるシリカジルコニア複合ゾルの調製法を示す。TEOSおよびジルコニウムテトラブトキシド（$Zr(OC_4H_9)_4$）をエタノール溶媒中でHClを触媒として加水分解・縮重合反応することで，シリカ-ジルコニア複合酸化物ゾルを調製した。シリカ-ジルコニア複合酸化物（ジルコニアモル分率10%）を膜材料としナノ濾過膜を作製し，電解質分離[37]，および，水溶液系有機物の分画[38]への応用を目的として研究が進められている。図6には，シリカジルコニア複合酸化物による3種類のナノ濾過膜の分画分子量曲線を示す[38]。図に示すように，溶質の阻止率は分子量の増大とともに増加し，溶質阻止率90%で定義される分画分子量は200～1000（溶質ストークス径0.7nm～1.5nm）の間で制御可能であった。

チタニアは，ほとんどの酸・アルカリに溶解せず，最も安定な膜材質の一つ[39]であり，チタニアを膜材質とする限外濾過膜は，日本ガイシなどからすでに市販されている。チタニアをナノ濾過膜の材料とする研究が多くなされており，その多くは研究・開発段階と考えられる。チタニア多孔膜はゾルゲル法によって作製されているが，図7に典型的なチタニアゾルの調製法を示す。チタニウムテトライソプロポキシドなどのアルコキシドを，まず高温水溶液中で加水分解し微粒子を生成させ，その後に酸によって再分散させる解膠法が最も一般的な調製法である[40]。この解膠法によるチタニアゾルを用いることで，限外濾過膜程度の細孔径を得ることが可能となる。さらに，ナノ濾過程度の細孔を得るためには，ポリマーゾル法が用いられる[41～43]。ポリマーゾル法では，チタン系のアルコキシドの加水分解速度は早いために，少量の水によって加水分解

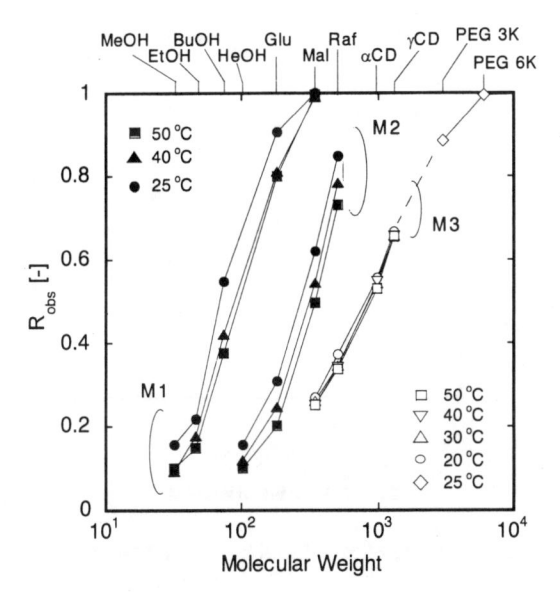

第3章 圧力を分離駆動力とする液相系分離膜

図6 シリカジルコニア膜の分画分子量

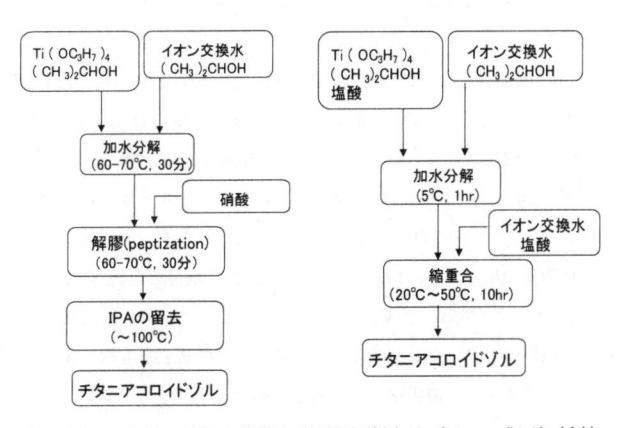

図7 チタニアゾルの調製法（解膠法（左）とポリマーゾル法（右））

させることで，より小さなチタニアゾルを得るものである。図8には，ポリマーゾル法によって調製したチタニアゾルをコーティングすることで作製したチタニア膜の分画分子量を示す。分画分子量を400程度から1,000程度の範囲において制御可能である。

多孔無機膜の分離特性の評価としては，現在のところ中性有機物が用いられているが，無機膜

29

図8 チタニア膜の分画分子量

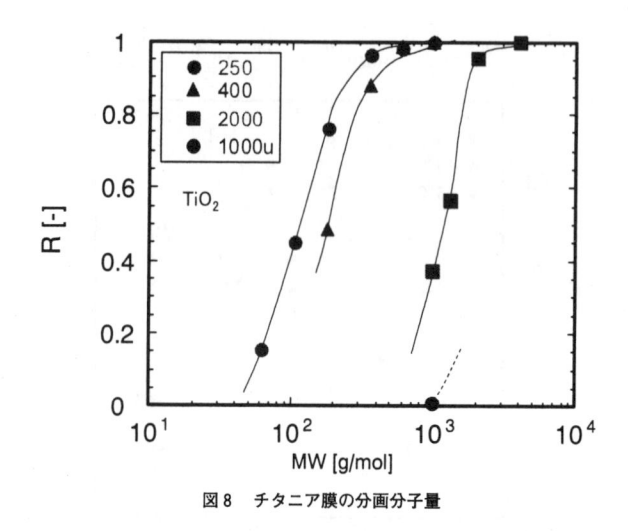

の耐熱性・耐有機溶媒性などの特性を生かした応用として，有機溶媒中の油の分離などが検討されている。

ジルコニア/カーボン膜（細孔径140〜3.7nm）を用いて，原油の常圧・減圧蒸留工程における釜残留物に含まれる重金属や高分子量物質であるアスファルテンの分離が115〜180℃で検討された[44]。分画分子量10000（細孔径3.7nm）の場合，温度115℃，操作圧力0.9barで透過流束1.4lh^{-1}m^{-2}，阻止率0.7を示した。一方，シリカ（10nm），γアルミナ（5nm）は，供給液と強い相互作用を示し，ほとんど透過流束は得られなかった。また，150〜260℃で廃潤滑油の精製に，αアルミナ/ジルコニア膜（50nm），シリカ膜（10nm，5nm），γアルミナ（5nm）が用いられた[45]。γアルミナ膜はファウリングされ透過流束が徐々に低下したが，他の膜は安定した透過流束を示した。オイル中の重金属（リン，鉛，クロム，鉄など），灰分の阻止率は90％以上を示し，透過したオイルは"clean"オイルとして燃焼可能であろうとした。また無機膜を用いて有機溶液のナノろ過特性の評価が行なわれた。シリカジルコニアナノ濾過膜を有機溶媒系でのナノ濾過膜に応用した例として，メタノール溶媒中における種々の分子量ポリエチレングリコールの分画分子量曲線を図9に示す[46]。300〜1000の範囲において分画分子量を制御可能であることが明らかとなっている。

細孔径がナノオーダーとなると，細孔表面と溶媒との相互作用が，透過機構に影響を及ぼすようになる。矢沢ら[47]は，細孔径4〜200nmのガラス膜を作製し，水，メタノール，ベンゼン，ヘプタンの透過性を検討した。12nm以上の細孔径の膜では，溶媒種によらず，粘性流れに従うことが示されたが，4nmの細孔では粘性流れに従わず，ガラス表面との濡れ性，すなわち，表

第3章 圧力を分離駆動力とする液相系分離膜

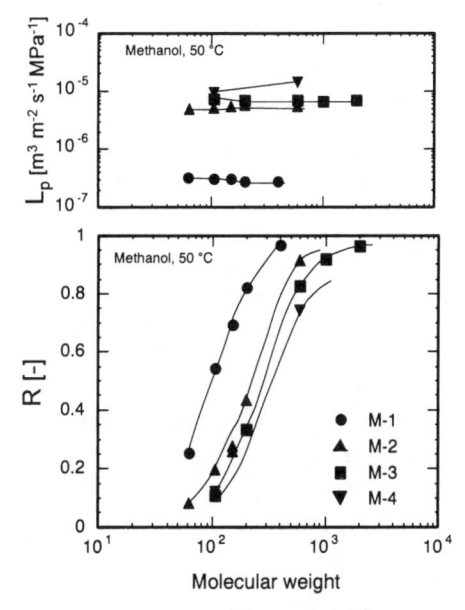

図9 メタノール中での分画分子量

面との相互作用が重要であることを明らかとした。同様の検討が，ゾルゲル法によって作製されたシリカ-ジルコニア膜（細孔径1～100nm）を用いてなされ，溶媒種および温度依存性からナノ細孔ではHagen-Poiseuille流れに従わないことが示されている[48]。ナノ細孔内の液体透過のメカニズムについては，今後詳細な検討が必要である。

金属酸化物からなる無機多孔膜では，アルコール類などの極性溶媒の透過性と比べて，ヘキサンなどの非極性溶媒の透過が劣ることが報告されている。このメカニズムは現在のところ明確になっていないが，シリカジルコニアなど酸化物表面は水酸基を有し親水的な表面特性を有するため，親水性表面と疎水性表面との相互作用[49, 50]，微量水分の親水性表面への吸着の影響[51]，分子篩の影響などが指摘されている。そこで，シリカジルコニア膜（Si/Zr=9/1）のトリメチルクロロシラン（$(CH_3)_3SiCl$）による表面修飾が行われた[51]。

図10に概念図を示すように，シリカ表面のシラノール基と反応し，表面はトリメチル基によって覆われることになる。疎水化されることで，非極性溶媒は極性溶媒とほぼ同程度の透過性を示すことが明らかとされた。しかしながら，細孔径が3nm以上では細孔内表面が完全に疎水化されたが，2nm以下の細孔はトリメチルクロロシランの立体障害により細孔内に進入することができず，表面修飾できないことも報告されている。なお，チタニア膜の表面修飾[52]も行なわれ，

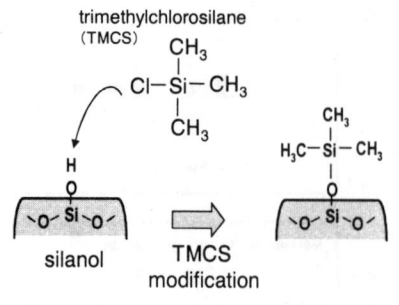

図10 トリメチルクロロシランによる表面修飾

同様の検討がなされた。有機無機ハイブリッド多孔性膜は，無機膜の特徴である耐久性と有機膜の高選択性を併せ持つことが期待される。

5 おわりに

　圧力を分離駆動力とする分離手法として，逆浸透，ナノ濾過膜，限外濾過，精密濾過法について，分離膜の開発，プロセスの開発，新規な応用分野への適用などの見地から，最近の研究・技術動向について概説した。今後の膜および膜プロセスの開発の一助になれば幸いである。

文　献

1) 大矢ら，化学工学，**64**，370（2000）
2) 中根ら，分離技術，**25**，194-212（1995）
3) 山口ら，分離技術，**30**，208-219（2000）
4) IUPAC recommendation（1996）
5) 中尾ら，「特集：水資源の有効利用システムと膜技術」，膜，**28**，205-246（2003）
6) 中尾ら，「特集：膜による水処理システムを考える」，膜，**26**，193-234（2001）
7) 渡辺ら，「特集：最近の膜による水処理技術 2」，膜，**24**，310-341（1999）
8) 木村ら，「特集：最近の膜による水処理技術」，膜，**23**，226-258（1998）
9) 房岡良成，膜，**24**，319（1999）
10) 河田一郎，膜，**24**，336（1999）
11) 山村ら，膜，**23**，245（1998）

第3章　圧力を分離駆動力とする液相系分離膜

12) 山里　徹, ニューメンブレンテクノロジーシンポジウム, 3-1-1 (2004)
13) 濱野利夫, ニューメンブレンテクノロジーシンポジウム, 3-2-1 (2004)
14) 浄水膜編集委員会, 浄水膜, 技報堂出版 (2003)
15) 谷口元一, ニューメンブレンテクノロジーシンポジウム, 1-1-1 (2004)
16) 森吉彦, 膜, **24**, 324-329 (1999)
17) 鬼塚, 上野, 杉本, 膜, **26**, 216 (2001)
18) 前田恭志, ニューメンブレンテクノロジーシンポジウム, 1-1-1 (2004)
19) A. Iwama and Y. Kazuse, *J. Membr. Sci.*, **11**, 297 (1982)
20) Raman et al., *JAOCS*, **73**, 219 (1996)
21) H. Ohya, et al., *J. Membr. Sci.*, **123**, 143 (1997)
22) D. R. Machado et al., *J. Membr. Sci.*, **163**, 93 (1999)
23) Whu et al., *J. Membr. Sci.*, **170**, 159 (2000)
24) G. H. Koops et al., *J. Membr. Sci.*, **189**, 241 (2001)
25) 宮城ら, 膜, **29**, 26 (2004)
26) Bhanushali et al., *J. Membr. Sci.*, **208**, 343 (2002)
27) Yang et al., *J. Membr. Sci.*, **190**, 44 (2001)
28) Gibbin et al., *Desalination*, **147**, 307 (2002)
29) Peeva et al., *J. Membr. Sci.*, **236**, 121 (2004)
30) H. P. Hsieh, "Inorganic Membranes for Separation and Reaction," Elsevier, Amsterdam, 1996.
31) R. R. Bhave, "Inorganic Membranes: Synthesis, Characterization, and Applications," Van Nostrand Reinhold, New York (1991)
32) 都留　稔了, 膜, **23**, 70 (1998)
33) T. Tsuru, "10.1 Porous Ceramics for Filtration," Handbook of Advanced Ceramics: Volume 2 : Processing and their Applications, S. Somiya et al., eds., *Academic Press*, p. 291-312 (2003)
34) T. Tsuru, *Separation and Purification Methods*, **30**, 191 (2001)
35) 原田, 石川, 食品膜技術 (大矢, 渡辺 編集), p. 154-163, 光琳 (1999)
36) T. Yazawa et al., *J. Memb. Sci.*, **60**, 307 (1991)
37) T.Tsuru et al., *AIChE J.*, **44**, 765 (1998)
38) T. Tsuru et al., *AIChE J.*, **46**, 565 (2000)
39) Gestel et al., *J. Membr. Sci.*, **208**, 73 (2002)
40) M. Anderson et al., *J. Membr. Sci.*, **39**, 243 (1988)
41) Q. Xu and M. Anderson, *J. Am. Ceram. Soc.*, **77**, 1939 (1994)
42) P. Puhlfurs et al., *J. Membr. Sci.*, **174**, 123 (2000)
43) Tsuru et al., *Desalination*, **147**, 213-216 (2002)
44) C. Guizard et al., *Proceedings of ICIM3*, p. 345 (1993)
45) R. Higgins et al., *Proceedings of ICIM3*, p. 447 (1993)
46) T. Tsuru et al., *J. Membr. Sci.*, **185**, 253-261 (2001)
47) 矢沢ら, 日本セラミック協会論文誌, **96**, 18 (1988)

48) T. Tsuru *et al.*, *J. Colloid and Interface Science*, **228**, 292 (2000)
49) C. Guizard *et al.*, *Desalination*, **147**, 275 (2002)
50) S. Chowdhury *et al.*, *J. Memr. Sci.*, **225**, 177 (2003)
51) T. Tsuru *et al.*, *AIChE J*, **50**, 1082 (2004)
52) Gestel *et al.*, *J. Memr. Sci.*, **224**, 3 (2003)

第4章　気体分離膜

原谷賢治[*]

1 はじめに

　気体分離膜の実用化は1970年代後半に高分子膜を用いた水素分離や空気分離（酸素濃縮，窒素製造）で盛んになり，その後，これらに加えて二酸化炭素の除去，有機蒸気の回収，水蒸気除去などへ普及している[1]。金属膜であるパラジウム合金膜も水素精製用として一部で用いられている。研究段階においては分子ふるい能を示すミクロ孔無機膜や，大分子を透過し小分子を排除する逆ロジックな膜なども研究されており，近い将来に第二世代，第三世代気体分離膜の実用化も大いに期待できる。本章では膜の気体透過機構の概要や気体分離膜開発研究の進展，そして気体分離膜モジュールの設計法を解説する。

2 膜の種類と気体透過機構

　圧力差（$p_h - p_l$）を駆動力として厚みδの膜の単位面積当たりに気体透過量 J が観測される時（1）式のように記述して膜の気体透過係数 P を定義する。

$$J = P \frac{(p_h - p_l)}{\delta} \tag{1}$$

　Pの単位はSI系で表すと［mol m/(m^2 s Pa)］である（慣用的に［cm^3(STP) cm/(cm^2 s cmHg)］も用いられる）。Pは必ずしも定数ではないが，圧力依存が大きくない場合は，膜の種類による透過速度の違いや，気体種による選択透過性を比較する便利な尺度になる。後者の根拠は，理想系での膜によるA-B二成分気体の分離において低圧側の圧力が高圧側に比較して無限小の条件下での分離係数α^*（これを理想分離係数と呼ぶ）が（2）式のようにA成分とB成分の透過係数比になることにある。

$$\alpha^* = \frac{P_A}{P_B} \tag{2}$$

膜の有効厚みが不明瞭な場合，P/δ を係数として扱い透過率と呼ぶ（英文ではPermeanceと表

---

[*]　Kenji Haraya　㈱産業技術総合研究所　環境化学技術研究部門　副研究部門長

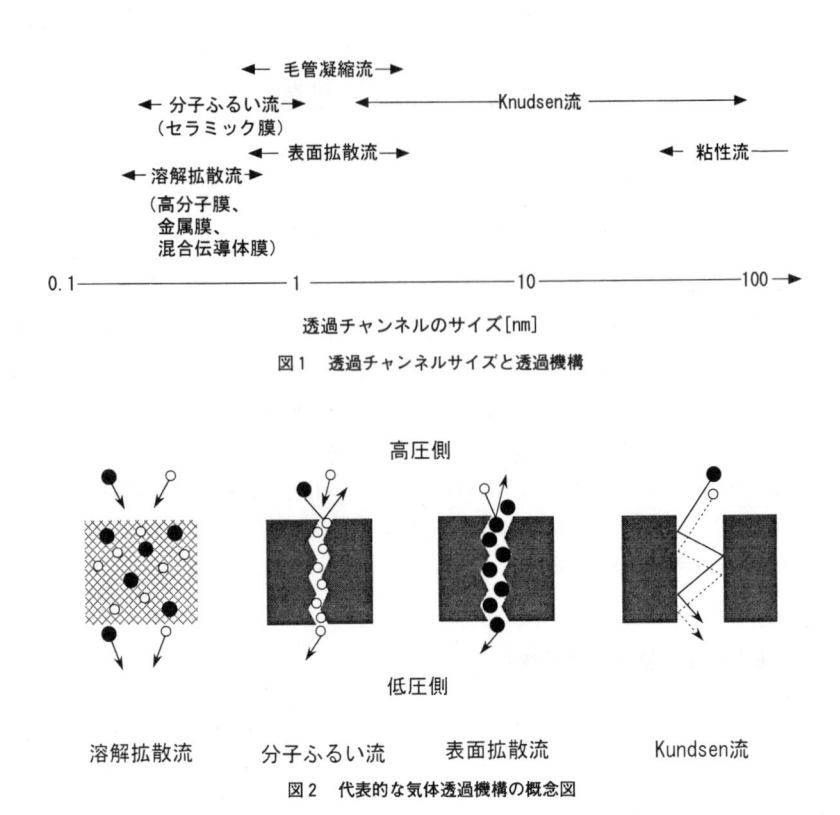

```
←——毛管凝縮流——→
←—分子ふるい流—→  ←————Knudsen流————→
   （セラミック膜）
         ←—表面拡散流—→       ←—粘性流——
←—溶解拡散流—→
   （高分子膜、
    金属膜、
    混合伝導体膜）
0.1 —————————— 1 —————————— 10 —————————— 100 →
```

透過チャンネルのサイズ[nm]

図1　透過チャンネルサイズと透過機構

高圧側

低圧側

溶解拡散流　　　分子ふるい流　　　表面拡散流　　　Kundsen流

図2　代表的な気体透過機構の概念図

記される)。

　図1には透過チャンネルのサイズとそこで支配的な気体透過機構を，図2には主な気体透過機構の概念図を示す。以下に，これら透過機構の概念と単一気体系での透過速度式を記す。

2.1　非多孔質膜での溶解拡散流

2.1.1　高分子膜

　溶解拡散流は膜欠陥のない緻密な高分子膜でのガス透過挙動に代表される機構であるが，膜材中に気体分子が均一に溶解し透過する移動過程は概念的に全て溶解拡散流と言える。膜中の移動にFick型拡散を仮定し，気相と膜の界面での気体分圧 p と膜中濃度 C にHenry型の平衡関係（$C = Sp$）を仮定すると（3）式のようになる。

$$J = -D\frac{dC}{dx} = D\frac{(C_h - C_l)}{\delta} = SD\frac{(p_h - p_l)}{\delta} \tag{3}$$

第4章 気体分離膜

(1)式との比較から,透過係数Pと溶解度係数Sおよび拡散係数Dの関係がP＝SDと表せる。透過係数が溶解度係数と拡散係数の積となることから溶解拡散流と呼ばれる。ゴム状高分子での低分子気体の透過ではこのモデルに良く従い圧力依存のないPが観測される。

ガラス状高分子の場合,高分子相は熱運動を行っているアモルファスな連続相(D相)と熱運動が凍結されているミクロボイド(H相)が分散していると考えられ,それぞれにHenry型の溶解とLangmuir型の吸着を仮定する。全体としての収着量Cはそれぞれの和をとり(4)式で表す。

$$C = C_D + C_H = k_D p + \frac{C_H' bp}{1+bp} \qquad (4)$$

ここでk_DはHenry型溶解度係数で(3)式でのSである。C_H'とbはLangmuir吸着の飽和定数と親和定数である。そしてC_DとC_Hで表された気体分子が独立してパラレルに移動すると仮定すると(5)式になる。

$$J = -D_D \frac{dC_D}{dx} - D_H \frac{dC_H}{dx} = k_D D_D \left\{ 1 + \frac{FK}{(1+bp_h)(1+bp_l)} \right\} (p_h - p_l)/\delta \qquad (5)$$

ここで,$F = D_H/D_D$,$K = C_H'b/k_D$である。これらを収着に関しては二元収着モデル,透過に関しては二元移動モデルと呼ぶ。この場合,透過係数は圧力の関数となり圧力上昇に伴い減少する。

ガラス状高分子でも,圧力範囲を限定すれば単純な溶解拡散流モデルで算出するみかけの溶解度係数($S = C/p$)や拡散係数($D = P/S$)で透過特性を議論できる。ゴム状,ガラス状高分子ともに溶解度係数は凝縮性が強い気体ほど大きく,拡散係数は気体分子サイズが大きいほど小さい。高分子中の気体の拡散速度にはふるい効果が現れており,高分子鎖の熱運動が小さいポリマーほど効果が顕著になる。但し,透過係数は,溶解度の寄与分があるためガス分子サイズと単調な関係がなく,大分子ガスで大きな透過係数が観測されることがしばしば起こる。

2.1.2 液体膜

液体膜での透過も気体の吸収溶解と拡散移動で考えられるが,着目成分を反応吸収しキャリアーとして働く溶質を添加した促進輸送膜では,反応速度が移動の律速因子となる場合がある。CO_2やO_2そしてオレフィン分離用の促進輸送膜が研究されている。

2.1.3 金属膜,酸化物膜

パラジウム膜の水素透過では,水素分子は解離溶解し,水素イオンあるいは原子状態で膜中を移動すると考えられている。他の気体分子はパラジウム中に入り込めないため水素の選択透過性は無限大となる。燃料電池用として研究されてきた膜材や混合伝導体も,水素あるいは酸素がイオン状になり溶解する条件下では圧力差によりこれら気体を透過する。そこで最近は分離膜としての研究もなされている。

2.2 ミクロ孔膜での透過

サブナノオーダーのミクロ孔を持つ無機膜は，小分子気体を透過し大分子気体を排除する「分子ふるい流」を発現する。カーボン膜，シリカ膜，ゼオライト膜などでこの流れが観測されている。(1)式での透過係数は，温度上昇と共に増加する活性化拡散型の挙動を示すのが特徴である。孔内に入り込めるサイズの気体は，次に述べる表面拡散流の影響で，吸着性の強いものほど予想より大きい透過性をしめす傾向にある。透過係数を数式化する検討が行われている[2]。

孔の壁面に吸着した気体分子が，吸着濃度差を推進力として拡散移動するのが「表面拡散流」である。液化ガスや蒸気がミクロ孔内で凝縮・液化し，細孔を閉塞しながら透過する場合は「毛管凝縮流」と呼ばれる。蒸気成分と空気の分離などで非常に大きな分離性が観測されている。

ミクロ孔膜での気体透過は，現象的には高分子膜での「溶解」を「吸着」と読み替えて吸着・拡散で考えることができるが，後述するように混合気体の透過では，共存する気体成分間の相互作用がミクロ孔の形状によって異なることが最近の研究で明らかになりつつある。

2.3 メソ孔膜での透過

多孔質膜の孔径が気体分子の平均自由行程よりかなり小さい範囲で起こる透過機構が「Knudsen流」である。気体分子は同士間の衝突より細孔壁との衝突回数が圧倒的に多くなるので，細孔内の移動速度は気体分子の熱運動速度に比例する。Knudsenの円管での理論式を多孔膜に適用すると(6)式になる。

$$J = \frac{8\gamma \varepsilon r_h}{3k_1 \tau^2} \sqrt{\frac{2}{\pi MRT}} (p_h - p_l)/\delta \tag{6}$$

ここで，$\gamma = (2-f)/f$ で f は反射拡散率。ε, r_h, k_1, τ はそれぞれ孔の空隙率，水力半径，形状係数，曲路率であり，Mは透過気体の分子量である。(スムースな壁面では $f = 1$，また，円の直管では $r_h = 0.5 r_p$, $k_1 = 1$, $\tau = 1$ となる。)

2.4 抵抗モデル

いくつかの透過機構が複合している場合の透過係数を表すのに用いられる。(1)式は δ/P を部分的厚み δ の透過抵抗 R と考えるとオームの法則と同形になる。従って，部分的な抵抗 R_i, $i = 1, 2,...$ を用いて電気抵抗と同じ加成性を仮定し，膜全体としての透過抵抗 R_t を表すのが抵抗モデルである。直列型では $R_t = R_1 + R_2 + \cdots$，並列型では $(1/R_t) = (1/R_1) + (1/R_2) + \cdots$ となる。非対称膜や複合膜などの実用型膜で，支持層の抵抗や膜欠陥が膜性能に及ぼす影響の見積もりなどに用いる事ができる。例えば，非対称ポリスルホン膜に分率 10^{-8} の膜欠陥がある場合 H_2/CO の選択透過性は半減すること等を予測できる[3]。また，機能性を付与した膜の微視

的な構造設計にも有用である。

3 気体分離膜開発研究の進展

溶解拡散流れを基にするとA-Bの二成分気体に対する膜の理想分離係数α^*は（7）式のようにも表せる。

$$\alpha^* = \frac{P_A}{P_B} = \frac{S_A}{S_B} \frac{D_A}{D_B} \tag{7}$$

すなわち，膜の気体種にたいする溶解選択性と拡散選択性が積の形で寄与して透過の選択性は現れる。従って膜開発の研究は溶解選択性および拡散選択性に優れた膜素材の化学構造をどう設計するか，その素材をいかに非対称膜化して透過流束を上げるかなどに集中する。新規な膜の開発によって，気体分離膜がさらに広範囲な分野での高効率な分離技術に成長することへの期待が大きく，その意味で，高分子から無機材への素材の拡張や，ヘテロな機能物質を膜へ導入することによるブレークスルーも多く試みられている。

3.1 自由体積の設計と拡散速度

高分子の化学構造から気体の選択透過性を知ることができれば，新たな高性能高分子膜の設計が容易になる。現状での試みはグループ寄与則を基にして決定する高分子の自由体積を用い，藤田の自由体積論と同形の（8）式で気体の透過係数を相関することが行われている[4]。

$$P = A\exp(-B/FFV) \tag{8}$$

ここで，A, Bは気体の種類によって決まる定数であり，FFVは（9）式で定義する自由体積分率である。

$$FFV = (V - V_0)/V \tag{9}$$

Vは密度測定から計算できる高分子の体積であり，V_0は高分子鎖が占める体積で，高分子の構成原子団のファンデルワールス体積V_Wを用いたBondiのグループ寄与則（10）式で計算する。

$$V_0 = 1.3 \sum_{K=1}^{K} (V_W)_k \tag{10}$$

（8）式はあるファミリーの高分子に限定すればかなり良い相関ができるが，大きな構造変化を加えた場合や，違うファミリーとの間では良い相関が得られない問題が指摘されてきた。最近，近年のポリイミド等のデータを加味して改良された二つの相関法[5,6]が提案され精度はかなり向

上している。

　近年話題を呼んできた高分子として，ポリマー主鎖の酸二無水物部に-C(CF$_3$)$_2$-基を持つ6FDA系ポリイミドがある。この基の導入によりPMDA系などの従来型ポリイミドより透過性は大きく増加し，分離性も向上することが報告された[7, 8]。その原因は，-C(CF$_3$)$_2$-基のかさ高さがポリマー鎖の緻密な充填を妨げるために大きな気体透過性を示し，また，そのかさ高さがセグメントの局所的な回転運動を妨げるために，剛直性を増し分子ふるい効果を強調すると考えられている。ジアミン部にも-C(CF$_3$)$_2$-基を導入することで一層透過性が増すことも明らかにされている[9]。また運動性のある-O-結合でフェニル基の長さを増やしたポリイミドは透過性を減少させること，ジアミンがODAの時に酸二無水物との結合位置がメタかパラの違いでパラ異性体が透過性に優れること，なども報告されている。

　かさ高い基を導入したポリイミドとしてはジアミン部にカルド環を持つポリイミド膜の研究もなされている[10]。これらかさ高い基を持つポリイミドは大きな気体透過性を持つとともに，溶剤可溶性で製膜性に優れている特徴を持つ。

　透過チャンネルになる高分子の自由体積は通常ある幅の分布があるが，これを後処理でコントロールし分子ふるい性を高める研究がなされている。ポリアニリンにハロゲンをドープ，アンドープを繰り返すことによりポリアニリン鎖が秩序よく密にパッキングされO_2/N_2の選択透過性が30程度まで向上している[11]。

3.2　溶解選択性の付与

　分離対象である気体分子に対する親和性の高い基を構造内に導入することで溶解選択性を高める工夫がなされている。極性の高いポリエチレンオキシド(PEO)構造を持つモノメタクリレートやジメタクリレートを光架橋したPEO含有量の高い高分子フィルムは，CO_2/N_2選択透過性が60～70と一般の高分子の2～3倍以上の分離性をしめす[12]。PEO構造を主鎖に導入してCO_2に対する親和性を高めたポリエーテルイミドから，CO_2に対して高選択性，高透過性能を持つ膜が開発されている[13]。この膜は剛直な部分とPEO相がミクロ相分離を起こしており，気体透過の大部分はPEO相が受け持っている。溶解選択性を付与した機能膜を設計する上で示唆に富む方法である。

　溶解選択性の飛躍的な向上を図ったのが促進輸送膜であり，コバルト錯体をキャリアーとする酸素促進輸送膜[14]，炭酸塩やアミン類をキャリアーとするCO_2促進輸送膜[15]，銀イオンをキャリアーとするオレフィン促進輸送膜[16]などがある。いずれも通常の高分子膜よりかなり大きい選択透過性を示す。液膜中にキャリアー物質が溶解している移動キャリアー膜では，膜表面で対象の気体分子が溶解しキャリアーとの間で弱い結合反応を起こし，その結合体が液膜中を拡散す

第4章 気体分離膜

る。高分子膜にキャリアーが固定化された固定キャリアー膜では、キャリアー上を対象気体分子がホッピングして移動すると考えられている。膜中への対象気体の溶解は、キャリアー物質の存在により大きく増加し結果として輸送が促進される。膜への溶解平衡はHenry型とLangmuir型の二元収着であるが、Langmuir型の寄与が大きく、分圧の上昇に伴って膜中濃度が飽和値に近づく。そこで、見かけの溶解度係数（$S = C / p$）は分圧の上昇に伴い減少するので、低圧域ほど促進輸送効果が大きく現れる。

3.3 水素排除型膜

炭化水素と水素の混合気体から大分子の炭化水素を透過し、小分子の水素を排除して高圧側に残すことができるナノポーラスカーボン膜（商標SSF膜[17]）が報告されている。ポリフッ化ビニリデンをプレカーサーにしたこのカーボン膜は0.5〜0.6nmの微細孔を持つため、凝縮性の強い炭化水素が細孔内に吸着して表面拡散流が支配となり、吸着性の弱い水素の透過を妨げる結果として高圧側に水素が取り残される。PSA吸着とのハイブリッドプロセスで、CH_4の水蒸気改質反応ガスから水素を回収するシステム[18]や、H_2S/CH_4分離[19]への応用が検討されている。

同じような透過現象が自由体積の大きな高分子膜でも起こることが分かってきた。現存する高分子膜の中で最も気体透過性に優れることで知られているPTMSP（ポリ[1-(トリメチルシリル)-1-プロピン]）は、ガラス状高分子に特有の未緩和自由体積が大きいために大きな気体透過性を示す。このPTMSPでn-C_4H_{10}/CH_4の混合気体での選択透過性が30で単一気体系での値5を大きく上回ることが見いだされた[20]。未緩和自由体積が連結してあたかもミクロ孔膜と同じように働き、SSF膜的透過が起こっていると考えられる。同様な透過挙動を示す新たな高分子膜の探索・合成も行われている[21]。

通常の膜透過と逆のロジックのこの現象は、透過メカニズムの関心からだけでなく実用的観点から大きな意味がある。それは、現状では膜により回収された水素を後段で利用するためには昇圧コンプレッサーを必要とするが、それが不要となるからである。

水素エネルギーへの関心が高まる中、化石燃料の水蒸気改質および水性シフト反応ガス（H_2-CO_2混合気体）からCO_2を選択的に透過除去する膜が注目される。まだ大きな分離性は見られないがH-MFIゼオライト[22]や溶融炭酸塩[23]の膜が研究されている。また、CO_2への親和性が高いデンドリマー[24, 25]でCO_2を選択透過する膜作りも行われている。

3.4 ミクロ孔無機膜の進展

オングストロームオーダーの貫通したミクロ孔を持つ分離膜が研究段階で開発されている。それはシリカやゼオライト、そしてカーボンなどの無機材による分離膜であり、透過性、選択性の

最先端の機能膜技術

面で高分子膜をしのぐレベルに達している。シリカ膜は，ゾル－ゲル法[26]やCVD法[27]で多孔体を支持膜とした複合膜として作られる。これら製法と気体分離膜，浸透気化膜としての膜性能がまとめられている[28]。シリカ膜はNEDOプロジェクト「高効率高温水素分離膜の開発」の中でも取り上げられ，高温使用での耐水蒸気性の向上をはかったNiドープシリカ膜[29]の作製や，支持膜だけでモジュールを作製した後にシリカの膜付けをCVD法で行う[30]など，実用に向かっての開発が進んでいる。500℃使用で安定なH_2/N_2選択透過性が1000を超す膜が作られている。また水素親和性の金属ナノ粒子を分散したシリカ膜[31]はH_2透過性が著しく向上することも明らかにされている。ゼオライト膜[32]は，多孔質支持膜をゼオライトの水熱合成時に一緒に入れておくことにより，支持膜上にゼオライトの薄膜を形成する方法や，気相輸送法で複合膜として造られる。カーボン膜[33,34]は，セルロース，ポリイミド，フェノール樹脂等を無酸素雰囲気での熱分解により炭化して作るが，複合膜型と自立膜が研究されている。カーボン膜に関しては焼成温度などの条件により膜性能が大きく変わることが調べられている。また，前に述べたポリフッ化ビニリデンを前駆体にしたSSF膜は，ポリイミド炭など分子ふるい性のカーボン膜よりやや大きな孔を持つために表面拡散流支配の透過挙動を示すように，前駆体の種類によっても透過特性は変化する。最近では金属ナノ粒子が分散したカーボン膜[35,36]の作製によりさらに高性能化をめざした研究も行われている。

高分子膜では分離性が乏しいC_3H_6/C_3H_8のようなオレフィン/パラフィンの分離でも，シリカ膜[37]で60～70，カーボン膜[38～40]で100以上と大きな選択透過性を示し注目される。これらミクロ孔膜のガス透過分離機構は，主に「分子ふるい流」や「表面拡散流」で説明できるが必ずしも単純ではなく，孔の形状や気体分子間の相互作用も考慮する必要がありそうだ[33,41]。例えば，膜の種類によってCO_2/N_2やC_3H_6/C_3H_8の混合気体系での選択透過性が，単一気体系でのそれより向上する場合と低下する場合が観測されている。ゼオライトのように孔径がやや大きい膜（Y型で0.7～0.8nm）では，吸着性の気体が競合吸着で勝り，かつ非吸着性の気体による妨げを受けることなく拡散できるため単一気体系での値を超える選択性を示す。孔径がやや小さいシリカ膜（0.4～0.6nm）では，吸着性気体の拡散速度は非吸着性気体と等しくなり，単一気体系での値より低下した選択性を示す。また，吸着性ガスで孔が満たされるような条件では，非吸着ガスの孔への侵入が妨げられ，水素－炭化水素などで単一気体系の選択性と逆の分離性を発現する（上のSSF膜）。孔径はシリカと似ているが形がスリット状と思われるカーボン膜では，迂回路があるためか単一気体系と混合気体での選択性にあまり変化が見られない。

3.5 非多孔質無機膜

水素分離用としてのパラジウム合金膜はコスト削減をめざした薄膜形成法の研究が続けられて

第 4 章 気体分離膜

いるが，非貴金属[42,43]による水素透過膜の開発も進んでいる。

高温での酸素透過膜として，安定化ジルコニア（YSZ）が以前から知られていたが，近年はYSZより透過速度が2～4桁大きい混合伝導体であるペロブスカイト酸化物膜が注目されている。燃焼用の酸素供給あるいはメタンの酸化反応による合成ガス製造[44,45]などへの高温での空気分離用として期待されている。

4 混合気体の分離

4.1 分離性能の計算式

単一気体系と混合気体系での透過係数が一致する理想系では，各成分の透過速度として（1）式を各気体の透過係数P_iと分圧の差で置き換えた式を用いる。A-Bの二成分系で考え，x，yをA成分の高圧側と低圧側のモル分率とし，圧力比を$P_r=p_l/p_h$で表すと，それぞれの透過速度は（11），（12）式になる。

$$J_A = y(J_A+J_B) = (P_A/\delta)p_h(x - P_r y) \tag{11}$$

$$J_B = (1-y)(J_A+J_B) = (P_B/\delta)p_h\{(1-x) - P_r(1-y)\} \tag{12}$$

これらから（13）式が導かれる。

$$\frac{y}{1-y} = \alpha^* \frac{x - P_r y}{(1-x) - P_r(1-y)} \tag{13}$$

ここで，α^*はP_A/P_BでA/Bの単一気体系の透過係数比である。一般的な分離係数αは（14）式になる。

$$\alpha = \frac{y/(1-y)}{x/(1-x)}$$

$$= \frac{\alpha^*+1}{2} - \frac{P_r(\alpha^*-1)}{2x} - \frac{1}{2x} + \left[\left(\frac{\alpha^*-1}{2}\right)^2 + \frac{(\alpha^*-1) - P_r(\alpha^{*2}-1)}{2x} + \left\{\frac{P_r(\alpha^*-1)+1}{2x}\right\}^2\right]^{0.5} \tag{14}$$

また，前述したように$P_r=0$の時は$\alpha=\alpha^*$になる。

以上の扱いは溶解拡散流の一部（ゴム状高分子と低分子ガス系）とKnudsen流では妥当であり，膜の単一気体系の選択透過性から（14）式を用いて混合気体の分離性を計算できる。他の場合，例えばガラス状高分子膜の二元移動モデルでは混合気体の成分間の競合収着を考慮した式が与えられている[46]。また，ミクロ孔膜での単一気体系と混合気体での多様な変化は3.4項で述べた。

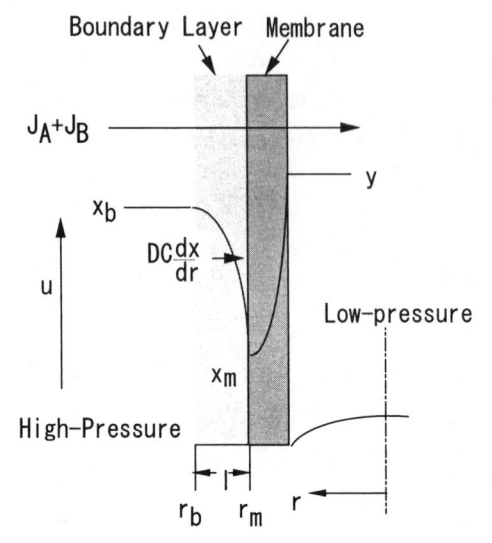

図3 円管状膜表面での濃度分極現象

4.2 膜表面での濃度分極

　気体分離膜では膜表面での濃度分極はあまり注目されてこなかった。現在の市販膜の透過速度では問題にならない場合が多いからである。しかし，Permeanceが 1×10^{-3} cm^3(STP) / (cm^2 s cmHg) を超える気体の分離（水蒸気やVOC分離）では考慮すべき問題である。

　図3には，小さな円管膜をA-Bの二成分混合気体のAが選択的に透過して，濃度分極が生じた場合の濃度分布を示す。ここでの物質収支は（15）式で表される[47]。

$$rJ_A = rx(J_A + J_B) + rCD\frac{dx}{dr} \tag{15}$$

図中の境界条件の下に積分し，分極モジュラスMcの形で表すと（16）式が得られる。

$$M_C = \frac{y - x_b}{y - x_m} = \exp\frac{-J_v}{k} \tag{16}$$

ここで，J_vとkは全透過流束と濃度境界層での物質移動係数（k=D/l）である。すなわちJ_vとkの大きさの関係で分極の度合いが決まる。kの推算はRO膜やUF膜など液系分離膜で使用する物質移動係数相関式での物性値を気体の値に置き換えて行うことができる。

第4章　気体分離膜

5　気体分離膜モジュールの設計法

　モジュール形態としては，平膜をもとにしたプレートアンドフレーム型，スパイラル型，中空糸膜をもとにしたホローファイバー型が用いられている．以下に理想的なフローモデルでのモジュール設計法を解説する．

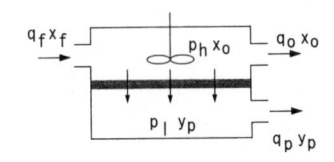

(a)　完全混合モデル

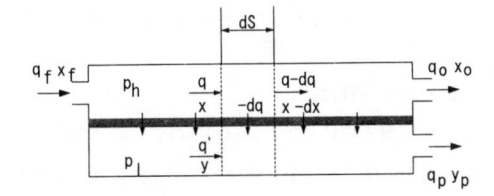

(b)　並流プラグフローモデル

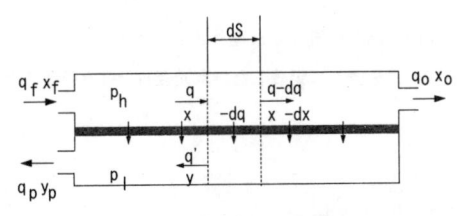

(c)　向流プラグフローモデル

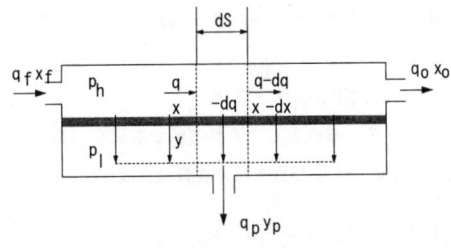

(d)　十字流プラグフローモデル

図4　膜モジュールのフローモデル

表1　2成分ガス分離モジュールの基礎方程式

	並流型	向流型	十字流型	完全混合型	
モジュール全体の物質収支	$x_f = (1-\theta)x_0 + \theta y_p$ (1-1)				
設計基礎方程式	$\dfrac{dx}{dQ} = \dfrac{x - P_r y - x\{x - P_r y + (1/\alpha^*)[1 - x - P_r(1-y)]\}}{Q[x - P_r y + (1/\alpha^*)\{1 - x - P_r(1-y)\}]}$ (1-2) $\dfrac{dS_d}{dQ} = -\dfrac{1}{x - P_r y + (1/\alpha^*)[(1-x) - P_r(1-y)]}$ (1-3)			$x_0 = \dfrac{x_f}{1-\theta} - \dfrac{\theta(B - \sqrt{B^2 - AC})}{A(1-\theta)}$ (1-4) $A = (\alpha^* - 1)\{\theta + P_r(1-\theta)\}$ $B = 0.5[(\alpha^* - 1)\{\theta + P_r(1-\theta) + x_f\} + 1]$ $C = \alpha^* x_f$ $S_d = \dfrac{y_p \theta}{x_0 - P_r y_p}$ (1-5)	
x〜y関係 (成立範囲)	$\dfrac{y}{1-y} = \alpha^* \dfrac{x - P_r y}{1 - x - P_r(1-y)}$ $(Q' = 0)$ (1-6)				
	$x = x_f$	$x = x_0$	$x_0 \le x \le x_f$	$\dfrac{y_p}{1-y_p} = \alpha^* \dfrac{x_0 - P_r y_p}{1 - x_0 - P_r(1-y_p)}$ (1-8)	
	$y = \dfrac{x_s Q_s - xQ}{Q_s - Q}$ $(Q' \ne 0)$ (1-7)				
	$x_s = x_f,\ Q_s = 1$	$x_s = x_0,\ Q_s = 1-\theta$			
無次元変数	$\theta = q_p/q_f,\ Q = q/q_f,\ Q' = q'/q_f,\ P_r = p_l/p_h,\ \alpha^* = P_A/P_B,\ S_d = \dfrac{P_A p_h}{q_f \cdot \delta} \cdot S$				

5.1　フローモデルとモジュール設計式

モジュールの設計および性能解析用に，モジュール内の気体流れに理想流れを仮定した数種の設計式が導かれている[48]。図4には代表的なフローモデルを示した。また二成分混合気体での設計式を表1にまとめた。以下にこれらの導出を簡単に説明する。

5.1.1　完全混合

完全混合ではモジュール内の高圧側濃度は未透過排出（リテンテート）の濃度x_0に等しいとするモデルである。(11)(12)式を表1に定義した無次元変数で書き換えると次のようになる。

$$qy_p = S_d(x_0 - P_r y_p) \tag{17}$$

$$q(1-y_p) = S_d\left[\dfrac{1}{\alpha^*}\left\{1 - x_0 - P_r(1-y_p)\right\}\right] \tag{18}$$

モジュール全体での物質収支式（表1中の（1-1）式）との組み合わせから設計式として（1-4）（1-5）（1-8）式が得られる。

5.1.2　並流プラグフローと向流プラグフロー

高圧側，低圧側ともにプラグ流を仮定し，流れ方向が並流か向流であるモデル。微小膜面積dS上の高圧側空間における全成分およびA成分の物質収支は(19)(20)式で表せる。

$$-dq = \dfrac{P_A - p_h}{\delta} dS\left[x - P_r y + \dfrac{1}{\alpha^*}\left\{1 - x - P_r(1-y)\right\}\right] \tag{19}$$

第4章 気体分離膜

$$-qdx = \frac{P_{Ap_h}}{\delta} dS(x - P_r y) + xdq \tag{20}$$

(19)(20)式が膜面積を独立変数にした設計式になる。ただし，xからのy算出には透過流量ゼロの点から任意の点までの高圧側，低圧側全体での物質収支式（1-7）式を用いる。

5.1.3 十字流プラグフロー

高圧側にプラグフローを仮定するので高圧側微小空間における物質収支はここでも同じ（19）(20)式である。このモデルの特徴は，透過ガスは膜面に垂直方向に運び出され，低圧側膜面での濃度yは透過流の上流部からの影響を受けないとするモデルである。したがって膜面全域にわたってx～y関係は（13）式になる。

表1には高圧側流量の無次元形を独立変数にした場合の設計式を記した。多成分分離に関しても同じような扱いで設計式が導出されている[49]。

上記のフローモデルでの分離性能は，まずはプラグフロー近似できるモデルが優れており，かつ向流＞十字流＞並流＞＞完全混合の順になる。従って向流型が成り立つようにモジュールを設計するのが望ましい。但し，これは現在の水素分離膜での操作のように透過側に第一透過成分を回収することが目的の時に正しいことである。ところが回収成分が第二透過成分の場合，例えばCO_2，N_2とH_2O蒸気からなる燃焼排ガスからCO_2を透過側に回収する場合，第一透過成分のH_2Oが低圧側を希釈する働きをしてCO_2の透過を促進するので，その効果を有効に生かせる並流が最も優れた分離性を示す操作範囲がある[50]。

5.2 圧力損失の問題

特にホローファイバー型モジュールでは中空糸膜の芯側流れで圧力損失が起こることを考慮する必要がある。芯側に透過ガスを集めるいわゆるシェルサイド供給型では，芯側透過流の圧力損失にポアゼイユ式を適用した（21）式を用いる。

$$\frac{dp_i^2}{dz} = -\frac{256RTq'\eta}{n\pi d_i^4} \tag{21}$$

ここで，zはモジュール軸方向距離，d_iは中空糸膜内径，nは中空糸本数，ηは混合気体の粘度である。(19)(20)式と連立して解くことにより圧力損失を考慮した設計ができる。

5.3 逆混合の問題

気体分離膜モジュールの流れはプラグフローになるのが理想であるが，必ずしもそれが実現できない場合がある。それは透過に伴って生じるモジュール軸方向の濃度分布によって流れと逆方向に拡散移動する逆混合の現象が生じるからである。この現象による分離性の低下の理論的な解

析法は提案されているが実験との照合が不十分である.モジュールでの運転結果の蓄積と詳細な解析を行う必要がある.

多段カスケードや循環流を持つプロセスなど高度分離が可能となるプロセスの設計法については文献[51]を参考にしていただきたい.

6 おわりに

地球温暖化現象への対策技術として,CO_2の直接的な回収やエネルギー源としての水素の利用が期待される中で,これら気体の分離回収法に省エネルギー性に優れる気体分離膜の利用が強く望まれている.気体分離膜は,素材が持つ固有の選択透過性能を引き出すことにより進展してきたが,上に紹介したように,最近の研究は分離対象系へ最適な膜構造の設計を行うことで,より高い選択透過性能の膜作りが行われている.また,無機材料による膜の開発も盛んであり高温使用が可能になりつつある.これからも省エネルギー性に優れかつ安定した気体分離プロセスの実現のために新たな膜作りへのチャレンジが続くことを願う.

文　献

1) W. J. Koros, *Chem Eng. Prog.*, p. 68-81, October (1995)
2) A. B. Shelekhin, et al., *AIChE J.*, **41**, 5 (1995)
3) J. M. Henis, et al., *J. Membr. Sci.*, **8**, 233 (1981)
4) W. M. Lee, *Polym. Eng. Sci.*, **20**, 65 (1980)
5) J. Y. Park, et al., *J. Membr. Sci.*, **125**, 23 (1997)
6) L M. Robeson, et al., *J. Membr. Sci.*, **132**, 33 (1997)
7) S. A. Stern, *J. Membr. Sci.*, **94**, 1 (1994)
8) W. J. Koros, et al., *J. Membr. Sci.*, **83**, 1 (1993)
9) K. Tanaka, et al., *Polym. J.*, **26**, 1186 (1994)
10) S. Kazama, et al., *J. Membr. Sci.*, **207**, 91 (2002)
11) Y. M. Lee, et al., *Ind. Eng. Chem. Res.*, **38**, 1917 (1999)
12) Y. Hirayama, et al., *J. Membr. Sci.*, **160**, 87 (1999)
13) K. Okamoto, et al., *Macromolecules*, **28**, 6950-6956 (1995)
14) H. Nishide, et al., *Macromolecule*, **20**, 417-422 (1987)
15) H. Matsuyama, et al., *J. Membr. Sci.*, **93**, 237 (1994)
16) D. Langevin, et al., *J. Membr. Sci.*, **82**, 51 (1993)

第 4 章　気体分離膜

17) M. B. Rao and S. Sircar, *J. Membr. Sci.*, **85**, 253 (1993)
18) S. Sircar, *et al.*, *Sep. Sci. Technol.*, **17**, 11 (1999)
19) C. Thaeron, *et al.*, *Sep. Sci. Technol.*, **15**, 121-129 (1999)
20) I. Pinnau, *et al.*, *J. Membr. Sci.*, **116**, 199 (1996)
21) A. Morisato , *et al.*, *J. Membr. Sci.*, **121**, 243 (1996)
22) I. Kumakiri, *et al.*, *Trans. Mat. Res. Soc. Jpn.*, **29**, 3271 (2004)
23) I. Kumakiri, *et al.*, Proc. ICIM8, Cincnnati, pp. 508 (2004)
24) S. Kovvali, *et al.*, *J. Am. Chem. Soc.*, **122**, 7594 (2000)
25) 嶋田祐美ら，膜シンポジウム，Kyoto, No. 16, pp. 29 (2004)
26) 浅枝正司，セラミックス，**29**, 967 (1994)
27) M. Tsapatis, *et al.*, *J. Membr. Sci.*, **87**, 281-296 (1994)
28) N. N. Balagopal, *et al.*, *Membrane*, **25**, 73-85 (2000)
29) M. Kanezashi, *et al.*, *Trans. Mat. Res. Soc. Jpn.*, **29**, 3267 (2004)
30) M. Nomura, *et al.*, Proc. ICIM8, pp. 126 (2004)
31) 岩本雄二，膜，**29**, 258 (2004)
32) 松方正彦，表面，**34**, 358 (1996)
33) 原谷賢治，繊維と工業，**56**, 20-24 (2000)
34) 須田洋幸ら，膜，**30**, 24 (2005)
35) S. Yoda, *et al.*, *Chem. Mater.*, **16**, 2363 (2004)
36) H. Suda. *et al.*, Proc. ICIM8, pp. 479 (2004)
37) M. Asaeda, *et al.*, Proc. ICIM3, p. 315 (1994)
38) J. Hayashi, *et al.*, *Ind. Eng. Chem. Res.*, **35**, 4176 (1996)
39) H. Suda, *et al.*, *Chem. Commun.*, 93-94 (1997)
40) K. Okamoto, *et al.*, *Ind. Eng. Chem. Res.*, 4424 (1999)
41) 草壁克己ら，膜，**23**, 50 (1998)
42) S. Hara, *et al.*, *J. Membr. Sci.*, **164**, 289 (2000)
43) 原 重樹，化学装置，10月号，1 (2004)
44) U. Balachandran, *et al.*, *Cata. Today*, **36**, 265 (1997)
45) 栗村英樹ら，膜，**29**, 265 (2004)
46) W. J. Koros, *J. Polym. Sci., Polym. Phys. Ed.*, **19**, 1513 (1981)
47) K. Haraya, *et al.*, *Sep. Sci. & Technol.*, **22**, 1425 (1987)
48) S. T. Hwang, *et al.*, "Membranes in Separations", p. 369, Wiley (1975)
49) Y. Shindo, *et al.*, *Sep. Sci. & Technol.*, **20**, 445 (1985)
50) 松宮紀文ら，化学工学論文集，**25**, 37 (1999)
51) 化学工学会編，化学工学便覧（改訂 6 版），p. 925，丸善 (1999)

第5章　有機液体分離膜

吉川正和*

1　はじめに

　従来，有機液体混合物は蒸留法によって分離されてきたが，これに替わる膜分離法として浸透気化さらには蒸気透過がある。蒸気透過は膜を介して蒸気（気体）が透過されるが，これはいわゆる第4章において扱う気体透過に含まれる膜分離法である。これより，本稿では主として浸透気化に関して述べることにする。
　膜分離は，連続的かつ省エネルギー的に物質分離を行える分離技術である。表1にまとめたように，膜分離法の一法（浸透気化）を除くすべての分離法は供給側と透過側において相が異ならない分離法である。膜分離法の中で，唯一，本稿で述べる「浸透気化（パーベーパレーション）」は，膜分離における供給側と透過側における相が異なる膜分離技術である。浸透気化の原理図を図1に示す。3節において詳細に述べるが，通常は膜の供給側に液体混合物を供給し，透過側を減圧するかあるいはスイープガスを流すことにより，透過物質を蒸気として膜の透過側より脱着させ，その透過蒸気をコールドトラップで凝縮させた後に系外に取り出す膜分離技術である。図1から見て取れるように，前述したように本法のみが供給側と透過側との間において相変化を伴う膜分離法である。
　この方法は1960年にBinningとLee[1]によって有機液体混合物の分離法として提案されてい

表1　種々の膜分離プロセス

膜プロセス	相1（供給側）	相2（透過側）	駆動力
精密ろ過(MF)	液相	液相	静水圧差
限外ろ過(UF)	液相	液相	静水圧と微少な浸透圧との差
ナノフィルトレーション(NF)	液相	液相	静水圧と浸透圧との差
逆浸透(RO)	液相	液相	静水圧と浸透圧との差
圧透析	液相	液相	静水圧差
気体分離	気相	気相	気体の分圧差（濃度勾配）
蒸気透過	気相（蒸気）	気相（蒸気）	気体の分圧差（濃度勾配）
浸透気化	液相	気相	濃度勾配
電気透析	液相	液相	電位差（電気化学ポテンシャル）
透析	液相	液相	濃度差

*　Masakazu Yoshikawa　京都工芸繊維大学　高分子学科　教授

第5章　有機液体分離膜

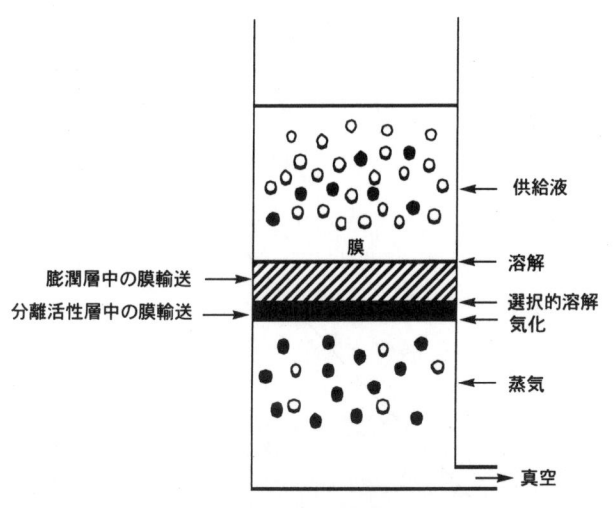

図1　浸透気化の原理図

（供給液／膜／溶解／選択的溶解／気化／蒸気／真空；膨潤層中の膜輸送，分離活性層中の膜輸送）

が，この"Pervaporation"という用語は1917年のP. A. Kober[2]の論文に端を発している。P. A. Koberのアシスタントを務めていたC. W. Eberleinがコロジオンバッグにアルブミン/トルエン溶液を詰めておいたところ，コロジオンバッグの口はきつく絞められていたにもかかわらず水が選択的に透過していること，さらにはトルエンはこのコロジオンバッグ内に残存していることをP. A. Koberに告げた。この現象をP. A. Koberは"Pervaporation"と名付け米国化学会誌に報告した[2]。この"Pervaporation"という用語は"Permeation（浸透）"と"Evaporation（気化）"の合成語であると言われている。これより，我が国においては，本法を「浸透気化」あるいは英語を直接にカタカナ言葉にして「パーベーパレーション」と呼んでいる。この膜分離法は，その歴史は古いにも関わらず，エネルギー危機が叫ばれる1970年代までは，浸透気化に関する研究は散見されるに過ぎなかった。1970年代より，この膜分離法は高度な省エネルギーが可能な分離技術として注目されるに至った。このように，液体化合物が高分子に接触しているときに，その他方より蒸気として透過するという現象は1906年にL. Kahlenberg[3]によって報告されている。この報告はいわゆる浸透気化現象が初めて報告された論文と言えよう。

2　浸透気化の特徴

浸透気化の特徴を以下に挙げる。
(1)　液体混合物の分離を分離膜を用いて行う場合，膜で分離する物質が分子オーダーまで小さ

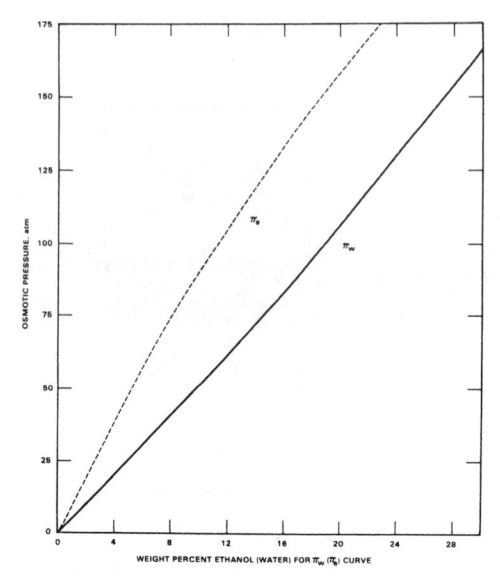

図2 水／エタノール混合液の浸透圧
水中のエタノール濃度とそれに対応する水の浸透圧（π_w），ならびに
エタノール中の水濃度とそれに対応するエタノールの浸透圧（π_e）

くなった場合，その膜を介して生じる浸透圧が問題となってくる。その浸透圧に抗して浸透圧以上の圧力を逆に膜に加えて，イオンや塩分は通さないが水を通す性質を利用した膜分離法が，海水淡水化において利用されている逆浸透膜である。これに関しては，第3章を参照して欲しい。図2に一例として，水／エタノール混合液の浸透圧を示す[4]。これより，高性能な水選択透過膜あるいはエタノール選択透過膜があったとしても，その浸透圧から，全濃度範囲において従来の液/液分離法を適用することが実際問題としては不可能に近いことが理解できよう。一方，浸透気化では，図1の原理図において示したように，透過側は液体と接触していないため，浸透圧の影響を受けることはない。すなわち，浸透気化は液体混合物の全濃度領域において適用可能な膜分離法であるといえる。これは，浸透気化が他の膜分離技術と比較したとき，最も特徴となるところである。

(2) 浸透気化は，膜透過の際に液相から気相へと相変化を伴うが，操作温度を一定に保つための顕熱を必要とするが，潜熱を必要とはしない。すなわち，常温で浸透気化を運転することができる。このことより，浸透気化は熱分解性をもつ液体有機化合物や熱変性を伴う可能性のある有機液状化合物の分離濃縮に適した膜分離技術である。

(3) 前述した(2)と関連するが，浸透気化は所用エネルギーが蒸留法と比べて低く，本法は省エ

第 5 章　有機液体分離膜

ネルギーな膜分離技術と言える。

(4) 膜透過において，膜素材と分離を目的とした有機液状混合物が相互作用を伴うため，これは蒸留において第三成分を添加して分離することに相当し，結果として，浸透気化を行うことにより沸点近接有機液体混合物や共沸化合物の分離が可能となる。

(5) 浸透気化において透過した物質は理想的には純物質として得られる。

以上にまとめた特徴以外にも，浸透気化は所用エネルギーはもとより，設備投資，運転費用等の観点からも液体混合物の膜分離法として浸透気化法が有効であるといわれている[5]。

3　浸透気化装置のデザイン

浸透気化は図1にその原理図を示したように，膜の一方（供給側）を液体混合物と接触させ，他方（透過側）は液と接することなく蒸気として目的とする有機液体化合物を選択的に膜透過させる膜分離法である。図3に真空駆動型浸透気化 (Vacuum-driven pervaporation) の模式図を示す。通常は図3に示すように，透過蒸気を凝縮させる目的の凝縮器ならびに，図3には省略されているが透過側を減圧するための真空ポンプを取り付けた装置でもって浸透気化を行っている。このようなシステムを構築することにより，供給側と透過側の透過物質蒸気の分圧差（化学ポテンシャル差）を形成させ膜透過を行わせている。透過物質蒸気の分圧差を膜の供給側と透過側との間に形成させる方法として温度差を利用することもできる。これは温度差駆動型浸透気化 (Temperature gradienr-driven pervaporation) と呼ばれる。また，これは熱浸透気化 (Thermopervaporation) とも呼ばれている[6]。その温度差駆動型浸透気化の模式図を図4に示す。透過側の温度よりも供給側の温度を上昇させるために，加熱器が供給液側に取り付けられている。透過側には透過蒸気を凝縮させるための凝縮器はもちろん必須である。

透過側を減圧しなくとも，透過側より膜外へ透過してきた透過蒸気をキャリヤーガスによって

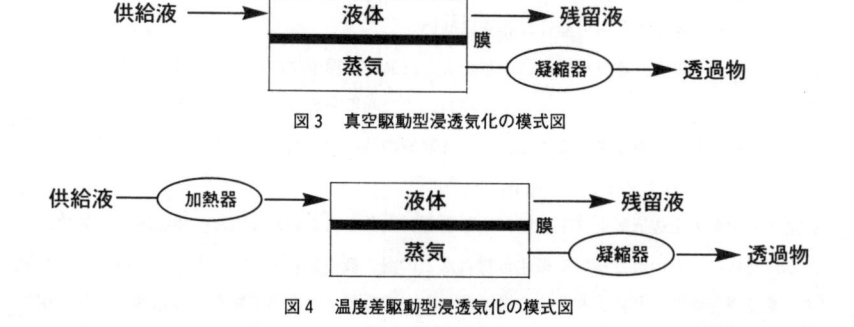

図3　真空駆動型浸透気化の模式図

図4　温度差駆動型浸透気化の模式図

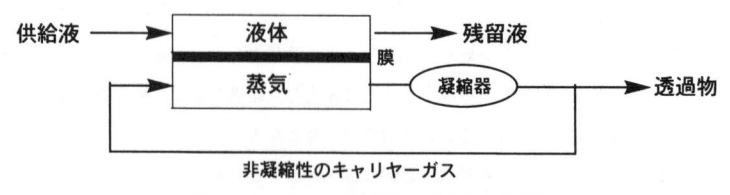

図5 キャリヤーガス駆動型浸透気化の模式図

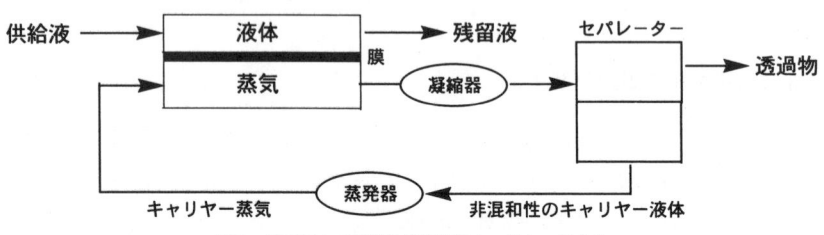

図6 凝縮性かつ透過物非混和性キャリヤーによる
キャリヤーガス駆動型浸透気化の模式図

スイープさせることにより，供給側と透過側の透過蒸気の分圧差を形成させることによっても浸透気化を行わせることができる（図5）。このキャリヤーガス駆動型浸透気化（Carrier gas-driven pervaporation）の場合，キャリヤーガスは凝縮器によって凝縮されない気体をそれとして採用する必要がある。また，キャリヤーガスは不活性であることが望ましいことは論を待たない。温度差駆動型浸透気化とキャリヤーガス駆動型浸透気化はいずれの場合も充分な膜透過の駆動力を獲得し難く，実際的には実現可能な浸透気化装置とは考え難いことを付記しておく。

キャリヤーガス駆動型浸透気化において，キャリヤーガスも凝縮器により凝縮されるとき，その凝縮されたキャリヤーガスが同時に凝縮された透過物と非混和性の場合は，図6に示すようなシステムを組むことも考えられる。しかしながら，このシステムも実際的には低い膜透過駆動力と複雑さのために適用される可能性は非常に低い。

透過側に透過してきた蒸気を図7に示したように異なる温度に設定された凝縮器を直列でつなげるシステムを設計し分縮することにより複数の透過物を分離することが可能となる。このシステムでは，透過蒸気を凝縮させることにより透過側の減圧状態が構築される。この場合，余談ではあるが，T2＜T1とする必要がある。

膜透過の駆動力を透過側を減圧状態にすることにより与えるいわゆる真空駆動型浸透気化により，水に微量にしか溶解しない有機化合物と水との混合液の分離を行ったとき，有機化合物が選択的に膜透過されることにより，その透過側において凝縮された透過物が非混和性を示し，相分

第5章　有機液体分離膜

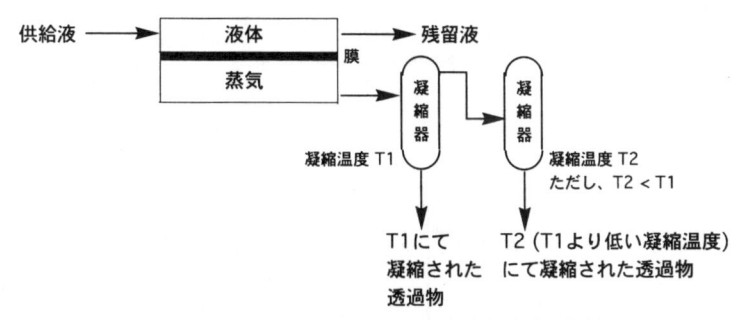

図7　分縮による透過蒸気凝縮を組み込んだ浸透気化の模式図

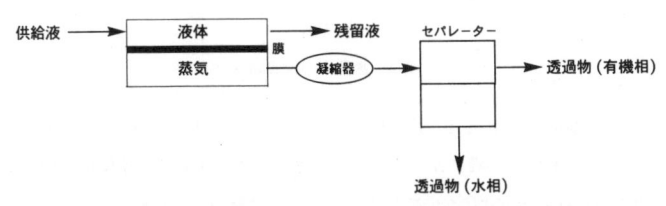

図8　真空駆動型浸透気化において非混和性の透過物がえられる場合の浸透気化装置の模式図

離を起こすことがある。そのような場合は，図8に示すようなシステムを構築して浸透気化を行うことにより，高効率な液体混合物の膜分離が行えるであろう。

　浸透気化は透過側を真空あるいは不活性ガスを用いて透過側膜表面をスイープさせることにより膜透過されてきた透過物を常時透過側表面よりぬぐい去ることにより膜透過の駆動力を与えている。一方，透過側膜表面に膜透過されてきた透過物質を液体（抽出用溶媒）を用いてぬぐうことによっても透過の駆動力を与えることが可能となる。その膜分離技術が膜抽出（Perstraction）である（図9）。この膜技術は浸透気化の範疇からは逸脱するが，浸透気化と同様の概念によって運転されている膜分離技術である。

4　透過速度と分離係数

　浸透気化において重要なパラメータは他の膜分離と同じく，透過速度と分離係数である。
　透過速度（流束）は一般には膜厚は単位の中には含まれてはいない。透過速度は通常は，g/m^2h, kg/m^2h, cm^3/cm^2h, m^3/m^2h などが用いられている。これは，分離の対象となる混合物が液状混合物であることに起因していると考えられる。気体透過の場合と同様に，透過速度に

最先端の機能膜技術

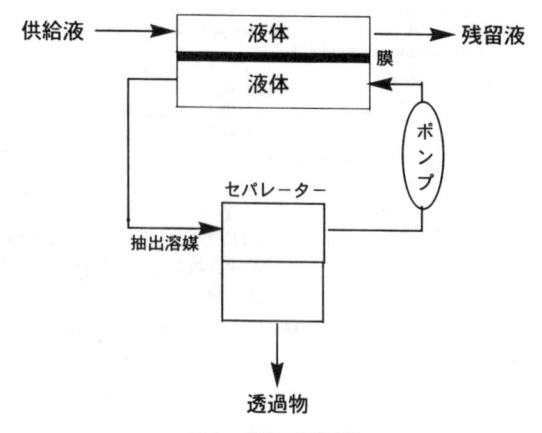

図9 膜抽出の模式図

膜厚を乗じた比透過速度（gm/m²h, kg m/m²h, cm³ cm/cm²h, m³ m/m²h）を採用する場合もあるが，9.1項において詳細に述べるが，膜透過速度が必ずしも膜厚に反比例しないので，比透過速度での表示は浸透気化においては適切な方法ではない。

分離係数は記号 $\alpha_{A/B}$ で示される。2成分混合系においては，供給側の成分Aならびに成分Bのそれぞれの重量分率あるいはモル分率を X_A，X_B，透過側のAならびにBの重量分率あるいはモル分率をそれぞれ Y_A，Y_B とすると，成分Aに対する分離係数 $\alpha_{A/B}$ は式（1）で表せられる。

$$\alpha_{A/B} = (Y_A/Y_B)/(X_A/X_B) \tag{1}$$

ここで，通常は分離係数 $\alpha_{A/B} > 1$ となるように，換言すれば，選択的に膜透過される成分をAとして分離係数を算出する。3成分以上の多成分混合系の場合も式（1）と同様な考え方で，成分 i に対する分離係数は式（2）でもって示される。

$$\alpha_{i/others} = \{Y_i/(1-Y_i)\} / \{X_i/(1-X_i)\} \tag{2}$$

式中，X_i は供給側の成分 i の重量分率あるいはモル分率を，Y_i は透過側の成分 i の重量分率あるいはモル分率を示す。

5 浸透気化の実際

5.1 透過側圧力

透過側の圧力は，透過側での透過物質の気化に直接影響を与えることより，膜透過速度ならび

第5章 有機液体分離膜

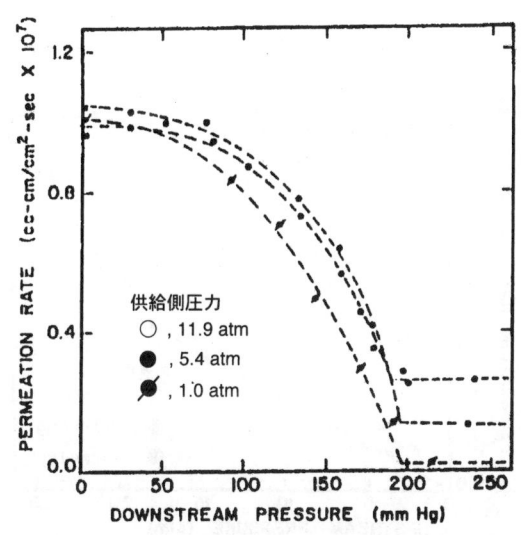

図10 ポリエチレン膜を介してのヘキサンの浸透気化における透過側圧力の影響
（操作温度30℃，ヘキサンの飽和蒸気圧，188mmHg）

に分離性能に大きな影響を与える。図10にポリエチレン膜を介してのヘキサンの浸透気化の透過側圧力の影響を示した[7]。操作温度30℃におけるヘキサンの飽和蒸気圧は188mmHgであるが，透過側の圧力がこの飽和蒸気圧に比較して低い場合は，その圧力依存性はさほど敏感ではない。透過側圧力が飽和蒸気圧に近付くに伴い，透過速度は急激に減少する。透過側の圧力が飽和蒸気圧以上の値に達すると，透過物質であるヘキサンは透過側に液体として透過してくる。すなわち，透過側圧力が飽和蒸気圧以上にあると，圧透析となって，膜透過され，その透過速度の圧力依存性は極めて微少になる。図3は，次項において述べる供給側圧力の影響も見て取れる。

5.2 供給側圧力の影響

図11に前項と同じく，ポリエチレン膜を介しての操作温度30℃におけるヘキサンの浸透気化の供給側圧力の影響を示した[7]。一般に，透過側圧力が高真空に保たれているとき，浸透気化は供給側圧力の影響を余り受けない。しかしながら，透過側圧力が高くなるにつれ，供給側の影響を大きく受けることになる。

5.3 操作温度の影響

操作温度の上昇に伴い，通常は透過速度は増加し透過選択性は低下する傾向が観察される。浸

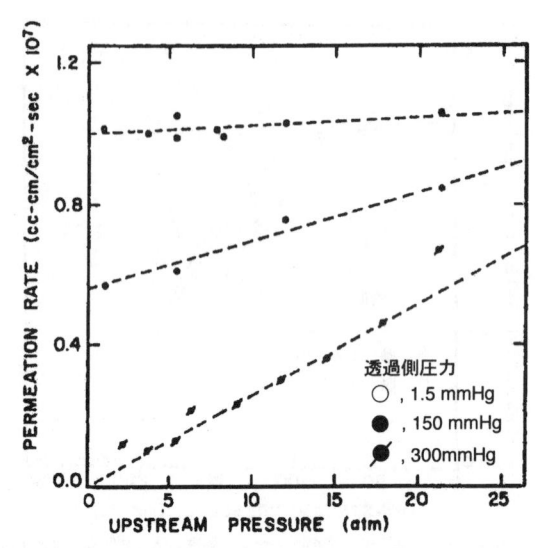

図11 ポリエチレン膜を介してのヘキサンの浸透気化における供給側圧力の影響
(操作温度30℃, ヘキサンの飽和蒸気圧, 188mmHg)

透気化は溶解‐拡散機構に従って膜透過していると考えられるので, 透過速度はアレニウス型の温度依存性(式(3))に従う。

$$J = A\exp(-\Delta E/RT) \tag{3}$$

式中, Jは透過速度, Aは頻度因子, ΔEは浸透気化の活性化エネルギー, Rは気体定数, Tは絶対温度である。図12に典型的な温度に対する依存性を示す[8]。図にみられるように, 操作温度の上昇に伴い, 透過速度は増大する。

5.4 膜厚の影響

膜透過式より考えると, 膜厚と透過速度とは反比例の関係にあることが予想される。しかしながら, 9.1項(図17)にて詳細に述べるが, 浸透気化を行っているときの膜の状態は一様ではなく, ともすれば透過側の乾燥状態にあるいわゆる活性層の厚みが透過速度を律する抵抗層として機能するため, 浸透気化の透過速度が乾燥時の膜厚の逆数に厳密に比例するとは限らない。図13には膜厚と透過速度とが理想的な関係にある場合の例を示しておく[9]。図13のような関係が成立する場合においてのみ, 4節で述べた比透過速度が意味をもってくる。

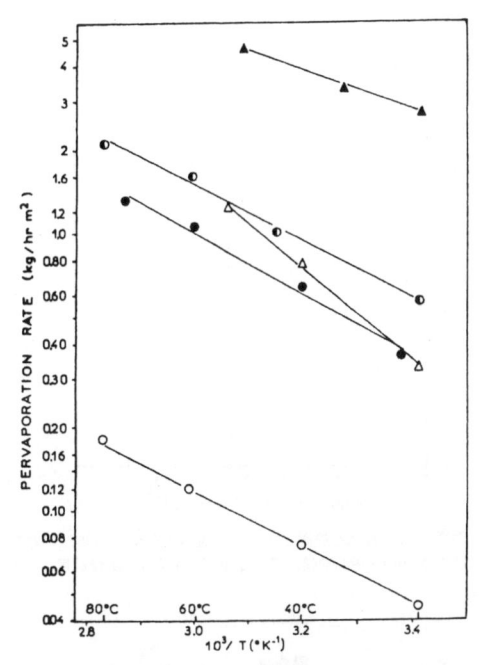

図12 PTFE-*graft*-PVP膜による浸透気化の操作温度依存性
（膜厚，50μm；グラフト率，38%）
○，ジオキサン
◐，水
●，水/ジオキサン（17.6/82/7, vol./vol.）
▲，クロロホルム
△，プロパノール

5.5 浸透気化に影響を与えるその他の因子

浸透気化性能に影響を与えるその他の因子として膜構造，膜履歴，膜形態等様々なものが挙げられよう。前述したものをも含めて，図14にまとめて示すことにする。

6 膜透過式

図1に示した浸透気化の原理図からも分かるように，通常の真空駆動型浸透気化においては以下の3つのプロセスによって浸透気化が構成されている。

ステップ1：膜の供給側（上流側）での液体混合物の溶解
ステップ2：透過物質の膜内における拡散

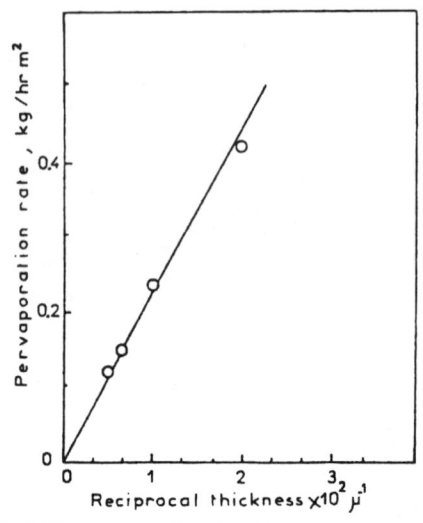

図13 浸透気化における膜厚と水の透過速度との関係（理想的な場合）
(PTFE-*graft*-P4VP膜，グラフト率，150%，操作温度，25℃)

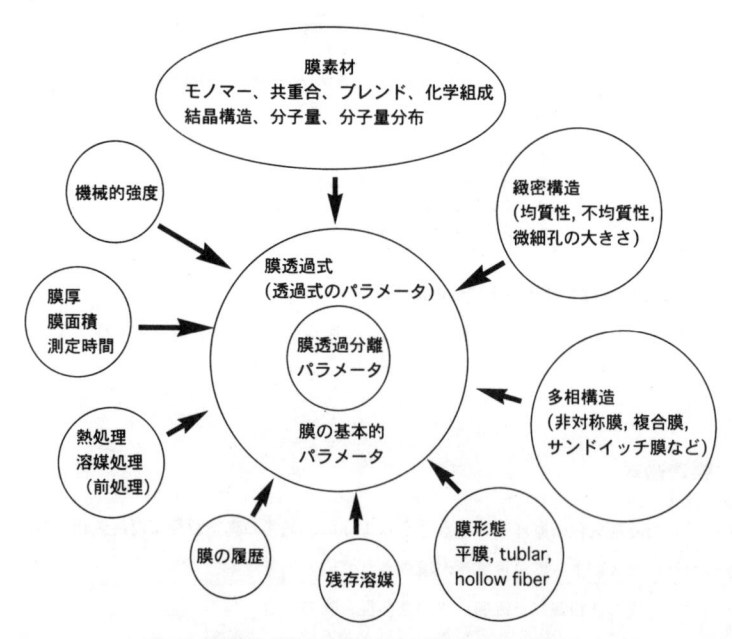

図14 浸透気化性能に液用を与える膜固有の種々の因子

第5章 有機液体分離膜

ステップ3：膜の透過側（下流側）における透過物質の蒸気相への脱着

いずれの膜透過と同じく，溶解と拡散の機構が重要な膜透過の過程であると考えられる。また，通常は脱着の過程は非常に速く，膜透過の抵抗にはなっていないと捉えることができる。さらに，9.1項（図17）において詳細に述べるが，気体透過や逆浸透等と比べて膜は透過物質によって膨潤状態にあり，その結果，拡散係数や溶解度係数は透過物質の組成の影響を大いに受ける。

膜透過の駆動力は膜を介しての化学ポテンシャル勾配が膜透過の駆動力となる。浸透気化は一般に膜の両側（供給側ならびに透過側）と膜とを含めた系全体の温度は一定であり，また，非荷電性の物質が膜透過する。これらのことより，浸透気化において考えねばならない化学ポテンシャル μ_i は，

$$\mu_i = \mu_i^0 + RT\ln a_i + v_i dP \tag{4}$$

式中，μ_i^0 は標準化学ポテンシャル，R は気体定数，T は絶対温度，a_i は透過物質の活量，v_i は部分モル体積を表す。浸透気化における供給側と透過側の圧力差は通常は約1気圧（0.1MPa）である。従って，活量勾配と比較した場合，圧力勾配は無視することが可能となる（式（5））。

$$\mu_i = \mu_i^0 + RT\ln a_i \tag{5}$$

成分 i の透過流束 J_i は次式で表される。

$$J_i = -c_i B_i (d\mu_i/dx) \tag{6}$$

式中，c_i は膜中の透過物質濃度，B_i はモル移動度，x は膜厚方向の位置をそれぞれ表す。式（5）と式（6）とより透過流束は式（7）となる。

$$J_i = -c_i B_i RT (d\ln a_i/dx) \tag{7}$$

拡散係数 D_i が $D_i = RTB_i$ と仮定すると

$$J_i = -c_i D_i (d\ln a_i/dx) \tag{8}$$

となる。

ここで，拡散係数と膜内濃度との関係を考える必要がある。単成分系の膜透過の場合においても，拡散係数は式（9）あるいは式（10）のような濃度依存性を示す[10]。

$$D_i = D_{i,0} \exp(\beta_i c_i) \tag{9}$$

$$D_i = D_{i,0}(1 + \gamma_i c_i) \tag{10}$$

$D_{i,0}$は無限希釈状態における透過物質の拡散係数を，β_iならびにγ_iは透過物質/膜間の相互作用を表す可塑化係数である。

また，二成分混合系においては，透過物質間の依存性も加わり，単成分系の場合と比較してその拡散係数の濃度依存性はさらに複雑になることが予想される。二成分混合系における拡散係数の濃度依存性の一例としてJ.-P. Burnらが提案した濃度依存式[11]を以下に示す。

$$D_i = D_{i,0}(A_{ii}c_i + A_{ij}c_j) \tag{11}$$

$$D_j = D_{j,0}(A_{ji}c_i + A_{jj}c_j) \tag{12}$$

これまでみてきたように，単成分系においても他の膜透過と比較して複雑である。とりわけ，多成分系となると，その複雑さは一層増し，浸透気化を完全に表し得る膜透過式は未だ出現していないと言えよう。これまでに報告されてきた浸透気化の膜透過式は以下の四つに大別される。

① 拡散係数などが濃度依存性を示さない理想系の膜透過式[12, 13]
② 拡散係数などの濃度依存性を考慮した膜透過式[14]
③ 膜の可塑化現象を考慮した膜透過式[15]
④ 膜内に存在する細孔の表面を透過物質が表面拡散すると仮定した膜透過式[16~18]

③のMulderらによるアプローチは膜内の成分 i の活量にFlory-Hugginsの式を用いており，その結果，膜透過式は膜素材の特性をも含む形となっており，分離膜素材の開発指針としても適用可能である。但し，パラメータが多く，膜特性解析には不便であろう。また，④において松浦らが提案している膜透過式の基礎となっている膜内の細孔であるが，これは露に存在する孔ではなく，非多孔膜である高分子膜内に存在する分子間隙の表面を透過物質が表面拡散していると仮定して膜透過式を誘導していると考えればよい。

いずれの膜透過式においても，浸透気化における拡散係数の濃度依存性，分離の対象となる液体混合物間ならびに各成分と膜素材との相互作用等のために，誘導された膜透過式が必ずしも常に実験値をよく再現できてはいないのが現状である。

7 浸透気化膜の設計

一般に，膜透過においては，高い親和性を示す透過物質は膜より脱着しにくく，その結果，選択的に膜透過されないという例が散見される。しかしながら，浸透気化においては，通常は真空

第5章 有機液体分離膜

駆動型浸透気化を行うので，透過側膜界面へ膜透過されてきた透過物質はその膜界面において強制的に膜外へ脱着され，その結果，膜に対して高い親和性を示し膜内へ選択的に取り込まれた透過物質ほど，親和性の低いものに比較して選択的に膜透過されることが予想される。

古典的なアプローチかも知れないが，"Like dissolves likes"（似たもの同士はよく溶け合う）という溶解度パラメータを指標として用いた検討[19, 20]，さらには，膜内極性値を用いた検討[21, 22]等が報告されている。いずれの場合も，膜構成成分と透過物質との間のパラメータの差が小さくなるに伴い，その透過物質は選択的に膜内に取り込まれやすくなり，結果として選択的に膜透過される。溶解度パラメータを用いる場合は，Hansenの3次元溶解度パラメータ[23]を採用し，透過物質と膜構成成分との間の空間距離でもって議論することを推奨する。

さらには，目的とする透過物質を膜内へ選択的に取り込む方策として，それを分子認識する原子団あるいは官能基を膜へ固定キャリヤーとして導入する方策もある[24]。また，近年，分離膜の分子設計においても分子インプリント法が注目されているが[25]，浸透気化膜においても分子インプリント法が適用された研究例もある[26]。

8　膜内における透過物質の状態と浸透気化性能

逆浸透膜においては，膜内に存在する水がバルクな状態とは異なる状態，いわゆる結合水の状態をとっており，この結合水は塩類を溶解せず，その結果，海水やかん水からの脱塩が行われていると考えられる[27〜29]。逆浸透膜の場合と同様に，浸透気化膜においても，膜を選択的に透過する透過物質が，膜内においては，バルクとは異なる状態で存在していることが報告されている。水を選択的に透過する浸透気化膜においても，水に対する分離係数が膜内に存在する結合水（不凍水）の分率に依存していることが報告されている[30]。これは，逆浸透膜内の結合水が塩を溶解しなかったように，水選択透過性を示す浸透気化膜内の結合水が有機液体化合物を溶解しないことによると考えられる。一方，有機液体/水混合液より有機液体を選択的に膜透過させる浸透気化膜においても水選択透過膜の場合と同様に，その透過物質が膜内において結合状態で存在することが報告されている[31〜35]。図15にポリジメチルシロキサン膜内の2-プロパノールの示差走査熱量分析（DSC）の結果を示す[32]。2-プロパノールの融解に帰属される吸熱ピーク面積が膜中における2-プロパノール含量の減少に伴い減少している（図15 (a)-(d)）。図15 (e)-(g) においては，ポリジメチルシロキサン膜内に2-プロパノールは存在しているが，その-88℃に観察される融解のピークが消滅しており，-120℃から20℃の温度領域に新たなピークは観察されない。図15 (g) においては，3.7mgの2-プロパノールがポリジメチルシロキサン膜内に存在している。4.4mgの2-プロパノールの吸熱ピークを図15 (i) に示す。もしポリジメチルシロキサン

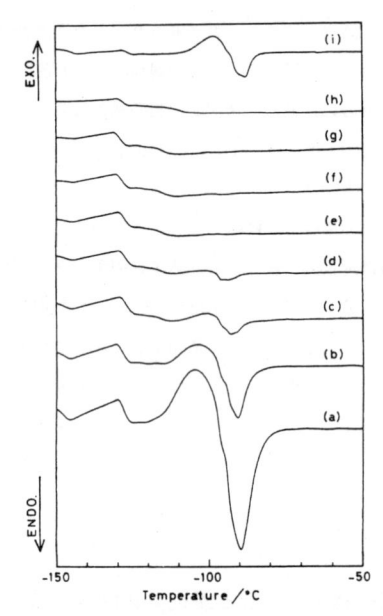

図15 ポリジメチルシロキサン膜/2-プロパノールの示差走査熱量分析
(a)-(g)，ポリジメチルシロキサン膜/2-プロパノールのDSC
(h)，ポリジメチルシロキサン膜のDSC
(i)，2-プロパノールのDSC

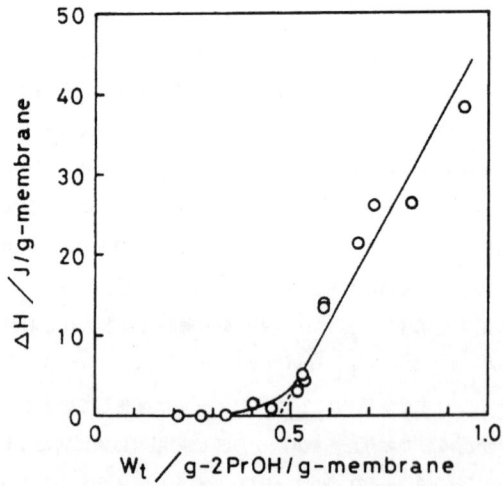

図16 ポリジメチルシロキサン膜内の2-プロパノールの融解熱と2-プロパノール含量との関係

第5章 有機液体分離膜

膜内の2-プロパノールがバルクな状態をとっているなら，図15 (e)-(g) においてもその吸熱ピークが観察されるはずである。図16にポリジメチルシロキサン膜内の2-プロパノール含量とそのとき観察された2-プロパノールの融解熱との関係を示した。得られた直線の勾配は2-プロパノールの融解熱（$\Delta H = 89.9 \mathrm{Jg}^{-1}$）に合致した。$\Delta H = 0$ に外挿した切片より結合状態にある2-プロパノールの全量を知ることができる。図よりその全量は0.47g-2-プロパノール/g-膜と決定された。膜内に結合状態で存在する透過物質が浸透気化においても重要な影響を与えていることがわかる。後述する蒸気透過においても，浸透気化や逆浸透の場合と同様に，透過物質の膜内における状態が重要であることが報告されている[36]。

9　浸透気化において注意すべき点

9.1　透過選択性発現機構の解明

　浸透気化あるいは蒸気透過において混合系の透過選択性発現機構を解明するとき，しばしば，溶解度選択性（Solubility Selectivity）を収着実験から求め，この収着実験より求まる溶解度選択性（S_S）と浸透気化実験より得られる分離係数（α）とから溶解-拡散機構に従って浸透気化あるいは蒸気透過が行われているとの仮定のもとに，拡散性選択性（Diffusivity Selectivity, S_D）を$S_D = \alpha/S_S$によって求めている研究例が散見される。これも一つのアプローチであるが，浸透気化，さらには蒸気透過における透過物質の膜内における濃度勾配は図17に示すようになっており，浸透気化においては液体と，蒸気透過においては蒸気と接している供給側は膨潤状態にあ

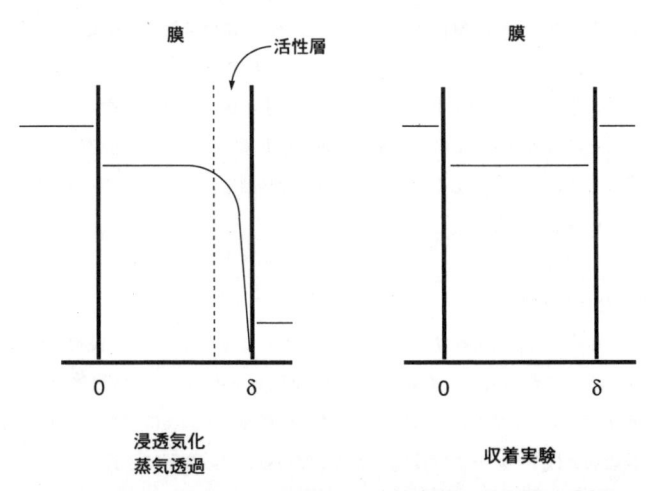

図17　浸透気化，蒸気透過，収着実験における透過物質の膜内濃度の模式図

り，膜透過においては殆ど抵抗にはならず，したがって，透過選択性発現への寄与は極めて少ないと考えられる。一方，減圧に接している透過側の膜は乾燥状態にあり，これが，活性層となり，透過選択性発現に大いに寄与していると考えられる。これに対して，収着平衡に達せしめて求められる溶解度選択性は膜透過における活性層と比較して膨潤状態にあるといえる。これより，収着実験より求まる溶解度選択性は活性層における溶解度選択性より低くなっている。すなわち，最低でもそれだけの溶解度選択性をもっていることになる。すなわち，収着実験より求められた溶解度選択性と分離係数とから算出される拡散性選択性はそれの最高値を与えることになる。

透過選択性発現機構の解明においては，むしろ，活性層に近い状態を与えることが期待される，活量の低い蒸気の（見掛けの）拡散係数を遅れ時間法により見積もり，それより得られる拡散性選択性と分離係数とから$S_S = \alpha/S_D$によって溶解度選択性を求める方が，より活性層に近い状態での推測が可能になるものと考えられる。このようなことを念頭に入れて，透過選択性発現機構の解明を行ってもらいたい。

4. において述べたように，浸透気化や蒸気透過では，透過物質の膜内における濃度勾配が図17に示すようになっていることより，比透過速度は意味をもたない場合が多く見受けられる。

9.2 分離係数

分離係数は4節における定義からも推測できるように，透過側ならびに供給側濃度に大きく依存する。成分Aが選択的に膜透過され，透過側の重量分率がそれぞれ0.900，0.950，0.980，0.990，0.999となったときの分離係数を図18に，また図19には排除される成分Bの排除率がそれぞれ0.900，0.990，0.999のときのそれを示した。いずれの場合も，供給側の成分Aの低濃度領域において急激に分離係数が増大することがわかる。供給側ならびに透過側の濃度を精確に定量すべきであることは当然のことではあるが，わずかな実験誤差でも，分離係数では意外と大きくなることを留意しておくべきである。図18ならびに図19は重量分率で示してあるが，濃度がモル分率で表されている場合においても同様な結果となる。

9.3 浸透気化と蒸気透過

有機液体を分離膜を用いて分離する場合，2節において述べたように，浸透気化は有望な一つの膜分離法である。これと共に，蒸気透過 (Vapor Permeation) も有機液体を分離するための有望な膜分離法の一つとして挙げられる。蒸気透過の原理図を図20に示す。蒸気透過は気体状の透過物質の膜透過を行うという点では気体透過と変わらない。厳密に区別するならば，気体透過は，膜透過を行う条件下において気体として存在している，換言すれば，その着目している物質

第5章 有機液体分離膜

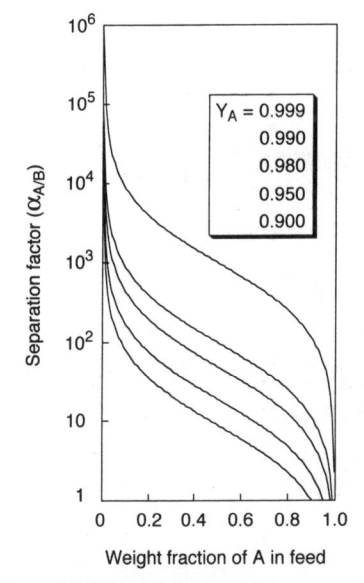

図18 透過側重量分率が一定であるときの，分離係数（$\alpha_{A/B}$）と供給側重量分率との関係
$\alpha_{A/B} = (Y_A/Y_B)/(X_A/X_B)$

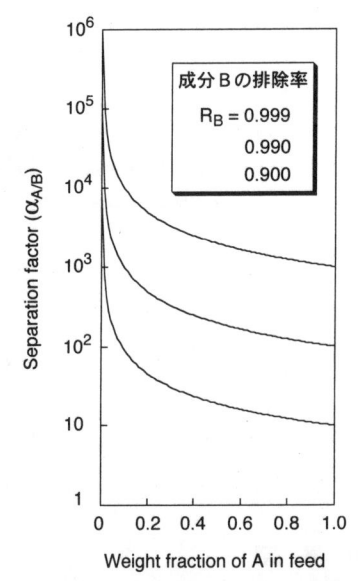

図19 排除率が一定であるときの，分離係数（$\alpha_{A/B}$）と供給側重量分率との関係
$R_B = (C_{f,B} - C_{p,B})/C_{f,B} = 1 - (C_{p,B}/C_{f,B})$
$\alpha_{A/B} = (Y_A/Y_B)/(X_A/X_B)$

の臨界温度が膜透過実験の温度より低い場合に気体透過と呼ぶ。膜透過実験温度が，透過物質の臨界温度より低いとき，その物質は液体で安定に存在しており，その液体から気化した蒸気を膜透過させることになる。この場合を限って蒸気透過と呼ぶ。我が国においては，これらの用語に混乱が見られなくもなく，浸透気化や蒸気透過に関する専門用語の定義を一読されることをお勧めする[37]。

蒸気透過は以下のような特徴をもつ。
（1）浸透気化と比較して，その蒸気透過装置は簡単である。
（2）透過側における濃度分極の影響を受けにくい。
（3）蒸気透過は浸透気化に比較して膜の膨潤が抑制されることより，膜寿命が長くなる。
（4）供給側圧力を上昇させることにより膜透過速度が増大する。
（5）浸透気化と比較して，透過速度は低下するが，分離係数は高くなる傾向がある。

以上，蒸気透過は浸透気化と同じく，有機液体混合物の膜分離法として今後の発展が期待される膜分離法である。

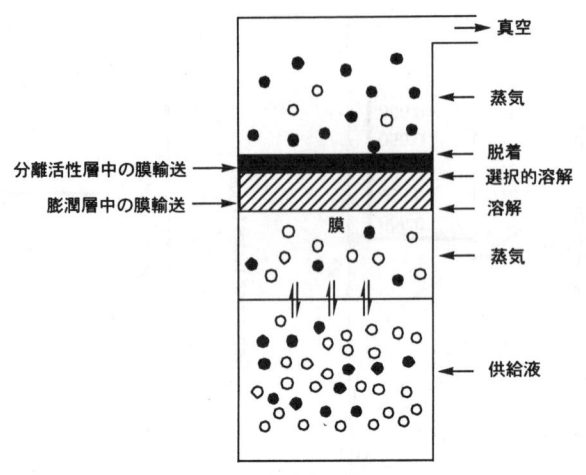

図20　蒸気透過の原理図

10　展　望

　浸透気化の膜性能は図21に示したような種々の因子の影響を受ける。これより，浸透気化膜素材の探索等を実施するに当たり，測定条件の標準化が必要となってこよう。浸透気化は古くからある膜分離法であるが，エネルギー問題が取り沙汰される1970年代までは忘れ去られていた嫌いのある膜分離法であった。浸透気化は1970年代は水/有機液体混合物からの水選択透過，1980年

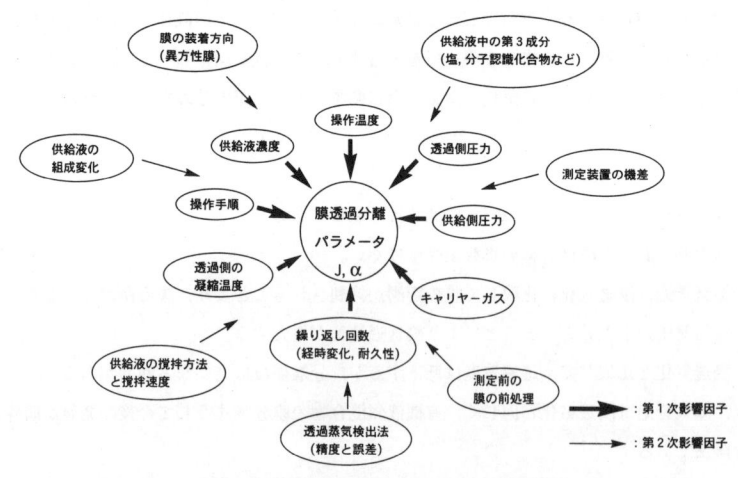

図21　膜性能評価に影響を与える種々の因子

第5章　有機液体分離膜

代になり水/有機液体混合物からの有機液体選択透過，1990年代は有機液体混合物からの特定有機液体化合物の選択分離と，浸透気化の適用範囲を広げてきた。21世紀に入って既に4年が経とうとしているが，今後は逆浸透や蒸留との複合化[38]，合成反応との複合化における反応促進[39]，分析における前処理[40]等これまで以上に様々な分野での浸透気化の発展が期待される。また，透過のみならず逆に不透過性が要求されるガソリンタンクのための新規高分子材料の探索等においてもその材料評価法として浸透気化が重要な位置を占めることになるであろう。浸透気化の今後の発展を祈りつつ本稿を終える。

謝辞

我が国の浸透気化の発展において多大な貢献をされてきたと共に筆者が浸透気化の研究を始めるに当たり御指導頂いた山田純男博士ならびに故仲川勤博士にこの場を借りて感謝する。

文　献

1) R. C. Binning, R. J. Lee, *U. S. Patent*, 2, 953, 502, Sep. 20 (1960)
2) P. A. Kober, *J. Am. Chem. Soc.*, **39**, 944 (1917)
3) L. kahlenberg, *J. Phys. Chem.*, **10**, 141 (1906)
4) G. D. Mehta, *J. Membr. Sci.*, **12**, 1 (1982)
5) H. L. Fleming, C. S. Slater, in Membrane Handbook, W. S. Winston, K. K. Sirkar, eds, Chap. 10, Chapman & Hall, New York, 1992
6) P. Aptel, N. Challard, J. Neel, *J. Membr. Sci.*, **1**, 271 (1976)
7) F. W. Greenlaw, W. D. Prince, R. A. Shelden, E. V. Thompson, *J. Membr. Sci.*, **2**, 141 (1977)
8) P. Aptel, J. Cuny, J. Jozefonvicz, G. Morel, J. Neel, *J. Appl. Polym. Sci.*, **18**, 351 (1974)
9) P. Aptel, J. Cuny, J. Jozefonvicz, G. Morel, J. Neel, *J. Appl. Polym. Sci.*, **18**, 365 (1974)
10) H. K. Frensdorff, *J. Polym. Sci.*, **2**, 342 (1964)
11) J.-P. Burn, C. Larchet, R. Melet, G. Bulvestre, *J. Membr. Sci.*, **23**, 257 (1985)
12) C. H. Lee, *J. Appl. Polym. Sci.*, **19**, 83 (1975)
13) T. Kataoka, T. Tsuru, S. Nakao, S. Kimura, *J. Chem. Eng. Jpn.*, **24**, 326 (1991)
14) R. Rautenbach, R. Albrecht, J. Membr. Sci., *J. Membr. Sci.*, **25**, 1 (1985) （ここでは代表的な研究例として本報告を引用した。）
15) M. H. V. Mulder, C. A. Smolders, *J. Membr. Sci.*, **17**, 289 (1984)
16) T. Okada, T. Matsuura, *J. Membr. Sci.*, **59**, 133 (1991)
17) T. Okada, M. Yoshikawa, T. Matsuura, *J. Membr. Sci.*, **59**, 151 (1991)
18) T. Okada, T. Matsuura, *J. Membr. Sci.*, **70**, 163 (1992)

19) M. H. V. Mulder, F. Kruitz, C. A. Smolders, *J. Membr. Sci.*, **11**, 349 (1982)
20) I. Cabasso, *Ind. Eng. Chem. Prod. Res. Dev.*, **22**, 313 (1983)
21) T. Shimidzu, M. Yoshikawa, *Polym. J.*, **15**, 135 (1983)
22) M. Yoshikawa, N. Ogata, T. Shimidzu, *J. Membr. Sci.*, **26**, 107 (1986)
23) C. M. Hansen, A. Beerbower, Encyclopeia of Chemical Technology, Supplement Volume (1971); Wiley, New York (1971)
24) T. Shimidzu, M. Yoshikawa, Pervaporation membrane separation processes, R. Y. M. Huang, ed., Elsevier, Amsterdam, Chap. 7 (1991)
25) M. Yoshikawa, *Bioseparation*, **10**, 277 (2002)
26) A. S. Michaels, R. F. Baddour, H. J. Bixler, C. Y. Choo, *Ind. Eng. Chem. Process Des. Dev.*, **1**, 14 (1962)
27) Y. Taniguchi, S. Horigome, *J. Appl. Polym. Sci.*, **19**, 2473 (1975)
28) K. Hatada, K. Kitayama, Y. Terawaki, T. Matsuura, S. Sourirajan, *Polym. Bull.*, **6**, 639 (1982)
29) T. Matsuura, Synthetic membranes and membrane separation processes, *CRC Press*, Boca Raton, Chap. 4 (1994)
30) M. Yoshikawa, S. Ochiai, M. Tanigaki, W. Eguchi, *J. Appl. Polym. Sci.*, **43**, 2021 (1991)
31) M. Yoshikawa, Y. P. Handa, D. Cooney, T. Matsuura, *Makromol. Chem., Rapid Commun.*, **11**, 387 (1990)
32) M. Yoshikawa, T. Matsuura, D. Cooney, *J. Appl. Polym. Sci.*, **42**, 1417 (1991)
33) M. Yoshikawa, T. Matsuura, *Polym. J.*, **23**, 1025 (1991)
34) M. Yoshikawa, D. Cooney, T. Matsuura, *Polym. Commun.*, **32**, 555 (1991)
35) M. Yoshikawa, T. Matsuura, *Polymer*, **33**, 4656 (1992)
36) M. Yoshikawa, A. Higuchi, M. Ishikawa, M. D. Guiver, G. P. Robertson, *J. Membr. Sci.*, **243**, 89 (2004)
37) K. W. Boddeker, *J. Membr. Sci.*, **51**, 259 (1990)
38) F. Lipnizki, R. W. Field, P,-K. Ten, *J. membr. Aci.*, **153**, 183 (1999)
39) J. F. Jennings, R. C. Binning, U. S. Patent, 2,956,070, Oct. 11, 1960 (近年，関連する研究が多数報告されるようになったがここでは歴史的に重要な本報告を引用した。)
40) C. L. Fish, I. S. McEachren, J. P. Hassett, in Pollution Prevention in Industrial Processes. The Role of Process Analytical Chemistry (ACS Symposium Series 508), J. J. Breen, M. J. Dellarco, eds., Chap. 13, ACS, Washington DC, 1992

第6章 イオン交換膜

谷岡明彦*

1 イオン交換膜の現状[1〜7]

イオン交換膜とは表1に示すような各種の固定荷電基を有している膜状の材料である。この中で強電解質からなる固定荷電基が実用的に使用されており，生体膜は強電電解質と弱電解質が混在している。

イオン交換膜は生体膜のモデル系として研究が始まり，当初は海水淡水化への応用が考えられたが実用化には至らなかった。イオン交換膜を最初に実用化したのは日本である。我が国では1950年代から1960代にかけて，海水から食料塩を生産する目的で開発が進められ，ポリスチレンをベースにしたカチオン及びアニオン交換膜の実用化に成功した。その後1960年代後半から70年代の前半にかけて米国においてポリテトラフルオロエチレンをベースにしたカチオン交換膜が開発され，日本でクロル/アルカリの製造に優れた性能を発揮することが見いだされた。旧来の水銀法やアスベスト隔膜法に比べて電力の消費量が70％程度で済むようになり，旧来法からイオン

表1 固定荷電基の種類

強電荷質	
・sulfonic acid	$-SO_3^-$
・quaternary amine	$-NR_3^+$
・quaternary pyridine	(pyridinium)-R
・quaternary imidazole	(imidazolium)-R

弱電解質	
・carboxylic acid	$-COOH$
・amine (tertiary-primary)	$-NR_2$ $-NHR$ $-NH_2$
・phosphoric acid	$-PO_3H_2$
・phenol	(phenyl)-OH

---

* Akihiko Tanioka 東京工業大学 大学院理工学研究科 有機・高分子物質専攻 教授

交換膜法に世界的規模で変換されつつある。このようなイオン交換膜における我が国の先導的立場は，高分子固体電解質型燃料電池の開発においても日本が世界において指導的役割を果たすことに大きく貢献している。次に現在のイオン交換膜の用途を示す。

まず，ナノテクノロジーを基盤とする半導体産業には超純水が必要であり，造水の最終工程にカチオン及びアニオン交換膜とカチオン及びアニオン交換樹脂を組み合わせた電気再生式脱塩装置（EDI）の使用が主流となりつつある。次に，環境問題に関しては廃酸からの酸回収，メッキ排水からの金属回収，浸出液からの塩回収等廃液や排水からイオンの除去が必要な分野に利用されている。さらに，エネルギー問題に関してはカチオン交換膜が高分子固体電解質型燃料電池へ，アニオン交換膜がレドックスフロー電池に利用されている。最後に，バイオインダストリーを含め健康と福祉を目指す産業には今後イオン交換膜は大きな役割を果たす可能性がある。まず減塩食品は現代の食生活に重要になりつつあり，アニオンとカチオン交換膜を用いた脱塩システムが梅干や醤油の減塩に利用されている。家畜の排泄物が生じる地下水の硝酸性窒素の除去やかん水の飲料水化に対しても，イオン交換膜法は逆浸透膜法よりも優れている。また海洋深層水の成分調整にイオン交換膜法は大きな力を発揮している。バイオインダストリーにおいて殺菌水の製造，発酵技術への応用，脱酸，アミノ酸の透過制御等さまざまな応用が考えられている。イオントホレーシスのようにメディカル分野への用途展開も図られている。

2 イオン交換膜の選択性[8~14]

イオン交換膜の開発は生体膜におけるナトリウムチャネルやカリウムチャネルのように，非常に高いイオン選択性を膜に持たせることを念頭に開発が進められてきた。しかしながら，現在技術的に高い選択性を求めることが可能であるのはカルシウムとナトリウム間のように2価のカチオンと1価のカチオンまたは2価のアニオンと1価のアニオンの間のみである。カリウムとナトリウム間のように1価のカチオンと1価のカチオンの間または1価のアニオンと1価のアニオンの間で生体膜で見られるような極めて高い選択性を得ることは困難である。生体膜中をイオンが移動するとき，数個の水分子を伴うことがあっても，チャネルの中にははじめから水が存在しない。一方イオン交換膜中のイオンの輸送は，水で満たされた空間の中をイオンが移動する。従って，膜中のイオンの輸送と称しているが，実体は水溶液中のイオンの輸送と同じである。

ところでイオンは膜中の微細な空孔中を移動する。膜中に存在する孔径が1nm以下の場合を緻密膜，1nm～10nm程度の範囲にある場合は微多孔膜，10nm以上の場合は粗多孔膜と分類する。この中で市販されているイオン交換膜は5nm程度の空孔を有する微多孔膜に属すると考えられている。市販されている最も標準的なイオン交換膜はフッ素系カチオン交換膜（パーフルオ

第6章 イオン交換膜

ロ)とハイドロカーボン系カチオン交換膜(ポリスチレンジビニルベンゼン)及びハイドロカーボン系アニオン交換膜(ポリブタジエンスチレン共重合体)である。フッ素系はスルホン酸基が直径4～5nm程度のイオンクラスターの中に集中的に分布しており,ハイドロカーボン系膜はスルホン酸基や四級アミノ基が直径5nm程度のチャネルの中に分布している。両者の構造は著しく異なっているが,膜内の空孔径は5nm程度と考えて良い。このことは低分子イオンに対しては大きな選択性の違いを見いだせないことを示している。さらにイオン交換膜はゲル膜とも呼ぶことができる。高分子電解質が溶媒を吸収して膨潤するが,架橋によりその膨潤を抑制した結果できるゲル状態を膜として使用しているからである。

イオン交換膜よりも小さな空孔径を有する膜は,現在ナノフィルトレーション(NF)膜や逆浸透(RO)膜である。NF膜の孔径は1nm程度で2価イオンからなる塩と1価イオンからなる塩の間で分離が可能である。例えば$MgSO_4$とH_2SO_4の混合溶液から酸を回収する事が出来る。RO膜の分離メカニズムについては,自由体積理論等いくつかの考え方が示されているが,水分子は簡単に透過できることから0.数nm程度の空間が存在すると考えられる。また,生体膜のようにポリペプチドのヘリックスを数本並べることにより0.数nmの空隙を構成することができる。さらにゼオライト等の無機材料から出来ている膜も0.数nmの空隙を有している。

3 イオン交換膜におけるイオンの輸送原理[9～10]

図1に現在得られている知見を基に,膜の構造,分離を支配する要因,現在適用可能な輸送理論を基にイオン交換膜の位置付けを示す。この図からも明らかなようにイオン交換膜におけるイオンの選択性を支配する最も大きな因子はドナン平衡であるが,分配係数,拡散係数(移動度),ふるい効果も影響を及ぼす。ドナン平衡はイオンの電気的性質に依存することからカチオンとアニオンの選択性を説明する上で基本的な概念である。しかしドナン平衡からは同符号のイオン,例えば,カリウムとナトリウムの選択性について知見を得ることはできない。分配係数は膜相と溶液相におけるイオンの標準化学ポテンシャルの差であるから,もしナトリウムとカリウムで著しい違いを持つ物質があれば,選択性に寄与する。しかし生体膜のように100%近い選択性をもたらすことは難しい。移動する物質の拡散係数に差があれば選択性は生じる。ナトリウムの移動度は$5.192\times 10^{-4} cm^2 V^{-1} S^{-1}$であり,カリウムの移動度は$7.618\times 10^{-4} cm^2 V^{-1} S^{-1}$であるから,若干の選択性は生じる。ふるい効果は選択性に対して最も効果的である。物質の大きさだけで分別するわけであるから,膜の孔径より大きい物質は透過出来ず,小さい物質は可能である。たとえばナトリウムのイオン半径は0.095nmで,カリウムのイオン半径は0.133nmであり,空孔半径が0.1nm程度の膜を作製できればナトリウムのみを選択的に透過させることが可能である。しかし

最先端の機能膜技術

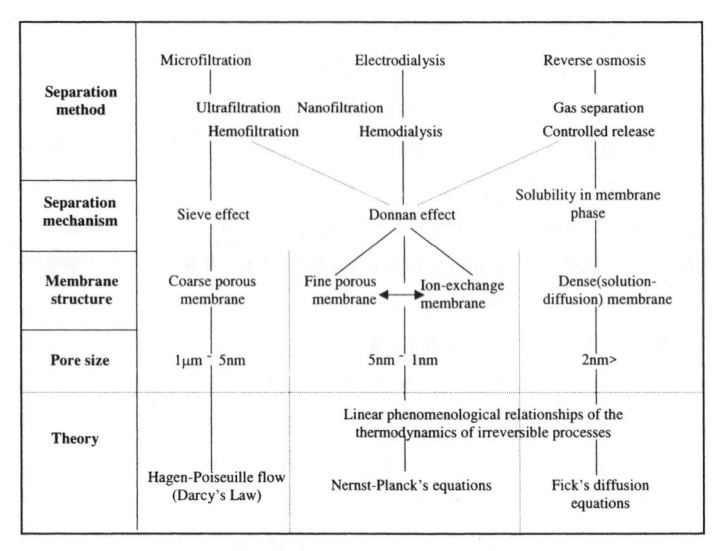

Separation method		Microfiltration		Electrodialysis		Reverse osmosis
		Ultrafiltration	Nanofiltration			Gas separation
		Hemofiltration		Hemodialysis		Controlled release
Separation mechanism		Sieve effect		Donnan effect		Solubility in membrane phase
Membrane structure		Coarse porous membrane	Fine porous membrane	↔	Ion-exchange membrane	Dense(solution-diffusion) membrane
Pore size		1μm – 5nm		5nm – 1nm		2nm>
Theory			Linear phenomenological relationships of the thermodynamics of irreversible processes			
		Hagen-Poiseuille flow (Darcy's Law)		Nernst-Planck's equations		Fick's diffusion equations

図1　膜全体から見たイオン交換膜の位置づけ

ながら現在の工業的手法で空孔半径0.1nmを単分散で持つ多孔膜を作ることは不可能である。さらに生体膜で見られるように半径の大きいカリウムだけを選択的に透過させ，半径の小さいナトリウムを通さない膜を作ることはできない。

4　最近のイオン交換膜におけるイオン輸送理論の進展 [12〜75]

ところで「燃料電池においてメタノールやジメチルエーテル等を直接燃料として利用するシステム」，「有機溶媒が混合した廃水処理」，「高濃度塩濃縮」，「イオンチャネルにおけるイオン透過」，「アルコールの生体膜に及ぼす影響」，これらは電荷を有した膜における有機溶媒系及び低含水率下でのイオン輸送の問題として捉えることができる。両者は一見関係のない現象のように見えるが最近の研究から両者は統一的に扱えることが明らかとなった。

固定荷電基を持つ膜において，膜含水量に対する固定荷電基量，すなわち固定荷電密度が物質の選択輸送に対して大きな影響を及ぼす。膜の固定荷電密度が大きいほどイオンの選択性が増大する。しかし膜中の固定電荷がすべて有効に作用しているわけではない。従来の研究によると実際には固定荷電基全量の1／5程度しか有効に働いていないとされてきた。これは膜内電解質の活量低下や膜相中における水の分布が不均一であることに起因すると考えられてきた。しかし荷電膜中におけるイオンの活量係数や拡散係数を実験的に正確に測定できないことから，水溶液系

第6章 イオン交換膜

で行われてきた議論を膜系にどのように適用するかは大きな問題であった。

電解質/水溶液系において，膜中におけるイオンの挙動を表すために，外部溶液と膜との界面でDonnan平衡の概念を，膜内におけるイオンの拡散流束に関してはNernst-Planckの式を用いることは有用な方法であることが知られている[3,4,9,10]。これらの取り扱いは膜に発生する電位と濃度や流束との関係を非常にうまく表現することができる。このとき膜内の固定荷電基の量を表すパラメータとして固定荷電密度が導入された。固定荷電密度は膜中の水1Lあたりの固定荷電基のモル数である。

溶液中においてカチオンとアニオンがイオンペアを形成する[12]。イオンペアの程度は媒体中の誘電率に依存し，誘電率が小さくなるとイオンペアの形成が容易になる。一般的に電荷を有した膜は高分子からできており，高分子の誘電率は水の1/8程度である。このことは含水率が低下すると膜中の固定荷電基と対イオンはイオンペアを作ることを示唆している。また有機溶媒の誘電率は一般的に水に比べて小さい場合が多い。膜中に有機溶媒が存在すると含水率が低い場合と同様に固定電荷と対イオンはイオンペアを形成する。従って低含水率下と有機溶媒存在下では同様の考え方で扱えることを示している。

4.1 膜電位[3,4,9,10]

今一枚の電荷を帯びた膜の左右にそれぞれ異なった濃度の電解質溶液がおかれている系を考える。膜電位$\Delta\phi_M$，膜と外部溶液界面で発生する電位（ドナン電位）を$\Delta\phi_{Do}$，膜内部で発生する電位（拡散電位）を$\Delta\phi_d$とすると，次の関係式が成立する。

$$\Delta\phi_M = \Delta\phi_{Do} + \Delta\phi_d \tag{1}$$

4.2 Donnan電位[3,4,9,10]

外部溶液と膜内における各イオン種の間の化学ポテンシャルがお互いに等しいことから，ドナン電位（$\Delta\phi_{Do}$）と外部溶液および膜内のイオン濃度（$C_i, \overline{C}_i$）との間には次の関係が成立する。

$$\Delta\phi_{Do} = \overline{\phi} - \phi = -\frac{RT}{F}\ln\frac{\overline{\gamma}_i \overline{C}_i}{k_i C_i} \quad i = +, - \tag{2}$$

ここで，$\overline{}$は膜内の状態を表す。またk_iはイオンiの分配係数でイオンの膜内外の標準電気化学ポテンシャル（$\overline{\mu}_i, \mu_i$）との間に次の関係が成立する。

$$\overline{\mu}_i^0 - \mu_i^0 = -RT\ln k_i \quad i = +, - \tag{3}$$

以上のことから膜中におけるイオンの濃度（$\overline{C}_+, \overline{C}_-$）と外部溶液中の電解質濃度（$C_S$）との間に

は次の関係が成り立つ。

$$\overline{C}_+\overline{C}_- = \frac{\gamma_\pm^2 C_S^2}{Q^2} \tag{4}$$

ここでQは次のように定義する。

$$Q = \left[\frac{\overline{\gamma}_+\overline{\gamma}_-}{k_+k_-}\right]^{1/2} \tag{5}$$

膜内における電気的中性条件から、膜中の固定荷電基の量C_X（荷電密度：実用的にはイオン交換容量）と膜内イオンの濃度との間には次の関係式が成立する。

$$\sum_{i=+,-} z_i\overline{C}_i + z_x C_x = 0 \tag{6}$$

4.3 拡散電位 [3,4,9,10]

拡散電位は次のNernst-Planckの式から導かれる。

$$J_i = -\overline{\omega}_i RT \frac{d\overline{C}_i}{dx} - z_i F \overline{\omega}_i \overline{C}_i \frac{d\overline{\phi}}{dx} \quad i = +, - \tag{7}$$

ここで$\overline{\omega}_i$はイオンiの膜中における移動度である。膜内における電気的中性条件を考慮して拡散電位$\Delta\phi_{\text{diff}}$は次式となる。

$$\Delta\phi_d = \overline{\phi}'' - \overline{\phi}' = -\frac{RT}{z_+F}\frac{r-1}{r+1}\ln\left[\frac{(r+1)\overline{C}''_+ + \frac{z_x}{z_+}C_x}{(r+1)\overline{C}'_+ + \frac{z_x}{z_+}C_x}\right] \tag{8}$$

ここでrは膜内におけるアニオンの移動度 ($\overline{\omega}_-$) に対するカチオンの移動度 ($\overline{\omega}_+$) の比である。

$$r = \frac{\overline{\omega}_+}{\overline{\omega}_-} \tag{9}$$

4.4 有効荷電密度 [3,4,9,10]

ところで膜電位測定を行い2式を適用して得られる荷電密度は有効荷電密度 (C_X^e) である。一方滴定では膜内のイオン交換基の数を数えることになるから正味の荷電密度 (C_X) を与えることになり両者の間には次の関係がある。

$$C_X^e = QC_X \tag{10}$$

このことからQは膜内の固定荷電基の有効性を表す指標と考えることができる。一般的にQの範囲は$0 \leq Q \leq 1$とされている。$Q = 0$の時膜は見かけ上電荷を有しておらず、$Q = 1$のとき膜内

第6章　イオン交換膜

の固定荷電基がすべて有効に機能していることを示している。さらに5式によると膜内のイオンの活量係数が著しく小さくなるか，分配係数が大きくなるとQは小さくなる。

　固定荷電基と対イオンがイオンペアを作ってしまうと固定荷電基として認識することができない。このとき電解質溶液におけるイオンペアの式を膜中の固定電荷と対イオンの関係に適用すると，両者間の結合定数（K_A）は次式で表すことができる。

$$K_A = \frac{4\pi N_A}{3\times 10^{-3}} a^3 \exp(b) \tag{11}$$

$$b = \frac{e^2}{4\pi \varepsilon_0 \varepsilon_S a k T} \tag{12}$$

ここでN_Aはアボガドロ数，eは電荷，ε_Sは媒体の比誘電率，ε_0は真空中の誘電率，kはボルツマン定数，aは接触距離つまり固定電荷と対イオンがイオンペアを作ったときのイオン間距離である。11，12式において接触距離aと比誘電率ε_Sが膜内の状態を表すパラメータである。特にε_Sは文献により知ることができるから，K_AとQの関係を明らかにできれば有効荷電密度の物理的意味が明らかになる。誘電率が高いとき水中の状態に近いから従来からの取り扱いと大きく違わないが，誘電率の低いとき興味ある展開が期待できる。誘電率が低い状態として低含水率系及び有機溶媒系を上げることができる。

　これらの系では11式で示されるK_Aが大きくなり，固定電荷と対イオンはペアを作りやすくなる。このような条件下で対イオンが膜内を拡散するとき，対イオンは容易に不動化され，自由に運動しているイオンと不動化されたイオンの間には局所平衡が成立する。不動化の速度は対イオンが不動化されていない固定電荷の濃度（QC_X）と結合定数に比例し，不動化された対イオンが固定電荷から離れる速度は不動化された成分の濃度（$C_X - QC_X$）に比例すると仮定する。局所平衡下では両者の速度が等しいから，有効荷電密度（QC_X）と結合定数の間には次の関係が成立する。

$$QC_x = \frac{1}{k'K_A + 1} C_x \tag{13}$$

ここでk'は定数である。13式から明らかにイオンペアの効果は膜の有効荷電密度を減少させる。水/メタノール混合溶媒系のような場合異なった二つの溶媒からなる系の誘電率は次式で表すことができる。

$$\varepsilon_S = \varepsilon_1 + [(\varepsilon_2 - 1)(2\varepsilon_2 + 1)/2\varepsilon_2 - (\varepsilon_1 - 1)]x_2 V_2/V \tag{14}$$

ここで

$$V = x_1 V_1 + x_2 V_2 \tag{15}$$

$\varepsilon_1 \succeq \varepsilon_2$, $V_1 \succeq V_2$, $x_1 \succeq x_2$ は溶媒1, 2のそれぞれ比誘電率, 部分モル体積, モル分率である。以上のことから有効荷電密度は次式のようになる。

$$C_x^e = QC_x = \cfrac{C_x}{\cfrac{4\pi N_A}{3\times 10^{-3}} k' a^3 \exp\left\{\cfrac{e^2}{4\pi\varepsilon_0 akT\{\varepsilon_1 + \Delta\varepsilon x_2' V_2/V\}}\right\} + 1} \tag{16}$$

ここで

$$\Delta\varepsilon = (\varepsilon_2 - 1)(2\varepsilon_2 + 1)/2\varepsilon_2 - (\varepsilon_1 - 1) \tag{17}$$

図2に25℃におけるn-プロパノール($\varepsilon_S = 20$), メタノール($\varepsilon_S = 33$), エチレングリコール($\varepsilon_S = 41$), ＤＭＳＯ($\varepsilon_S = 47$), 水($\varepsilon_S = 80$)中のカチオン交換膜とアニオン交換膜におけるQ値を誘電率の関数として示す。点線と実線は計算値である。理論はおおむね実験結果を説明していると言える。

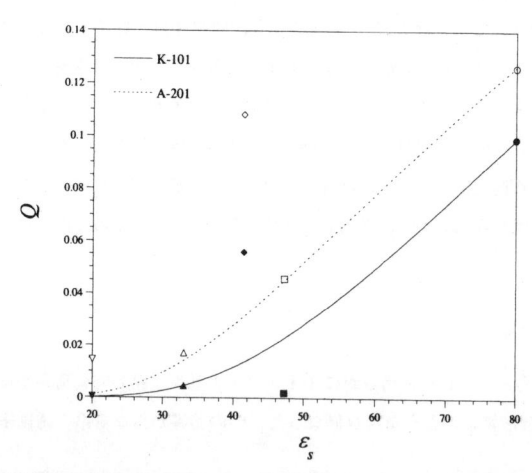

図2 各種有機溶媒系におけるカチオン交換膜（K171）とアニオン交換膜（A201）の
Q値と比誘電率との関係
実線（K171）及び点線（A201）は計算値。●, ■, ◆, ▲, ▼（K171）及び○,
□, ◇, △, ▽（A201）はそれぞれ水, DMSO, エチレングリコール, メタノール,
n-プロパノールを溶媒としたときのQ値を表す。

第6章 イオン交換膜

4.5 膜中のイオン移動度[3,4,9,10]

前述したように対イオンが膜内を拡散するとき，自由に運動しているイオンと不動化されたイオンの間には局所平衡が成立するとすると，第一次近似として不動化された対イオンの濃度（C_{im}）は自由に拡散している対イオンの濃度（C_f）に比例すると考えることができる。すなわち，

$$C_{im} = RC_f \tag{18}$$

化学反応を伴う系における拡散の理論に従うと，みかけの拡散係数（D_a）と実際の拡散係数との間に次の関係が成り立つ。

$$D_a = \frac{1}{R+1} D' \tag{19}$$

ここで R は K_A に極めて類似した物理的意味を持つ定数で，両者の間には次の関係が成り立つ。

$$R = \beta K_A \tag{20}$$

ここで β は膜中の対イオンの移動度に及ぼす結合定数の効果を示している。19式を考慮すると膜中の対イオンの移動度 $\overline{\omega}_{\text{counter-ion}}$ と結合定数 K_A との間には次の関係が成立する。

$$\overline{\omega}_{\text{counter-ion}} = \frac{1}{\beta K_A + 1} \frac{\omega_{\text{counter-ion}}}{q^2} \tag{21}$$

ここで，q は曲路率，$\omega_{\text{counter-ion}}$ は外部溶液中の対イオンの移動度である。明らかにイオンペアの効果で対イオンの移動度が減少することがわかる。2種類の溶媒が混合されている系における対イオンの移動度が次式で表されるとする。

$$\omega_{\text{counter-ion}} = \omega_{\text{counter-ion},1} x_1 + \omega_{\text{counter-ion},2} x_2 \tag{22}$$

ここで x_1，x_2 はそれぞれ溶媒1，2中の塩が無いときのモル分率である。以上のことを考慮すると有機溶媒/水混合溶液系における対イオンの膜内の移動度（$\overline{\omega}_{\text{counter-ion}}$）は次式となる。

$$\overline{\omega}_{\text{counter-ion}} = \frac{(\omega_{\text{counter-ion},1} x_1 + \omega_{\text{counter-ion},2} x_2)/q^2}{\frac{4\pi N_A}{3 \times 10^{-3}} \beta a^3 \exp\left\{\frac{e^2}{4\pi \varepsilon_0 akT \{\varepsilon_1 + \Delta\varepsilon x_2 V_2/V\}}\right\} + 1} \tag{23}$$

副イオンの移動度（$\overline{\omega}_{\text{co-ion}}$）は9式から得ることができる。

図3に膜電位法と透過法を使用してメタノール水溶液—電解質—カチオン交換膜またはアニオン交換膜において求めたカチオンおよびアニオンの移動度をメタノールの重量分率の関数として示す。メタノールの増加と共にイオンの移動度は著しく低下する。実線は計算値であるが理論は

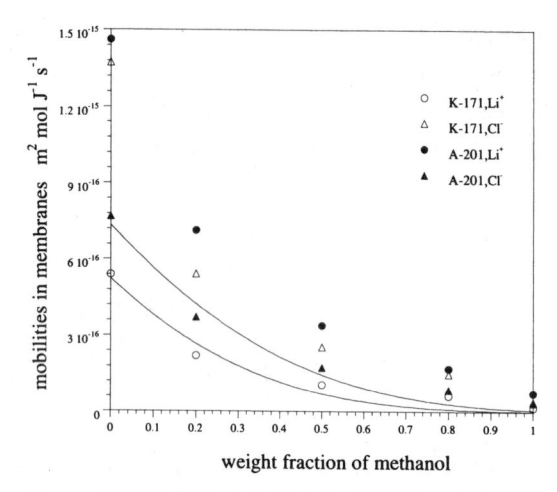

図3 メタノール／水混合溶媒系におけるカチオン交換膜（K171）とアニオン交換膜（A201）中のLi及びClの移動度
実線は計算値

実験結果をほぼ良く説明しているといえる。

5 今後のイオン交換膜

5.1 R. MacKinnonのカリウムチャネル[76〜78]

イオン交換膜は生体膜の模倣からはじまった。しかしイオン交換膜をどのように改良しても生体膜に見られる高い選択性を出現させることは出来ていない。さらにチャネル孔径の大きさの差を利用しても人工膜に生体膜と同等の高い選択性を求めることは困難である。R. MacKinnonはカリウムチャネルに関して次のようなモデルを提案した。膜の外部から内部に向かって，直径0.3nm長さ1nmで酸素分子がチャネル内壁を向いたイオン選択フィルター，そのあとに直径1nmのキャビティ，さらに直径0.6〜0.7nm長さ1.8nmの前庭が連続し細胞内に至っている。イオン選択フィルターの外部溶液に面した部分は疎水性で付近の水はクラスターを形成している。水と水和したカリウムがチャネル付近に到達すると，イオンはクラスターに移動する。さらにクラスター中のイオンは脱水和してイオン選択フィルター側に移動し，大きなエネルギー障壁もなく膜内に移動する。ナトリウムイオン（0.194nm）のイオン径はカリウムイオン（0.266nm）よりも小さいにも関わらずカリウムイオンフィルター内を透過できないのは脱水和エネルギー（Na^+ = 105kcal/mol, K^+ = 85kcal/mol）が大きいことに起因するとしている。このモデルは今後の人工

第6章　イオン交換膜

膜を考える上で非常に示唆的である。

5.2　膜のファウリング対策[9]

　膜のファウリングの原因は水溶液中の各種物質の膜表面への吸着により引き起こされる。膜表面に吸着する物質は電解質だけではなく、水溶液中に溶解している界面活性剤から微生物、さらには微生物が製造する糖タンパク質まで様々である。製塩工程においては一定期間使用後膜表面を洗浄している。またMF、UF、NF、RO膜のように逆洗する場合もある。ファウリングの原因が一様でないことから、耐ファウリング対策は非常に難しい。これまでも膜の表面改質、薬液の投与、機械的除去等様々なアイデアが提案されて来たが根本的な解決には至っていない。ファウリングの問題は膜において21世紀に残された最大の課題であると言える。膜表面に電荷が存在するときはさらに複雑である。最近膜表面に渦電流を発生させることや微生物の利用等が考えられ始めている。しかし今後、ファウリングとは表面への物質の吸着から始まるが、初期をどのように定義するか、さらにこの初期現象をどのように捉えるかが重要である。もしこの2点に対して明確な回答を出すことが出来れば、ファウリングの対策は比較的容易であると考えられる。

文　　　献

1) 谷岡明彦ら、「イオン交換膜の機能と応用」－環境・エネルギー・バイオ－、アイピーシー出版（2004）
2) 妹尾学、膜の化学、大日本図書（1987）
3) F. Helfferich, Ion Exchange, McGraw-Hill, New York（1962）
4) N. Lakshminarayanaiah, Transport Phenomena in Membrane, Academic, New York（1969）
5) 八幡屋正、エンジニアのためのイオン交換膜、共立（1982）
6) 妹尾学、阿部光雄、鈴木喬、イオン交換—高度分離技術の基礎、講談社（1991）
7) W. Pusch and A. Walch, *Angewandte Chemie*, **21**, 660-685（1982）
8) 滝沢章、膜、アイピーシー出版（1992）
9) W. Pusch, *Desalination*, **59**, 105-198（1986）
10) 花井哲也、膜とイオン、化学同人、（1978）
11) 都留稔了、科学と工業、**73**, 314-318（1998）
12) 谷岡明彦、高分子、**50**, 725-729（2001）
13) S. Mafe, P. Ramirez, A. Tanioka and J. Pellicer, *J. Phys. Chem. B*, **101**, 1851-1856（1997）
14) K. Saito, A. Tanioka and K. Miyasaka, *Polymer*, **35**, 5098-5103（1994）
15) T.-J. Chou and A. Tanioka, *J. Membrane Sci.*, **144**, 275-284（1998）

16) T.-J. Chou and A. Tanioka, *J. Phys. Chem.*, 102, 129-133 (1998)
17) T.-J. Chou and A. Tanioka, *J. Membrane Sci.*, 144, 275-284 (1998)
18) T.-J. Chou and A. Tanioka, *J. Phys. Chem.*, 102, 129-133 (1998)
19) T.-J. Chou and A. Tanioka, *J. Phys. Chem. B*, 102, 7198-7202 (1998)
20) T.-J. Chou and A. Tanioka, *J. Phys. Chem. B*, 102, 7866-7870 (1998)
21) T.-J. Chou and A. Tanioka, *J. Colloid & Interface Sci.*, 212, 293-300 (1999)
22) T.-J. Chou and A. Tanioka, *J. Colloid & Interface Sci.*, 212, 576-584 (1999)
23) T.-J. Chou and A. Tanioka, *J. Electroanalytical Chem.*, 462/1, 12-18 (1999)
24) 谷岡明彦, 海水誌, 53, 12-17 (1999)
25) R. Yamamoto, H. Matsumoto, and A. Tanioka, *J. Phys. Chem. B*, 107, 10506-10512 (2003)
26) R. Yamamoto, H. Matsumoto, and A. Tanioka, *J. Phys. Chem. B*, 107, 10615-10622 (2003)
27) H. Matsumoto, A. Tanioka, T. Murata, M. Higa and K. HoriuchI, *J. Phys. Chem. B*, 102, 5011-5016 (1998)
28) 谷岡明彦, 膜, 27, 170-179 (2002)
29) R. Schloegl, Stofftransport durch Membrane, Steinkopff, Darmstadt (1964)
30) A. Katchalsky and P. F. Curran, Nonequilibrium Thermodynamics in Biophysics, Harvard U., Cambridge, Massachusetts (1965)
31) M. Higa, A. Tanioka and K. Miyasaka, *J. Membrane Sci.*, 37, 251-266 (1988)
32) M. Higa, A. Tanioka and K. Miyasaka, *J. Membrane Sci.*, 49, 145-169 (1990)
33) M. Higa, A. Tanioka and K. Miyasaka, *J. Membrane Sci.*, 64, 255-262 (1991)
34) M. Higa, A. Kira, A. Tanioka and K. Miyasaka, *J. Chem. Soc., Faraday Trans.*, 89, 3433-3435 (1993)
35) M.Higa, A.Tanioka and A.Kira, *J. Phys. Chem. B*, 101, 2321-2326 (1997)
36) Y. Yokoyama, A. Tanioka and K. Miyasaka, *J. Membrane Sci.*, 38, 223-236 (1988)
37) 谷岡明彦, 材料科学, 25, 183-189 (1988)
38) Y. Yokoyama, A. Tanioka and K. Miyasaka, *J. Membrane Sci.*, 43, 165-175 (1989)
39) 谷岡明彦, 繊学誌, 52, (P)419-(P)420 (1996)
40) A.Tanioka, Y.Yokoyama, M. Higa and K. Miyasaka, *Colloid and Surfaces B: Biointerfaces*, 9, 1-7 (1997)
41) A. Tanioka and K. Shimizu, *Bulletin Soc. Sea Water Sci. Jpn.*, 51, 205-212 (1997)
42) K. Shimizu and A. Tanioka, *Polymer*, 38, 5441-5446 (1997)
43) A. Tanioka, Y. Nakagawa and K. Miyasaka, *Colloid and Surfaces B: Biointerfaces*, 9, 17-29 (1997)
44) A. Tanioka, Y. Yokoyama and K. Miyasaka, *J. Colloid Interf. Sci.*, 200, 185-187 (1998)
45) T. Hosono and A. Tanioka, *Polymer,* 39, 4199-4204 (1998)
46) V. Suendo, R. Eto, T. Osaki, M. Higa and A. Tanioka, *J. Colloid & Interface Sci.*, 240, 162-171 (2001)
47) N. Onishi, T. Osaki, M. Minagawa and A. Tanioka, *J. Electroanalytical Chem.*, 506/1, 34-41 (2001)
48) V. Suendo, M. Minagawa and A. Tanioka, *J. Electroanalytical Chemistr.*, 520, 29-39 (2002)

第 6 章　イオン交換膜

49) V. Suendo, R. Eto and A. Tanioka, *J. Colloid & Interface Sci.*, **250**, 507-509 (2002)
50) V. Suendo, M. Minagawa and A. Tanioka, *Langmuir*, **18**, 6266-6273 (2002)
51) T. Osaki and A. Tanioka, *J. Colloid & Interface Sci.*, **253**, 88-93 (2002)
52) T. Osaki and A. Tanioka, *J. Colloid & Interface Sci.*, **253**, 94-102 (2002)
53) T. Murata and A. Tanioka, *J. Colloid Interf. Sci.*, **192**, 26-36 (1997)
54) M. Sieber, S. Motamedian, N. Minoura and A. Tanioka, *J. Chem. Soc., Faraday Trans.*, **93**, 3533-3543 (1997)
55) M. Minagawa, A.Tanioka, P.Ramirez and S.Mafe, *J. Colloid Interf. Sci.*, **188**, 176-182 (1997)
56) M. Kawaguchi, T. Murata and A.Tanioka, *J. Chem. Soc., Faraday Trans.*, **93**, 1351-1356 (1997)
57) A. Tanioka, M. Kawaguchi, M. Hamada and K. Yoshie, *J. Phys. Chem. B*, **102**, 1730-1735 (1998)
58) M. Minagawa and A. Tanioka, *J. Colloid Interf. Sci.*, **202**, 149-154 (1998)
59) T. Murata and A. Tanioka, *J. Colloid & Interface Sci.*, **209**, 362-367 (1999)
60) M. Minagawa and A. Tanioka, *Membrane*, **24**, 342-349 (1999)
61) T. Jimbo, P. Ramirez, A. Tanioka, S. Mafe and N. Minoura, *J. Colloid and Interface Sci.*, **225**, 447-454 (2000)
62) J. Chen, N. Minoura, A. Tanioka and T. Osaki, 繊維学会誌, **56**, 302-308 (2000)
63) P. Ramirez, S. Mafe and A. Tanioka, Encyclopedia of Surface and Colloid Science, 3927-3944 (2002)
64) I. Uematsu, T. Jimbo and A. Tanioka, *J. Colloid & Interface Sci.*, **245**, 319-324 (2002)
65) T. Jimbo, M. Higa, N. Minoura and A. Tanioka, *Macromolecules*, **31**, 1277-1284 (1998)
66) T. Jimbo, A. Tanioka and N. Minoura, *J. Colloid Interf. Sci.*, **204**, 336-341 (1998)
67) T. Jimbo, A. Tanioka and N. Minoura, *Langmuir*, **14**, 7112-7118 (1998)
68) T. Jimbo, A. Tanioka and N. Minoura, *Langmuir*, **15**, 1829-1832 (1999)
69) T. Jimbo, A. Tanioka and N. Minoura, *Colloid & Surfaces A*, **159**, 459-466 (1999)
70) H. Matsumoto, Y. Koyama and A. Tanioka, *Langmuir*, **17**, 3375-3381 (2001)
71) H. Matsumoto, Y. Koyama and A. Tanioka, *J. Colloid & Interface Sci.*, **239**, 467-474 (2001)
72) H. Matsumoto, Y. Koyama and A. Tanioka, *Langmuir*, **18**, 3698-3703 (2002)
73) 松本英俊, 谷岡明彦, 高分子加工, **51**, 401-405 (2002)
74) H. Matsumoto, Y. Koyama and A. Tanioka, *Colloid & Surfaces A: Physicochem. Eng. Aspects*, **222**, 165-173 (2003)
75) H. Matsumoto, Y. Koyama and A. Tanioka, *J. Colloid & Interface Sci.*, **264**, 82-88 (2003)
76) C. Miller, *Nature*, **414**, 23-24 (2001)
77) J. H. Morais-Cabrai, Y. Zhou and R. MacKinnon, *Nature*, **414**, 37-42 (2001)
78) Y. Zhou, J. H. Morais-Cabrai, A. Kaufman and R. MacKinnon, *Nature*, **414**, 43-48 (2001)

第7章　液体膜

青木隆史*

1　はじめに

「液体」とは,「一定の形をもたず,流動性があり,ほぼ一定の体積をもつもの」とされている[1]。液体膜は,膜マトリックスとして使用される液体分子の"運動性"により,固体膜中と比較して透過物質の拡散が容易となり,小さい駆動力による効率の良い分離が実現されることが期待され,古くから提案,研究されてきた。しかしながら,液体の"一定の形をもたない"という特長は,膜としての長期にわたる安定性に大きな課題を残し,液体膜が,研究レベルでは数多くの報告例を生み出しているにもかかわらず,実用例が数少ない要因の一つとなっている。

一方,高分子化合物は,分離膜として広く利用され,これまでも多くの実績を残してきたことは周知の通りである。その分離膜としての高分子は,その構成している高分子鎖が凍結しているか,もしくはその一部分が配向した結晶状態をとっている。すなわち,高分子鎖の運動性は,極めて低い状態であるか全く無い状態で分離膜として使用されている。ガラス転移温度（Tg）より高い温度での非晶性高分子は,その高分子鎖の運動性が高い状態であり,液体状態であるとみなすことができる。最近,そうした高分子の特性を利用した安定な液体膜の実現に向けた研究が展開されている。本節では,運動性の高い状態での高分子を利用して得られる膜マトリックスを,擬似液体膜として使用するという全く異なった観点からの研究を紹介する。

2　液体膜の安定性

高効率,高選択性を示す生体膜のような機能膜を人工的に調製し利用することが可能となれば,化学工業における物質分離を省エネルギー下で高効率に行うことが可能となる。そうした人工膜を実現するひとつの方法として,安定な液体膜を獲得することが考えられてきた。液体膜そのものを構成する媒体は,供給側と透過側の媒体である水と界面を形成することのできる,水と混ざり合わない有機溶媒である。そして,その液体膜中に,対象となる基質分子との親和性の高いキャリヤー分子を共存させることにより選択性の向上を実現してきた[2]。これらの液体膜は,

---

*　Takashi Aoki　京都工芸繊維大学　繊維学部　高分子学科　助教授

第7章　液体膜

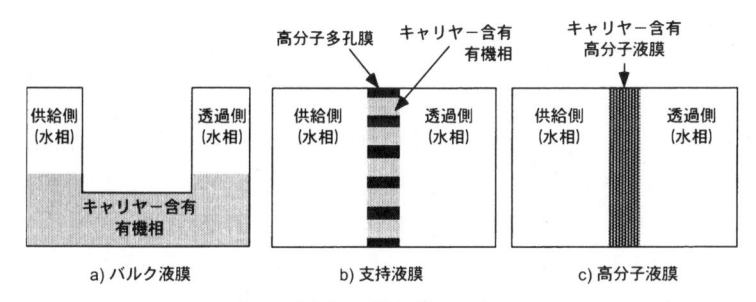

図1　液体膜の形態を比較した模式図

a) バルク液膜　　b) 支持液膜　　c) 高分子液膜

キャリヤーが膜中を移動することができる移動キャリヤー膜でもある。これらは，図1a，bに示したように，バルク液膜と支持液膜のいずれかの液体膜の形態をとっている。殊に，キャリヤー分子が溶解した有機溶媒を高分子多孔膜に含浸させた支持液膜は，その調製が容易なこともあり，液体膜の中でも多くの研究例がある。しかし，支持膜中の液体膜の不安定性やキャリヤー分子の漏出などによる液体膜自身の耐久性に課題を残し，これを改善するための試みも数多くなされている。オンライン検索を実行しても，目を通しきれない程の数の論文や特許が出ている。液体膜の安定性に関しても記されている総説など[3〜6]をご覧頂きたいが，実用化にまで進展できる実施例としては，次のような研究がある。

　通常，図1bに示したように，液体膜を介した供給側と透過側の媒体は水である。これらの水相中に，キャリヤー分子を溶解した油相を分散させることにより，供給側と透過側の水相中で抽出と逆抽出を行う[7]。キャリヤー分子を含有した油相が，液体膜を介して対流することにより，透過速度も向上した。こうしたキャリヤー分子を支持膜の外にも分散させた液体膜は，ガスの分離・回収の技術としても大きな効果をもたらしている[8]。また，透過側の水相を，キャリヤー分子を溶解した油相に置き換え，その油相中に水相を分散させることにより，支持膜からの油相の漏出を克服している例もある[9]。支持膜である高分子多孔膜の表面に，高分子薄膜を被覆することにより，支持膜中の有機溶媒の漏出を抑えている例もある[10]。このように，キャリヤー分子やそれを溶解している油相成分を支持膜から漏出させないために，媒体である油相と水相の組み合わせに工夫がなされている。一方で，支持膜である高分子多孔膜に着目して液体膜性能を向上させた例もある[11]。熱誘起相分離法によって非対称性の高分子多孔膜を調製することにより，これに含浸して得られた液体膜による透過速度や回収率が向上した。高分子多孔膜の改良も，液体膜の性能を左右する重要な作業である。液体膜の安定性を向上させるためのこれらの試みは，ほとんど，支持液膜（図1b）において検討されている。

3 高分子から構成された液体膜

支持液膜に使われている高分子多孔膜は,分離対象となる基質が透過する液体媒体を保持するための場を提供している。言わば構造材料としての役割を担っている。高分子が,液体膜においても機能材料として働くと同時に,その安定性にも寄与する材料となれば,今までの概念に縛られない,新しい概念による安定な液体膜の実現へアプローチすることになる。

例えば,高分子と液晶を複合した高分子/液晶複合膜(Polymer/liquid crystal composite membranes)により,分離材料としての検討が進められている[12]。ネマチック状態の液晶の粘性が低いことから,ネマチック液晶を高分子マトリックス中に連続相として安定に形成することが可能となれば,その連続相を移動相とする分離膜材料が獲得できる。また,高分子マトリックスとしてポリ塩化ビニル(PVC)を使用した場合,液晶は可塑剤としても働き,PVCのTgを30Kほど下げる役割も持っている。この高分子/液晶複合膜では,温度変化により液晶分子の結晶-液晶転移挙動が生起し,その相状態の凝集性の変化から,イオンの透過を制御する分離膜材料も実現している。

液晶分子ではなく,通常の可塑剤とキャリヤー分子を酢酸セルロースに添加して得られた可塑化高分子膜により,液体膜性能を評価した報告もある[13]。その後,高分子/可塑剤複合膜(Polymer inclusion membranes)[14]として研究され,イオンの透過速度を検討している報告もある。この高分子/可塑剤複合膜により得られたKNO_3の流束は,支持液膜のそれより3桁程大きい値が得られ,実用性のある膜であるとしている。放射性核種を選択的に分離濃縮することを目的とした高分子/可塑剤複合膜の研究も展開されている[15]。

高分子鎖の溶媒和力を利用して3次元架橋されたゲル化膜を調製し,液体膜としての安定性も検討している[16]。ゲル膜からキャリヤー分子の漏出が抑えられたことから,その耐久性を改善するために,このオルガノゲル膜(Organogel membranes)の有用性を報告している。また,低分子ゲル化剤を利用して有機溶媒を含むオルガノゲル膜を支持膜存在下で調製し,これを分離材料に利用する報告もある。これは,通常のバルク液膜の形態では膜の形成を維持できない有機溶媒を,低分子を添加してゲル化させ,ゲル膜中に有機溶媒を保持するものである。選択性を向上させるために,エステル加水分解酵素であるリパーゼを組み合わせ,この酵素の基質変換反応を上手く利用して,有機酸の透過や薬理活性物質の光学分割などを可能にしている[17]。

4 室温以下にTgを有する高分子擬似液体膜(Polymeric pseudo-liquid membranes)

Polydimethylsiloxane(PDMS)のように,そのTgが低い高分子は,通常,膜として操作する

第7章　液体膜

室温以上では，すでにその高分子鎖の運動性に富んでいるため，液体膜として働く可能性のある材料である。また，例えば，この高分子にアルカリ金属ならびにアルカリ土類金属などに対するトランスポータを混合することにより，これらのイオンを選択的に輸送する擬似液体膜を実現することができるものと期待される。

一方，高分子には，物理化学的な性質が異なる2種類以上のセグメントから構成されることにより，それぞれのセグメントが凝集し合い，各セグメント間でドメインを形成し相分離状態をとる性質がある。この相分離構造は，膜としての強度を向上させるだけでなく，物質透過を支持するドメイン形成をもたらすことが期待される。そこで，高分子擬似液体膜を形成する高分子として，Tgの低いセグメントのみから構成されるABA型ブロック共重合体[18]と櫛形共重合体[19]を選び，合成とその膜機能評価を行った。PDMSは，例えば，Tgの高い成分との共重合体膜[20]や，ポリエチレンなどの他の高分子との複合膜[21]のように，分離膜材料を構成する一成分として広く利用されている。それらは，膜を構成するセグメントの一部の分子鎖が凍結，もしくは結晶化していることから，以下に記した，膜マトリックス全てが分子運動性の高いセグメントから構成されている，ABA型ブロック共重合体と櫛形共重合体とは，その材料特性が大きく異なっている。

4.1 ABA型ブロック共重合体[18]

疎水性であるPDMSは，水に対して界面を形成する。しかし，水との間で安定な界面を形成する擬似液体膜を得るためには，親水性の高分子鎖を導入して表面自由エネルギー差を小さくする必要がある。W. Meierらは，擬似液体膜としてではなく再構成膜として，親水-疎水-親水型のABAブロック共重合体である，Poly(2-methyloxazoline)-*block*-PDMS-*block*-Poly(2-methyloxazoline)を合成した[22~24]。このブロック共重合体の有する自己組織性を利用して黒膜を調製し，ポーリンというタンパク質をその黒膜に埋め込むで，生体膜類似の機能を発現する人工膜の可能性を示している[23]。このABA型ブロック共重合体膜は，水中で，疎水性であるPDMSドメインを膜内に，そして，親水性であるPoly(2-methyloxazoline)ドメインを水との界面に向けた自己組織化された黒膜となり，ポーリンを混合することによりイオンの透過を実現している。彼らは，最近，さらにこの研究を展開し，ABC型ブロック共重合体(Poly(oxyethylene)-*block*-PDMS-*block*-Poly(2-methyloxazoline))を合成して，この共重合体から成る再構成膜の配向性と，それに伴ってその膜厚方向に対して埋め込まれるタンパク質の方向性の制御を実現している[25]。

われわれは，高分子擬似液体膜としてPDMS（PDMS，$Mw=5,000$）の両末端に，親水性のpoly(oxyethylene)（POE，$Mw=350$）（図2）を導入した，親水-疎水-親水型の構造をもつ

図2　POE-*block*-PDMS-*block*-POEの構造式

ABAブロック共重合体を合成した[18]。原料であるPDMSとPOEは，ともに水のようにさらさらとした低粘性の化合物であった。しかし，合成して得られたABA型ブロック共重合体は，非常に高い粘性を持った高分子であった。DSC測定においては，PDMSに由来する明らかなTgを約−120℃に示したものの，ブロック共重合体としての新たなTgやTmを観測することができなかった。室温以上では，分子運動性の高い状態であると判断した。それは，サンプル瓶を傾けても，その中のブロック共重合体はすぐには流動変化を示さず，翌日まで放置しておくと流動していたことからも理解された。しかし，PDMSとPOEは，ウレタン−ウレア結合を介していることから，分子鎖間での水素結合形成の可能性が考えられ，これにより分子運動が抑制されていることも想定された。そのため，高分子鎖の運動性を高めるために，60℃でこのABA型のブロック共重合体から成る擬似高分子液体膜の膜透過性能の評価を行った。製膜のために，この共重合体にトランスポータとしてdibenzo-18-crown-6（DB18C6）を混合した$CHCl_3$溶液を調製した。テフロンシートに内径約200μmの小孔を開け，その小孔に$CHCl_3$溶液を塗布し，溶媒を留去して製膜を行った。原料であるPDMS単独で，同じく$CHCl_3$溶液を調製し小孔に塗布して製膜を試みた

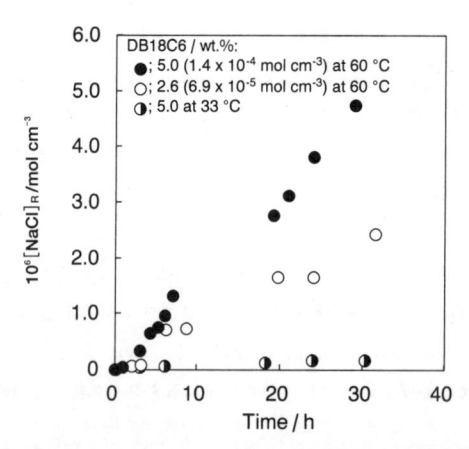

図3　ABA型ブロック共重合体からなる高分子擬似液体膜によるNaCl輸送挙動
（$[NaCl]_0$，$1.0 \times 10^{-4} mol\ cm^{-3}$；膜厚，50μm）テフロンシートに穿孔した孔の面積は，$4.81 \times 10^{-5} cm^2$（●），$4.46 \times 10^{-5} cm^2$（○），$5.15 \times 10^{-5} cm^2$（◐）。

第7章　液体膜

が，小孔を塞ぎ続けることはできなかった。擬似液体膜の膜形態をとるためには，ABA型ブロック共重合体の構造が必須であった。

　透過実験では，供給側に0.1mol dm^{-3}のNaCl水溶液を用い，Kohlrausch Bridge計を用いて透過側の水溶液の抵抗値を測定し，Na$^+$濃度を算出して，その透過挙動を検討した。図3に示したように，DB18C6の濃度を変化させることによってNa$^+$の透過速度が変化した。また，それらは，DB18C6を混合していない高分子擬似液体膜のそれと比較しても有意に認められている。これらのことから，このABAブロック共重合体は，トランスポータを添加することにより輸送速度が向上することが分かった。さらに，Na$^+$の透過挙動の測定は，充分に膜の流動性を実現できる60℃で行ったが，この操作温度においても液膜形成能を保持しており，安定な擬似液体膜構成成分として機能することが理解された。より低い温度である33℃で透過実験を実施した場合，同じ濃度のDB18C6を含んだABAブロック共重合体膜では，イオンの透過が顕著に抑えられていた。このことは，このブロック共重合体の高分子鎖の運動性が，膜透過性を大きく左右する要因であることを示している。

　井川ら[26]は，DB18C6を溶解したCHCl$_3$溶液の液体膜によるNa$^+$とK$^+$の透過挙動を検討している。彼らは，2つのセル室の間に透析膜を挟み，その透析膜内にCHCl$_3$溶液を入れて透過実験を行っていることから，膜厚などの条件が，われわれのそれらと異なる。そのため，E. L. Cusslerら[27]による流束と膜厚などとの関係式から考慮し，井川らによるCHCl$_3$溶液とわれわれのABAブロック共重合体膜の輸送速度を比較すると，後者のほうが高い値を示した（表1）。ABAブロック共重合体は，これを構成するPDMSならびにPOEの分子量が小さいことから，充分に，その高分子鎖の運動性が高かったことに起因していると思われる。分子量の効果や，POE鎖以外の親水性セグメントの効果などの基礎的なデータを集める必要があろうかと思われるが，有機溶媒を含まない高分子のみから成る全く新しい擬似液体膜として機能することが明らかになった。

表1　ABA型ブロック共重合体液体膜とCHCl$_3$液体膜の膜輸送能の比較

	Thickness /cm	[DB18C6] /mol cm^{-3}	[NaCl] /mol cm^{-3}	J /mol cm^{-2} h^{-1}
ABA block copolymer/ DB18C6	5.0×10^{-3}	1.4×10^{-4} (5.0wt-.%)	1.0×10^{-4}	1.3×10^{-5}
		6.9×10^{-5} (2.6wt-.%)	1.0×10^{-4}	6.1×10^{-6}
CHCl$_3$/ DB18C6[26]	3.1×10^{-1}	1.0×10^{-4}	1.0×10^{-3}	1.1×10^{-7}

4.2 櫛形共重合体[19]

　支持膜の力を借りず，高分子自身が膜形成能を発現し，且つ，液体膜としても働く，高分子擬似液体膜を調製するためには，前述のABAブロック共重合体の各セグメントの分子量を高くする方法が考えられる。また，ブロック共重合体ではなく，櫛形共重合体からも，膜形成能を有する高分子擬似液体膜を調製することが可能であると思われる。そこで，側鎖に液体膜構成機能，主鎖に液体膜の安定化機能を導入した櫛形高分子を合成した。すなわち，側鎖にPDMS，主鎖にpoly(2-ethylhexyl methacrylate(P2EHMA)からなる新規櫛形高分子（図4）を合成し，その高分子擬似液体膜の膜輸送能を評価した。主鎖のP2EHMAは，-10℃付近にT_gを有し，操作温度となる室温度以上では，分子鎖の運動性が高い状態にある高分子である。

　塩化メタクリロイルと2EHMAからなる共重合体を，ラジカル重合法により合成した。さらに，片末端に水酸基を有するPDMSとTEAを加え45℃で1週間反応させ，MeOHを貧溶媒として使い再沈澱により精製した。PDMSと反応しなかった若干の塩化メタクリロイルユニットが，MeOHによりMMAユニットに変換されており，^{1}H-NMR測定において，この櫛形高分子の組成は，図4のように決定された。これから，得られた櫛形高分子におけるPDMSの占めるモル分率は，その繰り返し単位換算で0.66であることが分かった。また，DSC測定から，約-120℃にT_gを有していることが分かった。

　DB18C6を含有した高分子のCHCl$_3$溶液を調製し，溶媒キャスト法により高分子膜を得た。膜面積が3cm^{2}の膜（図5，1.5cm×2.0cm）を使い，30℃でのKClの透過挙動より膜の輸送能を評価した。DB18C6を含まないコントロール膜においては，測定時間内ではKClの透過は殆んど観察されなかった。これに対して，DB18C6が膜中に存在することにより輸送が認められ，その輸送速度は，DB18C6の添加濃度の増加とともに上昇した。また，実験に使用した同じ膜を，

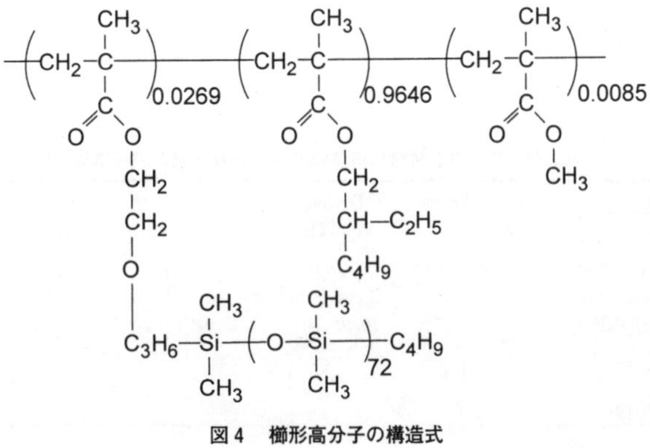

図4　櫛形高分子の構造式

第7章 液体膜

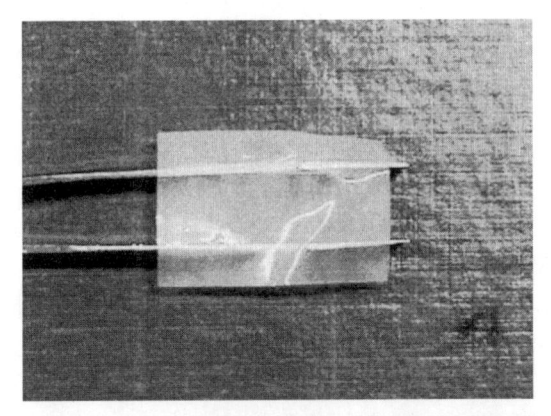

図5 キャリヤー分子を含む櫛形共重合体からなる高分子擬似液体膜
(キャスト法より調製した高分子擬似液体膜は,数回繰り返した透過実験において同じ比透過速度を示した。低いT_gを有するセグメントのみから構成された櫛形高分子は,高分子擬似液体膜としての膜形成能も高い。)

原液のKCl水溶液に浸漬した後に,再度,同様の透過実験を行った結果,比透過速度は1回目の透過実験の結果(5.0×10^{-11} mol cm cm^{-2} h^{-1})とほぼ同じ値を示した。この櫛形高分子は固有の透過速度をもつ擬似液体膜構成成分として機能することが明らかとなった。

この櫛形高分子より通常のキャスト膜同様に,ある大きさの膜面積をもった擬似液体膜として,その膜形成能と輸送能を評価することができた。殊に,透過実験を繰り返し実施しても,安定に膜が形成され,再現性のある比透過速度を示した。このことは,この高分子を構成する2種類のセグメントのT_gが低く,室温において,その分子鎖の運動性が充分に高い状態であっても,櫛形構造で高分子化することにより,安定な高分子擬似液体膜を獲得することが可能であることを示している。

5 おわりに

本節では,液体膜の不安定性を克服するための新しい試みとして,高分子液体を膜マトリックスとして利用した,これまでにない液体膜を提案し,具体的な結果を記した。これらのT_gの低いセグメントから構成される高分子擬似液体膜の良好な安定性が明らかになったが,実用化できるほどの透過性や選択性を含めた膜性能を発現することができるか否かについては,今後,さらに時間を要するところである。また,イオン性液体を用いた液体膜が報告されている[28]。有機系の陽イオンと陰イオンからなるイオン性液体は,広い温度範囲(-100〜200℃)で液体状態であ

り,蒸気圧がほとんどないなどの特性を有している[29]。天然高分子であるDNAからもイオン性液体が調製でき[30],非常に興味深い材料である。このイオン性液体を含め様々な液体膜の今後の展開が期待される。生体膜が,イオンの透過制御や生理活性物質に対する分子認識能を有する優れた機能膜であり,そうした機能膜を人工的に調製し利用することができれば,化学工業において最も重要かつ基本のプロセスである物質分離を,省エネルギー下で実現することができる。高分子セグメントの種類,分子量や組成比率などの組み合わせから,膜として充分に安定で,且つ,透過性や選択性など膜機能を支持する高分子擬似液体膜の実現が期待される。

なお,本節で記したT_gの低いセグメントのみから成る高分子擬似液体膜に関わる研究は,京都工芸繊維大学の吉川正和教授との共同研究によるものである。

文　献

1) 化学大辞典1,共立出版,p. 849 (1963).
2) 例えば,a) T. Shinbo, K. Nishiura, T. Yamaguchi, and M. Sugiura, *J. Chem. Soc., Chem. Commun.*, 349 (1986). b) M. Igawa and M. R. Hoffman, *Chem. Lett.*, 597 (1988). c) M. Yoshikawa, M. Kishida, M. Tanigaki, and W. Eguchi, *J. Membr. Sci.*, **47**, 53 (1989). d) M. Yoshikawa, Y. Mori, M. Taniguchi, and W. Eguchi, *Bull. Chem. Soc. Jpn.*, **63**, 304 (1990).
3) 高木誠,膜技術の基礎,喜多見書房,p. 73 (1983).
4) 寺本正明,ケミカルエンジニアリング,**49**,577 (2002).
5) 後藤雅宏,久保田富生子,丸山達生,ケミカルエンジニアリング,**50**,577 (2003).
6) 後藤雅宏,久保田富生子,ぶんせき,**264** (2004).
7) S. Nii, I. Haryo, K. Takahashi, and H. Takeuchi, *J. Chem. Eng. Jpn.*, **27**, 369 (1994).
8) a) M. Teramoto, Y. Sakaida, S. S. Fu, N. Ohnishi, H. Matsuyama, T. Maki, T. Fukui, and K. Arai, *Sep. Purif. Technol.*, **21**, 137 (2000). b) M. Teramoto, N. Takeuchi, T. Maki, and H. Matsuyama, *Sep. Purif. Technol.*, **27**, 25 (2002).
9) W. S. W. Ho, T. K. Poddar, *Environmental Progress*, **20**, 44 (2001).
10) M. C. Wijers, M. Jin, M. Wessling, and H. Strathmann, *J. Membr. Sci.*, **147**, 117 (1998).
11) S. S. Fu, H. Matsuyama, and M. Teramoto, *Sep. Purif. Technol.*, **36**, 17 (2004).
12) 例えば,a) 梶山千里,膜学実験シリーズ,第II巻 生体機能類似膜,共立出版,p. 87 (1994). b) S. Shinkai, K. Torigoe, O. Manabe, and T. Kajiyama, *J. Chem. Soc., Chem. Commun.*, 933 (1986).
13) M. Sugiura, M. Kikkawa, and S. Urita, *Sep. Sci. Technol.*, **22**, 2263 (1987).
14) A. J. Schow, R. T. Peterson, and J. D. Lamb, *J. Membr. Sci.*, **111**, 291 (1996).
15) S. P. Kusumocahyo, T. Kanamori, K. Sumaru, S. Aomatsu, H. Matsuyama, M. Teramoto, and T. Shinbo, *J. Membr. Sci.*, **244**, 251 (2004).

16) A. M. Neplenbroek, D. Bargenman, and C. A. Smolders, *J. Membr. Sci.*, **67**, 149 (1992).
17) E. Miyako, T. Maruyama, N. Kamiya, M. Goto, *Maku (Membrane)*, **29**, 236 (2004).
18) T. Sakiyama, T. Aoki, and M. Yoshikawa, *Maku (Membrane)*, **29**, 377 (2004).
19) 舞, 青木, 吉川, 膜シンポジウム講演要旨集, p. 73 (2004).
20) T. Miyata, H. Yamada, and T. Uragami, *Macromolecules*, **34**, 8026 (2001).
21) H.-A. Klok, P. Eibeck, M. Möller, and D. N. Reinhoudt, *Macromolecules*, **30**, 795 (1997).
22) C. Nardin, T. Hirt, J. Leukel, and W. Meier, *Langmiur*, **16**, 1035 (2000).
23) W. Meier, C. Nardin, and M. Winterhalter, *Angew. Chem. Int. Ed.*, **39**, 4599 (2000).
24) J. Grumelard, A. Taubert, and W. Meier, *Chem. Commun.*, 1462 (2004).
25) R. Stoenescu, A. Graff, and W. Meier, *Macromol. Biosci.*, **10**, 930 (2004).
26) 井川, 田中, 泉, 金子, 山辺, 日本化学会誌, 135 (1980).
27) C. F. Reusch, E. L. Cussler, *AIChE J.*, **19**, 736 (1973).
28) L. C. Branco, J. G. Crespo, and C. A. M. Afonso, *Chem. Eur. J.*, **8**, 3865 (2002).
29) 塩谷光彦, 化学, **56**, (5), 12 (2001).
30) A. M. Leone, S. C. Weatherly, M. E. Williams, H. H. Thorp, and R. W. Murray, *J. Am. Chem. Soc.*, **123**, 218 (2001).

第8章　触媒機能膜

伊藤直次*

1　はじめに

　触媒充填層を有する膜反応器については多くの研究が行われてきている。とりわけ水素分離膜を用いた脱水素反応や水蒸気改質反応は，利用可能な種々の水素分離膜が調製されていることもあって200℃～600℃の広い温度範囲で試験されている。最近では東京ガスが40Nm^3/hr級の水素製造用メンブレンリフォーマーを2004年初頭より稼動試験中であり，同機は気相反応に対する触媒充填型膜反応器としては世界最大である。このように触媒充填型膜反応器は，その処理生産速度が大きいために研究開発が盛んに行われてきたわけだが，歴史的にみれば図1に示したような

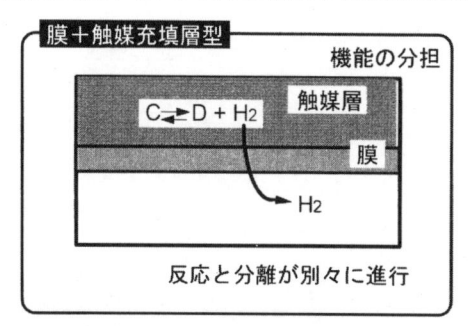

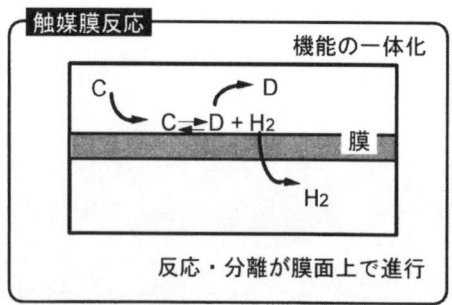

図1　触媒膜反応と触媒充填層を有する膜反応器

＊　Naotsugu Itoh　宇都宮大学　工学部　応用化学科　教授

第8章 触媒機能膜

"触媒膜"すなわち膜自身が触媒機能と分離機能を併せ持ち，膜表面上で反応と分離あるいは供給が起こる方式の方が早くから取り上げられている。ここでは，触媒膜に限って，そうした機能を発揮し得る材料とその発現の原理を説明し，さらには反応への利用を例を示しつつ述べる。

2 触媒膜材料

セラミックス，有機，金属を素材とする多くの種類のガス分離膜が知られているが，触媒機能も有する膜素材となると以下に示すようなものになる。

2.1 パラジウムおよびその合金

水素透過性膜として古くから知られており，その水素透過のメカニズムを図2に示した。つまり，水素分子はパラジウム膜表面で解離して原子状となり，それが濃度勾配（水素分圧差に起因する）によって拡散し，反対側膜面上で再び水素分子に戻って脱離して行くという過程を経て透過する。したがって，水素透過速度は膜の両側での水素分圧の平方根に比例する。水素分子は原子に解離でき，しかも嵩が小さいために金属の結晶格子中に侵入拡散できることから，パラジウム膜を透過できるわけで，逆に水素以外の原子，分子はそれが不可能なために透過できない。この事が，高純度水素精製にパラジウム膜が利用されている理由でもある。

ここで，膜の両表面に着目してみると，一方では水素分子の解離が起こり，他方では水素原子の再結合が起こっているが，水素分子のかわりに，炭化水素分子を膜面に送ってやることを考えよう。すると，図3のような反応スキームを描くことができる。図3aは脱水素反応が膜表面上で，図3bは活性な透過水素によって水素化反応がそれぞれ起こっていると考えれば良い。さら

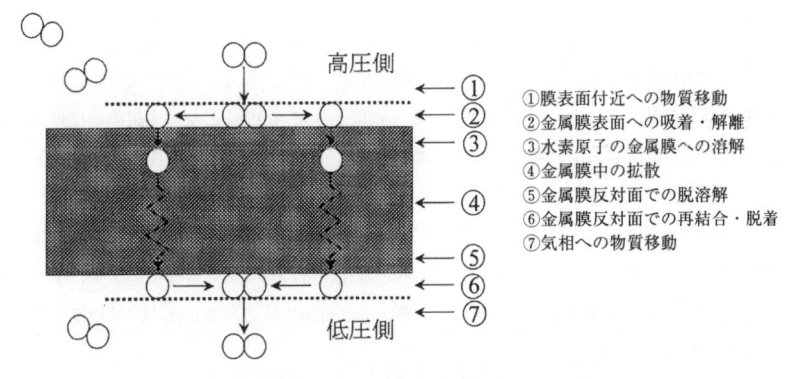

①膜表面付近への物質移動
②金属膜表面への吸着・解離
③水素原子の金属膜への溶解
④金属膜中の拡散
⑤金属膜反対面での脱溶解
⑥金属膜反対面での再結合・脱着
⑦気相への物質移動

図2　金属膜中の水素透過機構（解離－溶解－拡散）

最先端の機能膜技術

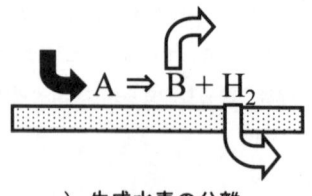

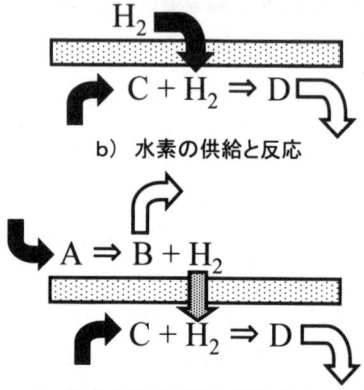

図3 水素透過性金属膜による触媒膜反応：a) 脱水素反応と水素分離, b) 活性水素供給と水素化反応, c) 脱水素と水素化反応のカップリング

に，図3a, bの二つを組み合わせた形にしたのが図3cである。膜の両面で脱水素反応と水素化反応が同時に起こるもので，水素を媒介とした共役反応系を構成することができる。

2.2 銀

銀は酸素透過性を有することで知られているが，酸素分子は，図4に示したように，銀膜表面上へ解離吸着して酸素イオン（O^-）となり，さらに格子酸素（O^{2-}）となって銀膜中に侵入し拡散して行き，反対側の膜面では吸着とは逆の過程を経て分子状酸素となって脱着していくとされている[1]。したがって，パラジウム膜に対する水素と同様に，酸素透過速度は膜の両側での酸素分圧の平方根に比例する。こうした透過酸素による膜面上のO^{2-}濃度は，気相からの吸着酸素によって生ずるそれよりも大きいと推定されており，酸化反応に対して大きな役割を果たすであろう。この場合は，活性酸素イオンが生成しており，その脱酸素反応，酸化反応，共役反応系への利用が考えられる。

第8章 触媒機能膜

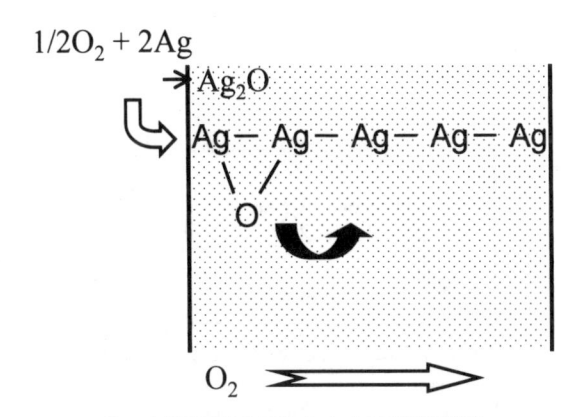

図4 酸素透過性金属膜（Ag）中の酸素移動機構

2.3 固体電解質
2.3.1 酸素イオン伝導体

カルシウムやイットリウムで安定化したジルコニア，例えば $(ZrO_2)_{0.85}(CaO)_{0.15}$ や $(ZrO_2)_{0.9}(Y_2O_3)_{0.1}$ は酸素イオン伝導性固体電解質としてよく知られ，酸素センサーや高温燃料電池用の膜素材として用いられている。ジルコニア単独の場合には，900〜1000℃付近で相転移（単斜晶形→正方晶形）による約9％の体積変化が起こるために物理的崩壊が問題となるが，2価あるいは3価の金属酸化物であるCaOやY_2O_3を添加[2]するとホタル石型の面心立方構造となり，相転移がなくなり安定化されるためである。この時，電気的中性を保つために酸素空孔が生じるが，この空孔を通じてO^{2-}の移動が可能になる。酸素透過のメカニズム[3]は，格子酸素（O^{2-}）の拡散であり，その駆動力は上流側と下流側との酸素分圧差である。ただし，ジルコニア膜の電子伝導性がかなり小さいために，図5aに示したように膜の両面に多孔質電極を張り付け導線で短絡することで，電子の移動経路を設けなければならない。燃料電池はこの電子不導性を利用して電流を取り出すものであり，図5の場合は濃淡電池を形成していることになる。ここで，電極は反応触媒あるいは活性種への変換を助ける触媒の役割も兼ねている。また，酸素分圧が，下流側の方が高い場合には，図5bのように電圧を加える（気相電気分解する）ことで酸素イオン伝導を維持でき，酸素分離膜として機能させることができる。この場合も酸素が活性なイオン種として膜（電極）表面で形成されることになるから反応活性な膜になりうる。

2.3.2 水素イオン伝導体

水素イオン（プロトン）伝導性の固体電解質として，三酸化セリウムストロンチウム（$SrCeO_3$）をベースにセリウムの一部をイットリウム（Y）やイッテルビウム（Yb）あるいはスカンジウム（Sc）で置換したペロブスカイト型酸化物の焼結体[4]（例えば$SrCe_{0.95}Yb_{0.05}O_{3-\delta}$）

最先端の機能膜技術

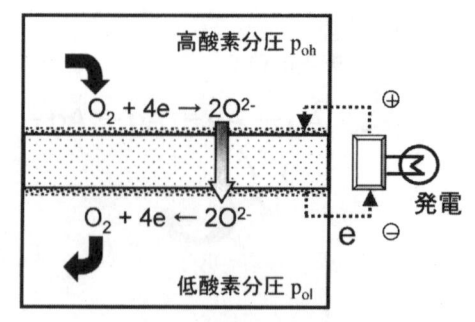

図5 a) 酸素分圧差に基づく自発的酸素移動（濃淡電池）

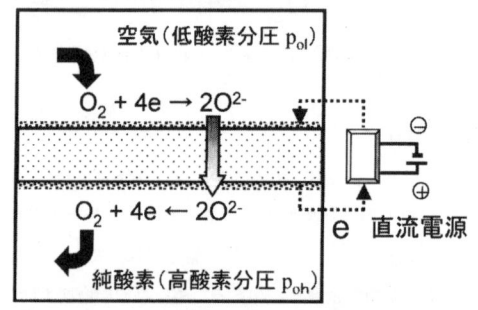

b) 電圧印加による強制的酸素移動（酸素濃縮）

図5 酸素イオン伝導性固体電解質を用いた選択酸素透過を利用した発電と酸素濃縮

や三酸化セリウムバリウム（$BaCeO_3$）にランタンを固溶させた $BaCe_{0.9}Yb_{0.1}O_{3-\delta}$ など[5] が知られている。これらは，乾燥空気中ではP型電子伝導性を有し，水素雰囲気中でプロトン伝導体となるが，そのプロトン生成には結晶中に存在する空孔が関与している。この場合も酸素イオン伝導体の場合に示した図5a，bに対応する発電や水素濃縮が可能である。プロトン伝導率[6] は800℃で $5 \times 10^{-3} \Omega^{-1} cm^{-1}$ 程度であり，イットリア安定化ジルコニア中の酸素イオン伝導率[6] が $2 \times 10^{-2} \Omega^{-1} cm^{-1}$ 程度であるのに比べて，数分の一と小さいものの活性水素の反応への利用が考えられる。

2.4 リン酸（プロトン伝導体）

リン酸水溶液はプロトン伝導体として機能し，それを担持液膜化すれば燃料電池を形成することができるが，同時に反応活性膜としての利用も可能になる。大塚らは，85％のリン酸水溶液をディスク状の石英綿に含浸させプロトン伝導膜を作っている[7]。水溶液であるので高温では使用できないが，100℃以下での反応への適用は可能である。

第8章 触媒機能膜

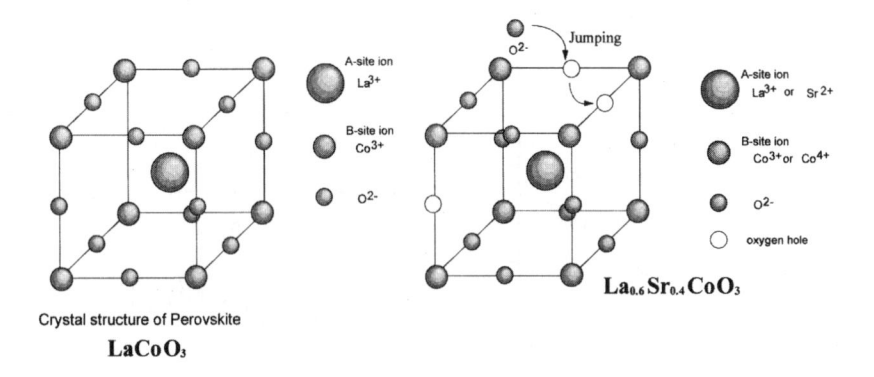

a) ペロブスカイト構造
Crystal structure of Perovskite
LaCoO$_3$

b) Aサイト元素La^{3+}をSr^{2+}に置換することで生成する酸素欠陥
La$_{0.6}$Sr$_{0.4}$CoO$_3$

図6 ペロブスカイト構造と酸素欠陥

2.5 混合伝導体

上述した固体電解質は，酸素あるいは水素イオンを良く通すものの電子（電気）伝導性が極めて小さい材料である。これに対して，電子伝導性も有するイオン-電子混合伝導体も知られている。ペロブスカイト型酸化物は，非化学量論組成を取り易く，構成する金属原子の置換を比較的容易に行なうことができる。それ故に，その電気的特性や触媒機能が注目されている。図6 aに典型的なペロブスカイト型酸化物であるLaCoO$_3$の結晶構造を示した。ここで，LaCoO$_3$の3価のLaを低原子価の金属原子，例えばSr（2価）で一部置換した場合，結晶内の電気的中性条件を保つために，格子中に酸素欠陥構造が生じることで電荷補償がなされる。こうしてできた酸素空孔が図6 bに示したように酸素イオン伝導の媒介役として重要な役割を果たすとされている。同時に，このタイプの化合物は電子伝導性が高く，混合伝導体として，高温型燃料電池の電極材料などとしても取り上げられている[8]。

2.6 ゼオライト膜

ゼオライトは固有の細孔径，表面電場，イオン交換能，吸着分離能，固体酸性質などを有しており，その膜化研究は1990年頃から始まり世界的にも大きな関心を呼び現在に至っている。それは，ゼオライトが分子と同程度の均一な細孔径を持つことから，従来のセラミック膜にない形状選択性に基づく分子ふるい膜としての期待や，加えて酸触媒作用も利用する触媒膜としての応用などへの魅力があるためである。ゼオライトは結晶性のアルミノケイ酸塩の総称で，その細孔のサイズによって分類され，細孔断面の環の酸素の員数で整理される。分子が透過できるチャンネルとしては酸素7員環（径0.3nm）から酸素20員環（径1.3nm）まである。断面の形状も円に近

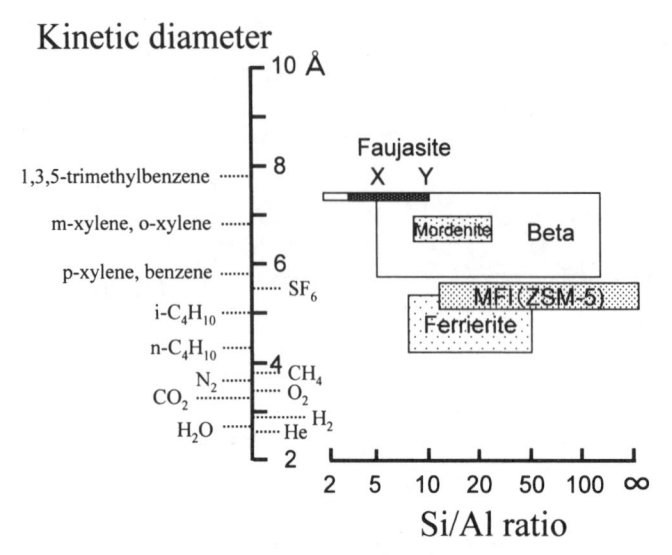

図7 ゼオライトの種類と孔径

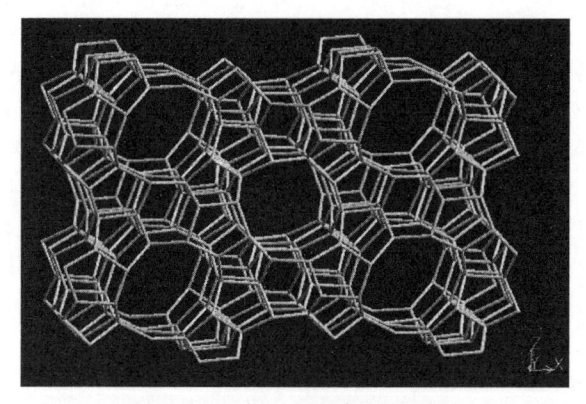

図8 MFI (ZSM-5) 型ゼオライトの構造

いものか，楕円に近いものかの違いがあるほか，チャンネルの連結パターンにより1次元，2次元，3次元に分類される．最近Mobilの研究者らによって合成されたゼオライトM41Sは3-10nmのメソポアを有し，従来のゼオライトの概念を大きく打ち破るものも登場している．

　細孔の最大酸素環の員数によりゼオライトを分類し，8, 10, 12のものをそれぞれ, small pore, medium pore, large poreと通常呼ぶ．図7にゼオライトの細孔径と分子直径（kinetic diameter）との関係を示す．この中でもMFI型構造を持つZSM-5の細孔は10員環であり，

第8章 触媒機能膜

[100] 面に5.5Å×5.1Åのzig-zag channelと [010] 面に5.6Å×5.3Åのstraight channelを持ち、その構造は図8（国際ゼオライト協会www.iza-sc.ethz.ch/IZA-SC/）に示したような3次元である。その細孔径が石油化学で重要なp-キシレンとほぼ同程度であるため、トルエンの不均化反応やアルキル化反応において、高いp-キシレン選択性を示すことが知られ[9]、多くの研究がなされている。

ゼオライトを触媒としてみた場合、上記したように、形状選択反応性が現れるが、その例を次に示す[10,11]。

① 反応物規制による選択性

n-ブタノールとイソブチルアルコールをそれぞれ、Ca^{2+}でイオン交換したA型ゼオライト（CaA）に通じると、前者は脱水反応を起こすが、後者はほとんど反応しない。n-ブタノールはCaAの細孔内に進入し得るが、側鎖を持つイソブチルアルコールは細孔内に入りえないからである。

② 生成物規制による選択性

CaAにより、n-ヘキサンのクラッキングを行うと、生成物中にイソブタンやイソペンテンはほとんど見出されない。これらの炭化水素は、CaAの細孔を通過できないので、空洞内でさらに異性化やクラッキングを受けるまでは結晶外に出ることができないためである。

③ 遷移状態規制による選択性

H-モルデナイトによる1-メチル-2-エチルベンゼンの不均化において、ジフェニルアルカン中間体およびこれを生成する遷移状態の大きさの差により生成物分布が決定される。すなわち、2分子の1-メチル-2-エチルベンゼンから生成する遷移状態は、他の中間体や1-メチル-2-エチルベンゼンとその異性化による1,3-異性体とから生成する中間体に比べて小さいので優先的に生成すると考えられる。

2.7 触媒担持多孔質膜

多孔質膜の場合は、選択性を改善するために複合化すなわち基材の上にsol-gel法による表面被覆（コーティング）等によって微細孔化が行われ、分離活性層が形成される。この層は依然と多孔質で触媒担持が可能であり、反応場として利用可能である。これまでの応用例としては、部分酸化反応や酸化脱水素反応といった発熱を伴う酸化系反応の制御つまり反応選択性向上の可能性が検討されている。この触媒膜反応方式の基本的な考え方は、図9に示したように触媒担持層を薄くすることで反応場所を限定し、さらに酸素供給を必要最小量にするために反応原料と酸素を隔膜としての膜の両側から別々に対向供給することでさらなる酸化を抑制するというものである。

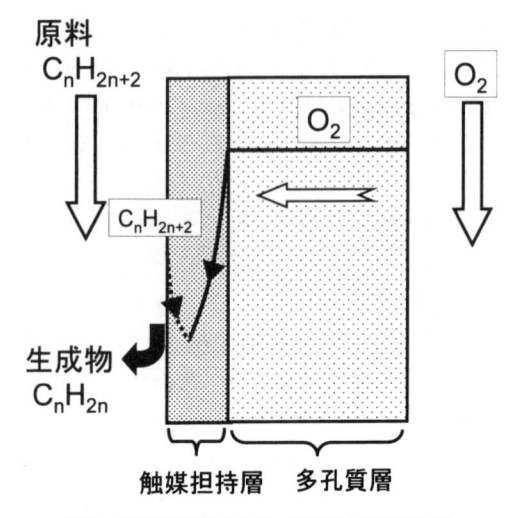

図9 触媒担持膜中の反応（酸化脱水素反応を例）

3 触媒膜を利用した反応

3.1 パラジウム系膜

3.1.1 脱水素反応

いくつかの脱水素反応がパラジウムおよびその合金膜を用いて，図3aのスキームで行われている。

PfefferleはPd-Ag膜によるエタンのエチレンへの脱水素反応を行い，0.7％の収率でエチレンが得られるという特許[12]を提出している。同じ合金膜を用いて，Woodはシクロヘキサンのシクロヘキセンへの脱水素反応を行い，真空ポンプによる水素除去速度を大きくする程，高い反応率が得られることを示している[13]。

Gryaznovら旧ソ連の研究グループは，1960年代よりパラジウム合金膜を用いた一連の研究[14,15]を行って来ており，例えば次のようなisopentene (A) のisoprene (B) への脱水素反応において，

$$\underset{(A)}{C=\overset{\overset{C}{|}}{C}-C-C} \xrightarrow{410^\circ C} \underset{(B)}{C=\overset{\overset{C}{|}}{C}-C=C} + H_2$$

Pd-Ni膜を通して生成水素を抜くことで，抜かない場合に比べて，収率が14→21％に向上するこ

第8章　触媒機能膜

とを見いだしている。これは，生成物分離による反応促進効果によるもので除去水素量に相当する反応率の上昇がもたらされているはずである。また，純パラジウムよりも合金膜のほうが活性が大きいことを，n-ヘキサンの脱水素環化反応を例にとって調べ，その種類によって反応率が次のように異なることを示している。

Pd   5％
Pd-Ni (5.5wt％) 24％
Pd-Ru (10wt％)   63％

合金組成の組合せは多数あるので，今後新しい組成で機能を有する膜素材の発見も期待される。

3.1.2 水素化反応

触媒膜反応方式の初期的な試みでもある水素化反応がWoodらによってパラジウムおよびその合金膜を用いて，図3bのスキームで行われている。Pd-Ag膜に薄い金メッキ（触媒作用は殆どないとされている）を施して，そこで透過水素によるシクロヘキセンのシクロヘキサンへの水素化反応を70〜200℃で行った[16]。その結果，反応速度は，金膜表面上の吸着水素原子濃度の2次に比例し，反応物や生成物の分圧には依存しないことがわかり，表面吸着している水素原子の反応への役割が大きいと結論づけている。

Gryaznovらのパラジウム合金膜を用いた一連の研究がある。まず，2-Butyne-1,4-diol(C)の液相水素化において，直径1mm，厚さ100μm，長さ1mのスパイラル状のPd-Ru(6wt％)膜を通しての水素添加反応を行った結果，次に示すようにcis-butenediol(D)が選択的に生成し，trans体(E)は3％程度であることを示している[17]。

$$OH-C-C\equiv C-C-OH \rightarrow$$
$$(C)$$

$$\begin{array}{c} HO-C \quad\quad C-OH \\ C=C \\ (D) \end{array}$$

$$\begin{array}{c} HO-C \\ C=C \\ \quad\quad C-OH \\ (E) \end{array}$$

また，この反応は，水素をバブリングによって直接液中に供給した場合には，三重結合が完全に水素化されbutanediolが生成したという。同じ反応器で，リナロール脱水素物のリナロールへの水素化を行い，三重結合部の二重結合への選択水素化が，膜中の水素濃度に依存することを見

いだしている[18]。すなわち，水素濃度が低いほど選択性は良く，したがってより高温（膜中の水素濃度が小さくなる[19]）で反応を行う方が高い選択性を示す結果を得ている。同様な事が，厚さ0.1mm のPd-Ni（5.9wt%）膜を用いた100～180℃でのアセチレンのエチレンへの選択水素化反応，あるいはPd-Ru（9.78wt%）膜を用いた102℃でのシクロペンタジエンのシクロペンテンへの選択水素化反応などでも認められている[20]。

Sokol'skiiらは，dimethyletylenylcarbinol(F) の電気分解システムを利用した水素化を，パラジウム膜を透過する水素によって行った[21]。電流密度が100A/m^2程度の時はdimethylvinylcarbinol(G) が88%の選択性で，また400A/m^2程度の時はtert-amyl alchol (H) が98%の選択性でそれぞれ生成したと報告している。電流密度が大きい程，カソード表面上の活性水素濃度が高くなり，水素化がよく進むためと説明している。

$$\begin{array}{ccc}
\text{C} & \text{C} & \text{C} \\
| & | & | \\
\text{C}-\text{C}-\text{OH} & \text{C}-\text{C}-\text{OH} & \text{C}-\text{C}-\text{OH} \\
| & | & | \\
\text{C}\equiv\text{C} & \text{C}=\text{C} & \text{C}-\text{C} \\
\text{(F)} & \text{(G)} & \text{(H)}
\end{array}$$

長本らは，速度論の立場からパラジウム膜を透過する水素によるエチレンの水素化を行った[22]。その結果，反応速度は，エチレン分圧が低い時にはその分圧に比例し（化学反応律速），ある程度高くなると分圧に無関係な領域（水素透過律速）とに分かれることを示している。

筆者らは，アセチレン水素化反応に対する膜組成の影響を調べた[23]。その結果，Pd＞$Pd_{93}Ni_7$＞$Pd_{77}Ag_{23}$＞$Pd_{93}Ru_7$の順に反応活性が低下したが，これは，その水素透過速度の大きさ$Pd_{77}Ag_{23}$＞Pd＞$Pd_{93}Ru_7$＞$Pd_{93}Ni_7$の順序には一致しなかったことから，合金の組成に依存するものと考えた。つまり，水素化能はPd原子の2個の3d空軌道に起因するとされているが，その空軌道への合金原子からの電子供給量は，表1に示したようなイオン化エネルギーすなわち電気陰性度から定性的に予測できるように，Ni，Ag，Ruの順に増える結果，水素化活性が低下したと解釈される。同様な傾向がフェノールのシクロヘキサノンへの選択水素化[24]でも見られた。こうした点については，触媒化学的見地からも興味が持たれる。このように，触媒膜表面への活性種の直

表1 第1イオン化ポテンシャル

Pd	Ni	Ag	Ru
8.33	7.63	7.57	7.36(eV)
	← より電気陰性		

第8章 触媒機能膜

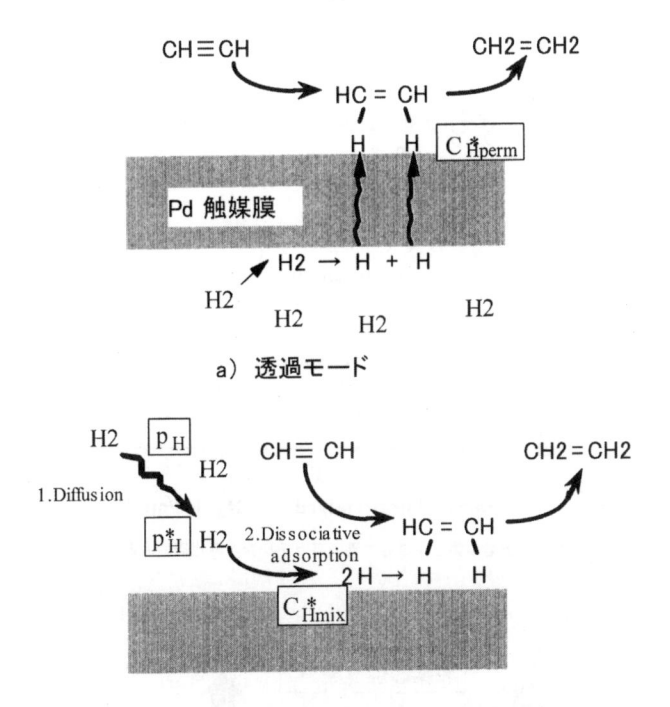

a) 透過モード

b) 予混合モード

図10　アセチレンの水素化反応において，a) 透過水素を利用する場合とb) 混合水素を利用する場合の比較（表面活性水素濃度は透過モードの方が高く，反応が進み易い）

接供給が可能であるから，反応速度論的な優位性が期待できる。

　図10はアセチレンの水素化反応を例にとって，模式的に反応過程を描いたものである[23]。予め混合した水素との反応（予混合モード）では，触媒膜面への拡散と活性化吸着過程を経る必要があるのに対して，透過水素との反応（透過モード）では，それらのステップは省かれるので，より大きな反応速度が得られるであろう。実際，図11は，透過モードでは少ない水素量でも高い転化率が得られることを示している。水素がある量以上になると，転化率が両モード共にほとんど同じになっているのは予混合モードにおける拡散と活性化吸着過程が水素量（濃度）の増加とともに十分に早くなり，透過モードと同程度の活性水素量を供給できるようになったためと考えられる。

3.1.3　二つの反応のカップリング

　パラジウム合金膜を挟んで，水素化と脱水素反応とのカップリングがGryaznovらによって試

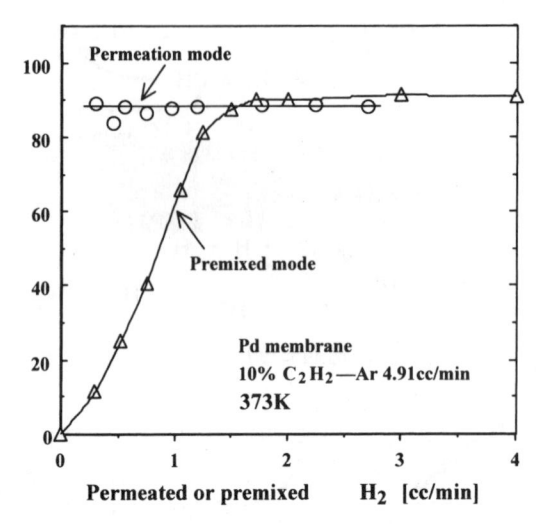

図11 透過水素と予混合水素のアセチレン水素化能力の違い

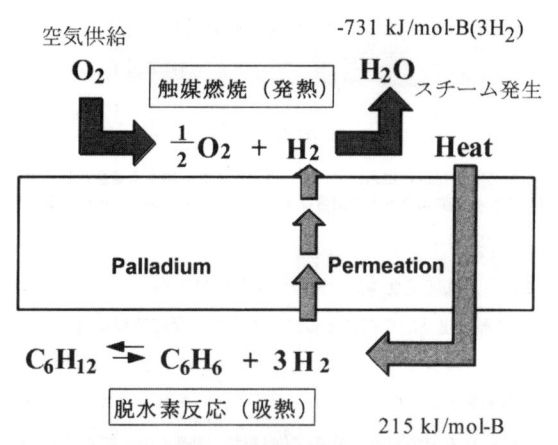

図12 反応カップリングによる熱の授受も可能にする手法
（脱水素反応の吸熱分を補給するために，透過水素を膜面上で空気酸化して熱を発生させる）

みられている[25]。詳細は明らかではないが，シクロペンタジエンのシクロペンテンへの選択水素化反応において，イソプロピルアルコールのアセトンへの脱水素反応によって生成した水素が，膜を通して供給された場合には，水素透過量が増えると同時に，その選択性も95%まで上がったと報告している。一方，イソプロピルアルコールの代わりに水素ガスを流し，その透過水素によ

第8章 触媒機能膜

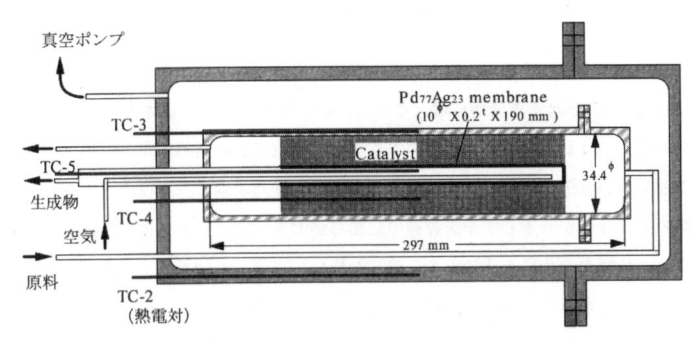

図13 断熱型反応器(魔法瓶型,膜反応器を真空容器に入れ断熱できる構造)

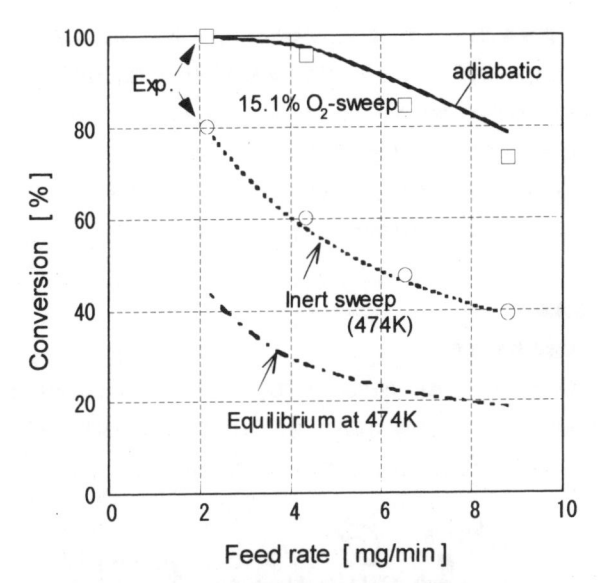

図14 断熱型反応器による脱水素反応の成績
(イナートガスを用いる等温型に比べて高い反応率が得られている)

る水素化を行うと,選択率は74%であったという。透過水素自体の活性には違いがないはずであり,膜表面上の活性水素濃度の大小が選択性に関係しているものと思われる。

　筆者らは,脱水素反応の高効率化を計るために,図12に示したように,パラジウム膜を透過した水素を酸素で酸化(触媒燃焼)することを試みた[26,27]。これによって,透過側の水素濃度が著しく下がって水素透過速度を大きくすることができ,結果的に脱水素反応部の水素濃度が下がって反応速度を増大させることができる。反応器外部への熱ロスを最小限にして燃焼熱を脱水素反

応側へ供給するために，図13に示したように，パラジウム膜反応器をさらにステンレス製容器で覆い，その空間を真空に引けるようにした断熱型反応器（いわば魔法瓶タイプ）を試作した。図14は，10.1％O_2ガスを水素透過側に流しながら，シクロヘキサンの脱水素反応を触媒充填層にて行ったもので，パラジウム膜表面上での水素の触媒燃焼による発熱によって脱水素反応部が加熱されることで高い反応率が得られている。この場合，透過水素の反応除去（水蒸気へ変化）により透過側の水素分圧が低下して水素透過の駆動力が大きくなることも反応率向上に寄与している。同図には，比較のために不活性ガスを流した場合（等温）の結果も示したが，酸素を使用することで効率的に脱水素を進めることができることが分かる。

3.2 銀膜

Gryaznovらは，銀膜を用いて，エチレン，プロピレン，メタノール，エタノールの透過酸素による酸化を行っている[28]。エチレンとプロピレンの酸化では，二酸化炭素，一酸化炭素および水が生成し，相当する酸化物は検出されなかった。一方，メタノール，エタノールの酸化では，相当するアルデヒドが生成し，しかも酸素をアルコールに混ぜて膜面に流してやる方法に比べて，30％近く収率が向上した。すなわち，銀膜触媒は二重結合のエポキシ化に対する選択性はないものの，アルコールのOH基の部分酸化性はあるようである。

3.3 イオン伝導体
3.3.1 炭化水素の熱分解等

岩原らは，上述のプロトン伝導体（$SrCe_{0.95}Yb_{0.05}O_{3-\delta}$）を用いて，図15に示したような気相電気分解反応器を作り，エタンの熱分解（800℃）あるいは一酸化炭素の水蒸気改質反応（900℃）によって生成する水素を選択的に取り出している[29]。これらの反応は気相中でも進むであろう

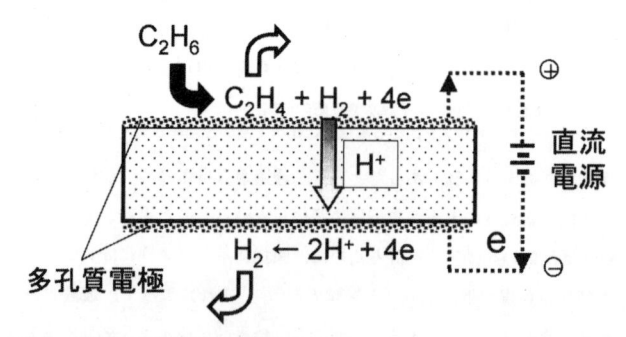

図15 水素イオン伝導性固体電解質を用いたエタンのエチレンへの脱水素反応と生成水素の電気化学的抽出

第8章 触媒機能膜

が，電解質表面での水素引き抜き効果も反応の促進に寄与しているであろう。

3.3.2 水蒸気，二酸化炭素分解

酸素イオン伝導体やプロトン伝導体を利用した水蒸気の分解が試みられている。

Calesら[30]は，安定化ジルコニアの混合伝導性（酸素イオン伝導性と電子伝導性を兼備）に着目して，水蒸気分解によって生成した酸素を反応部から透過分離している。これは図16に示したように，濃度差さえあれば電解質内でイオンと電子の対向移動によって（膜内で閉回路を形成），

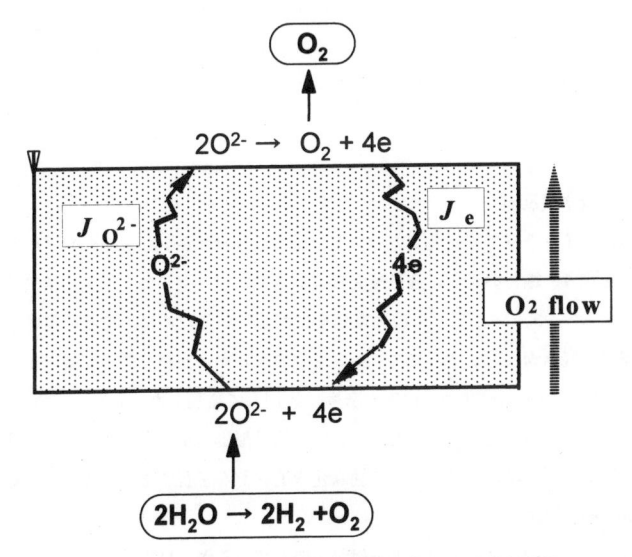

図16 酸素イオン-電子混合伝導体を用いた水蒸気分解

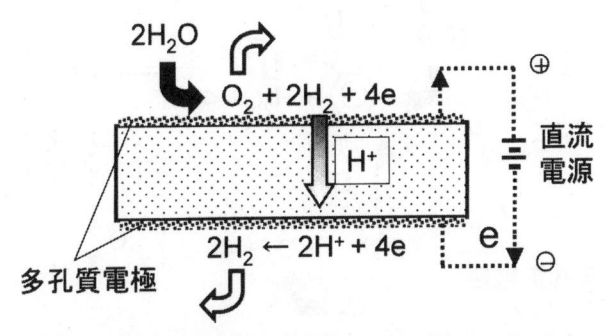

図17 水素イオン伝導性固体電解質を用いた水蒸気分解と生成水素の電気化学的抽出

電極を取り付けなくても酸素イオンの移動が可能になることを利用しているものである。同様な観点から二酸化炭素の分解[31]も試みられ，放物線状温度分布が存在する炉内では，最高温度に達する過程で分解によって生成する酸素を速やかに反応場から除去することが，生成したCOと未分離のO_2との再結合を回避してより高い分解率を得るために必要であることを速度論的に解析している[32]。

岩原ら[4]は，プロトン伝導体（$SrCe_{0.95}Yb_{0.05}O_{3-\delta}$）で図17に示したような反応セルを作り，800〜900℃で水蒸気の電解を行った。その結果，カソード側での水素発生速度 n [$mol/cm^2/s$] は，F [C/mol] をファラデー定数とすると電流密度 i [A/cm^2] との間に次式で表されるファラデーの法則がほぼ成り立つことを見いだしている。

$$n = i / 2F \tag{1}$$

3.3.3 酸化脱水素反応

Michaelsらは，イットリア安定化ジルコニア（Yttria Stabilized Zirconia, YSZ）を用いて，電気化学反応器を作り，図18のように透過酸素によるエチルベンゼンの"電気化学的酸化脱水素反応"を試みている[33]。アノードとして白金電極を使用しているために，電流を流さなくても（回路を開いた状態）脱水素反応が進んでスチレンを生成するが，回路を閉じて酸素イオンの供給を始めると，スチレンの生成速度はほぼ電流密度に比例して増加した。しかし，CO，CO_2への酸化も併発するために，選択性は低下した。これは，活性酸素の反応への関与を裏付けるものであるが，選択性改善には触媒電極についての触媒化学的検討が必要であると考えられる。

3.3.4 部分酸化反応

上の例では活性酸素の反応への関与の証拠が不明確であるが，早川らは触媒活性がないとされ

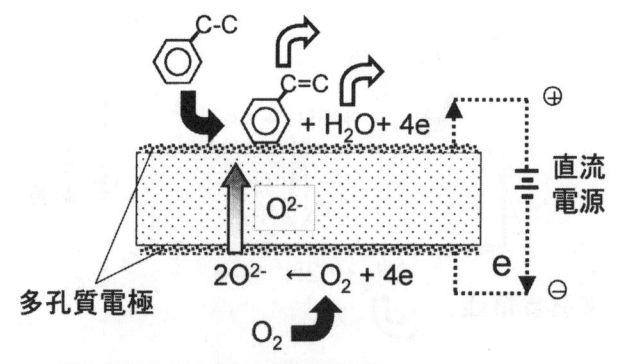

図18 酸素イオン伝導性YSZ固体電解質を用いたエチルベンゼンの電気化学的酸化脱水素反応

第8章 触媒機能膜

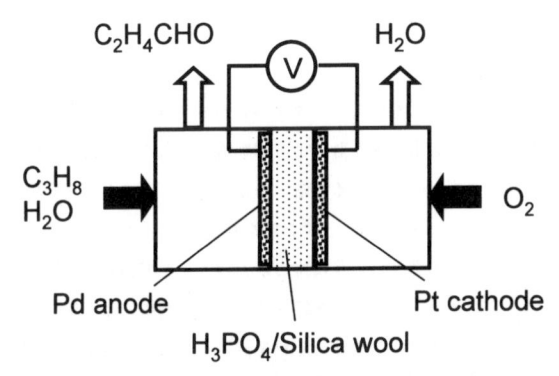

図19 リン酸含浸綿を水素イオン伝導隔膜とした電気化学反応器
（直流電圧を正から負へ走査することで生成物種の変化が可能）

ている金電極をアノードに使用することで，ジルコニア膜で生成する活性酸素が酸化反応に関わっていることを，プロピレン（$CH_2=CH-CH_3$）のアクロレイン（$CH_2=CH-CHO$）への部分酸化反応を例にとって証明している[34]。さらに，酸化触媒であるビスマス－モリブデン系酸化物層をアノード上に真空蒸着させることで，酸化活性をさらに向上させることができることも見いだしている[35]。

大塚ら[7]は，図19に示したように燃料電池システムを利用したプロピレンの部分酸化を行い，プロトンの反応場からの除去にリン酸含浸膜を用いている。反応が起こるアノード側表面には，パラジウムブラック/カーボンとテフロンを混練して板状に成形した電極触媒を用いている。一方，カソード側には白金黒を同様に付けて，透過してきたプロトンの酸素酸化を行った。印加電圧を変えて反応生成物の変化を調べ，反応機構について考察して次のようなモデルを提案している。まず，正電圧を加えると，アノードのパラジウムがPd^{2+}の形で酸化に関与する（ワッカー反応）結果，アセトンが主生成物となる。逆に，負電圧を加えると，Pd^0の形で触媒作用することになり，π－アリル型中間体を経るアクロレイン，アクリル酸（$CH_2=CH-COOH$）の生成が優勢となる。このモデルによって実験結果をほぼ説明することができ，二つの反応ルートが電圧によって制御できることを示している。

3.3.5 メタンの二量化

小俣らは多孔質マグネシア上に酸化鉛を担持したPb/MgO複合触媒膜（作動温度では溶融塩状態であると推定される）を用いて，透過酸素によるメタンのエタンへの二量化ができることを示している[36]。支持体側に空気を流し，触媒膜面側にメタンを流すと，空気中の酸素がイオン化し拡散によって活性膜表面に移動し，酸化鉛の触媒作用によってエタンが生成するというものである。750℃以上では，Ｃ２化合物への選択性は99％以上であり，また主生成物はエタンであると

報告している。

3.3.6 メタンの部分酸化

　合成ガスはCOとH_2の混合ガスを指し，メタノール合成や炭化水素を作るFisher-Tropsh合成の原料となる。天然ガスなどの水蒸気改質によって製造されるが，平衡論的制約から高温での反応となるために投入熱エネルギーも大きくなる。そこで行われるのが，部分酸化つまり酸素を加えて酸化反応による発熱で水蒸気改質に必要な熱を補償しようというものである。しかしながら，ここで問題となるのは酸素をどのように得るかということである。空気には20%の酸素が含まれているが，それを窒素とともに反応器へ投入すれば生成物中には大量の窒素が含まれることになり，その分離を行わなければならない。それを避けるために，通常は予め深冷分離などによって酸素を分離して用いられるが，その工程にもエネルギーが費やされる。空気からの酸素分離とメタンの部分酸化をいかに効率的に行うかが課題であるといえる。

　こうした状況を，図20に示したように酸素イオン混合伝導膜を使用することで，空気から酸素を分離し，透過した酸素は膜表面に付けた部分酸化触媒上でメタンと反応して合成ガスを発生させるという方法によって大幅なプロセス改善が可能なことが示されている[37]。図21はその試験結果の一例であるが，供給するメタンの部分酸化によって量論的に発生する水素（メタンの2倍量相当）の80%近くの生成が長時間にわたって安定に得られていることがわかる。こうした，高温酸素分離については，1990年代に米国を中心として研究開発プロジェクトが組まれた[38]。日本でも「製鉄プロセスガスを利用水素製造技術開発」(2001～2005)において，伝導膜の素材開発を含めて長尺管化，支持型膜，部分酸化触媒開発が進められており，反応下での酸素透過速度が20cc/cm^2/min以上になれば，現行の合成ガス製造プロセスである深冷分離酸素利用の外熱改質器と比較して総合的なコストメリットが得られると試算されている[37]。

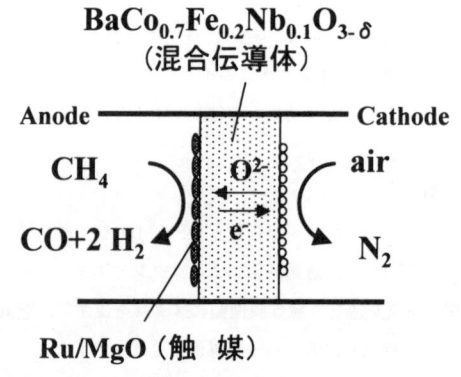

$$BaCo_{0.7}Fe_{0.2}Nb_{0.1}O_{3-\delta}$$
（混合伝導体）

Anode ― Cathode
CH_4　O^{2-}　air
$CO+2H_2$　e^-　N_2

Ru/MgO（触　媒）

図20　効率的な酸素分離と選択的酸化反応のカップリング

第8章　触媒機能膜

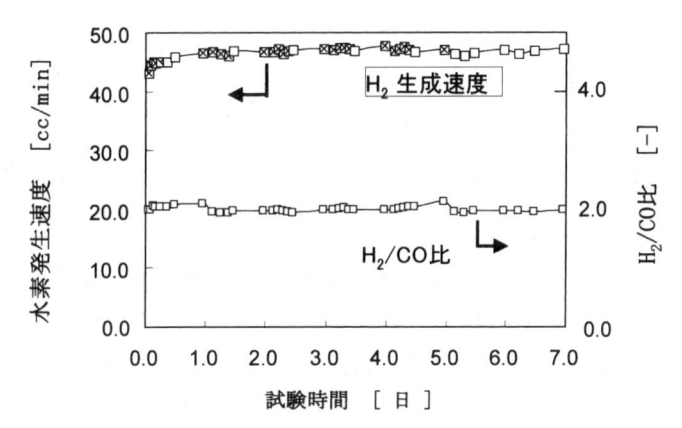

図21　反応試験結果の一例（メタン30cc/min，空気300cc/min，触媒量30mg，900℃）

3.4　ゼオライト膜

ゼオライトは前述したように，分子ふるい的吸着，反応活性があるために分離や反応への応用が期待されている。気相系の分離・反応については，膜化技術の進展とともに性能の向上は見られるものの，欠陥を通過する流れの影響が大きく明確な実証には暫く時間が必要なようである。一方，液系になると，表面張力，粘度の影響が大きくなって欠陥流の影響は少なくなり，分離は親油性と親水性の差にて行われるようになる。水－アルコール系の蒸気分離，パーベーパレーション[39]が，ゼオライト担持膜モジュールで実用化されている[40]ことは特記されるべきことである。

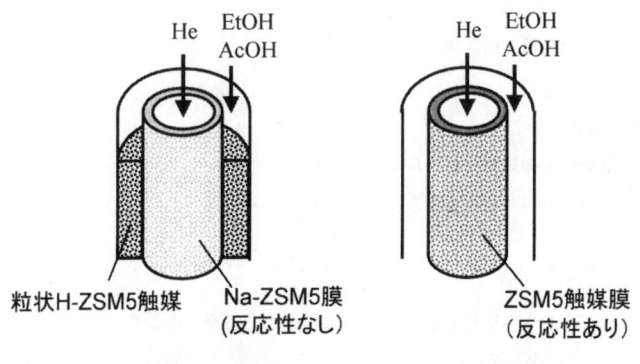

図22　ゼオライト膜を利用した反応　a）膜自身は分離性のみで反応は充填触媒で行う方法　b）膜自身が反応活性を有する触媒膜反応法

113

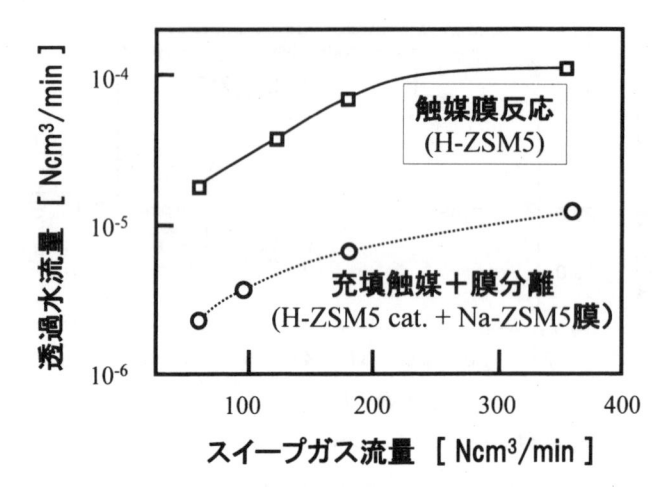

図23　反応性比較試験結果（原料：等モル混合物，75℃）

触媒機能の利用としては，酸触媒としてエステル化反応への適用が試されている。その反応・分離方式として図22に示したような2ケースが比較されている[41]。図22aは，反応はプロトン交換したZSM5充填層で行い，分離は未交換のNa-ZSM5すなわち反応性のない膜で行うという方式である。一方，図22bはプロトン交換したH-ZSM5膜にて反応と分離を同時に行うものであり，触媒膜反応である。生成した水がZSM5層の親水性によって選択的な分離が行われる結果，反応が促進されるというものだが，水分離を効率的に進めることが反応進行度を左右することになる。実験結果は，図23に示したように触媒膜反応方式において，透過水量が大きく反応によって生成した水の分離が効果的に行われることが示されている。これは，ZSM5層において反応して生成した水がその場で引き抜かれるためだとされた。

3.5　触媒担持膜
3.5.1　バナジウム担持多孔質アルミナ
プロパンのプロペンへの酸化脱水素反応は次式で表される。

$$CH_3-CH_2-CH_3 + 0.5O_2 \rightarrow CH_2=CH-CH_3 + H_2O \quad (R1)$$

しかし，当然ながら更なる酸化も進行する（CO生成もあるが，ここでは全てCO_2とした）。

$$CH_2=CH-CH_3 + 4.5O_2 \rightarrow 3CO_2 + 3H_2O \quad (R2)$$

したがって，逐次的に進むこれらの反応で目的物であるプロペンを得るためには反応制御が必要

第8章 触媒機能膜

である。反応選択性は基本的には2つの反応の速度比で予測される。例えば，それぞれの反応速度式が酸素分圧に関して次式で与えられるとすると，

$$r_1 = k_1 P_O^{n_1} \tag{2}$$
$$r_2 = k_2 P_O^{n_2} \tag{3}$$

その比は，

$$r_1/r_2 = (k_1/k_2) P_O^{n_1-n_2} \tag{4}$$

となる。これより，$n_1-n_2>0$の場合は，酸素濃度を高くすれば，r_1/r_2比を大きくすることができ目的物の選択性を高くすることが可能である。一方，$n_1-n_2<0$の場合は，酸素濃度を低くした方が良いといえる[42]。

こうした観点から，図24に示したような反応方式が試験された[43]。f-1は，酸素を原料のプ

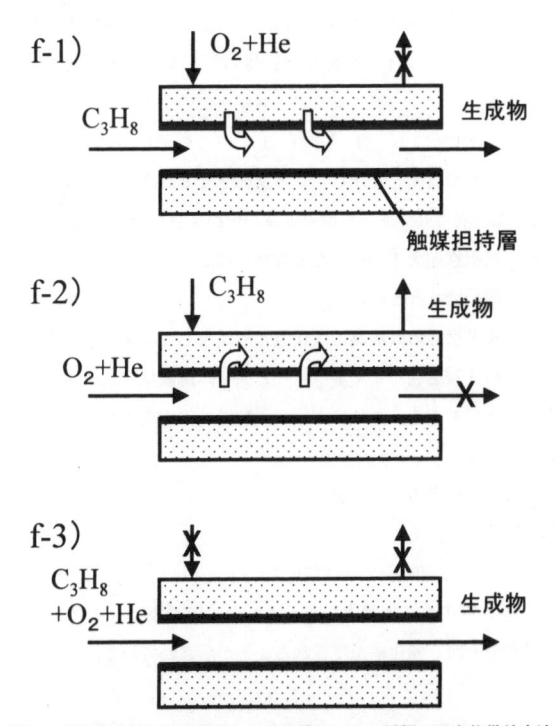

図24　多孔質基材に触媒担持した触媒膜管への3種類の反応物供給方法

最先端の機能膜技術

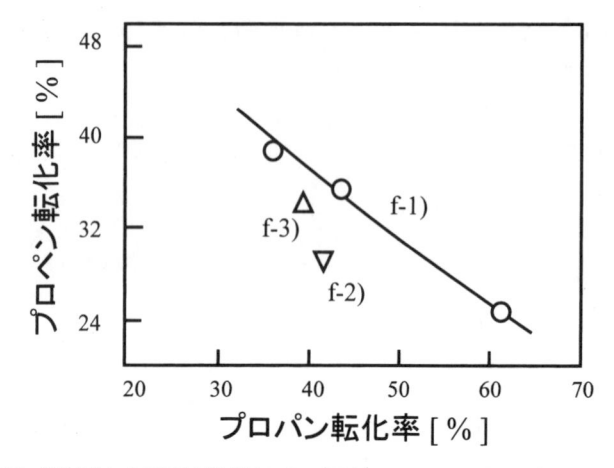

図25 供給方法による反応試験結果の違い（図中の f-1 ～ f-3 は図24を参照，600℃）

ロパン流に対して少量ずつ添加するタイプである。f-2は，その反対で，酸素流に対して原料のプロパンを少量ずつ添加するタイプである。f-3は，プロパンと酸素を同時に供給するタイプである。これらの3タイプによって，プロペン収率がどのように変化するかを実験した結果が図25である。これより，プロペンは，f-1 > f-3 > f-2の順に高いことがわかる。すなわち，プロペンは，酸素を少しずつ供給してプロパンと反応させることで，より多く得られることになる。この反応の場合，$n_1-n_2<0$ であって酸素濃度が低い条件で反応を進めることで，r_1/r_2比が大きくなってプロペン選択性が大きくなったと推察される。

3.5.2 ヘテロポリ酸担持多孔質膜

ヘテロポリ酸は，均相系反応の酸触媒と酸化還元触媒として機能することが可能であり，極性溶媒によく溶ける。この性質を利用してポリマーと混ぜ，薄膜状に成形すると，高分散のヘテロポリ酸触媒膜を得ることができる。これによって，触媒の固定化ができ，反応後の溶液からの分離回収工程が不必要になる。

こうした触媒膜作製と反応例として，MTBE（メチル tert-ブチルエーテル）のiso-ブタンとメタノールへの気相分解反応がある[44]。ポリマーとしてPPO（ポリフェニレン酸化物）を用い，ヘテロポリ酸として$H_3PW_{12}O_{40}$を用い，25wt％$H_3PW_{12}O_{40}$ - 13wt％PPO - 10wt％MeOH - 52wt％CCl_4溶液を作製し，多孔質アルミナ管上へコートした。PPO膜はメタノールに対して透過選択性を有しており，平衡を上回る転化率が得られることが示されている。

116

第 8 章　触媒機能膜

4　触媒膜反応の最近の事例（還元的酸化反応）

4.1　背　景

　フェノールは有機化学工業の中間体として有用な物質であり，その用途は幅広く，染料，農薬，医薬，抗酸化剤，フェノール樹脂，ビスフェノールA（BPA），そして最近急成長を続けてきたポリカーボネート樹脂（PC樹脂）などである。2002年には，全世界で約690万トン，日本では75万トン[45]）が製造された。

　工業的な製造法としては，クメン法が主流となっているが，その反応式を，図26に示し，現行

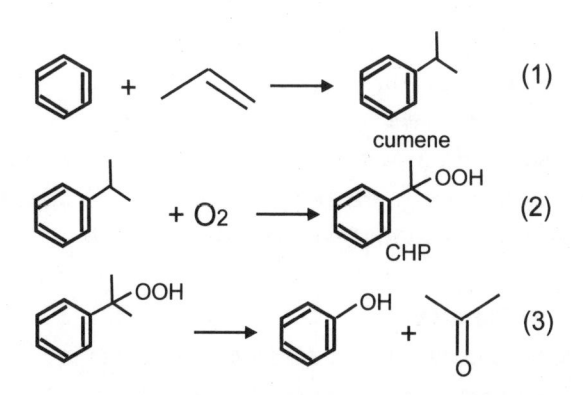

図26　クメン法による逐次的フェノール合成の反応式

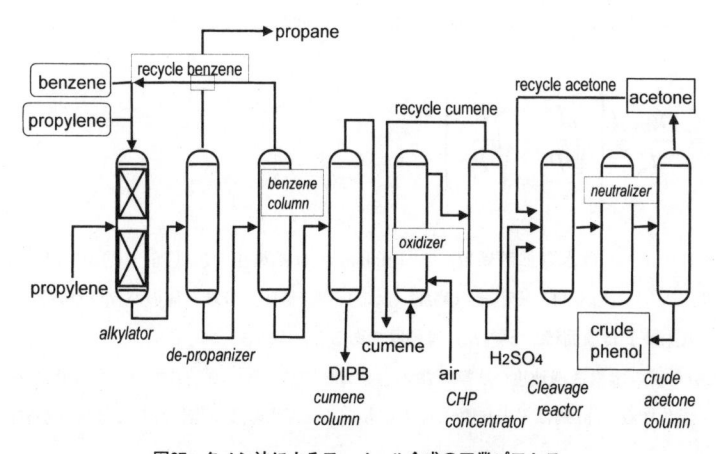

図27　クメン法によるフェノール合成の工業プロセス

117

のプロセス詳細図を図27に示した[46]。クメン法とは，図26，27からも明らかな様に，ベンゼンを出発原料とし，プロピレンによるアルキル化反応（反応1）を行うことにより，クメンを生成する。次に，クメンを温度90〜130℃，常圧〜1.0MPaで，空気を吹き込みながらクメンヒドロペルオキシド（CHP）が15〜20wt%の濃度に達するように連続方式で自動酸化（反応2）される。更に，生成したCHPは硫酸等の触媒により，開裂反応（反応3）が行われ，フェノールとアセトンが併産されるプロセスである。しかし，この方法では，副生成物であるアセトンがフェノールと等モルで併産され，アセトンの価格がフェノール価格を支配するという重大な問題がある。加えて，図27に見られるように工程が多段階なため生産効率にも問題を抱えている。特に，CHPの開裂反応は，CHP 1 molあたり約60kcalもの発熱を伴う。そこで，溶媒であるリサイクルアセトンの蒸発潜熱による除熱を行いながら反応温度を60〜90℃に保たなければならないといった反応プロセス上の問題も抱えている。

　これらの問題を解決するため，新規なフェノール合成法が求められている。その中でも特に，ベンゼンを一段で酸化してフェノールを得る方法[47〜56]が，最もシンプルなプロセスに成り得るとして注目を集めている。以下では，触媒機能を有する膜としてパラジウム触媒膜を用い，ベンゼンの還元的酸化によるフェノール合成[57〜59]について紹介する。

4.2　パラジウム膜中の水素挙動

　パラジウム触媒膜は，水素のみを選択的に透過させることが知られている。パラジウム糸膜の利点は，水素分子を解離溶解し水素だけを選択的に透過させることができ，かつ使用条件にさえ注意を払えば耐久性もあることである。パラジウム膜における水素挙動のメカニズムは上記した図2のように考えられている。その透過速度Q[mol/s]は，次式で与えられる。

$$Q = \frac{DC_0 A}{t_m}\left(\sqrt{\frac{P_r}{P_0}} - \sqrt{\frac{P_s}{P_0}}\right) \qquad (5)$$

ここで，D [m^2/s]は水素拡散係数，C_0 [mol/m^3]は基準圧力P_0 [Pa]（=101325Pa）での水素溶解度，P_r, P_s [Pa]は，それぞれ高圧（反応）側，低圧（分離）側のパラジウム膜表面の水素分圧，A [m^2]は膜面積，t_m [m]は膜厚である。

　(5)式から膜の水素透過速度Qは膜両側の水素分圧（P_r, P_s）の平方根の差に比例するということが予想される。(5)式は平板状膜に対するもので，管状の透過膜に対しては次式が成立する。

第8章　触媒機能膜

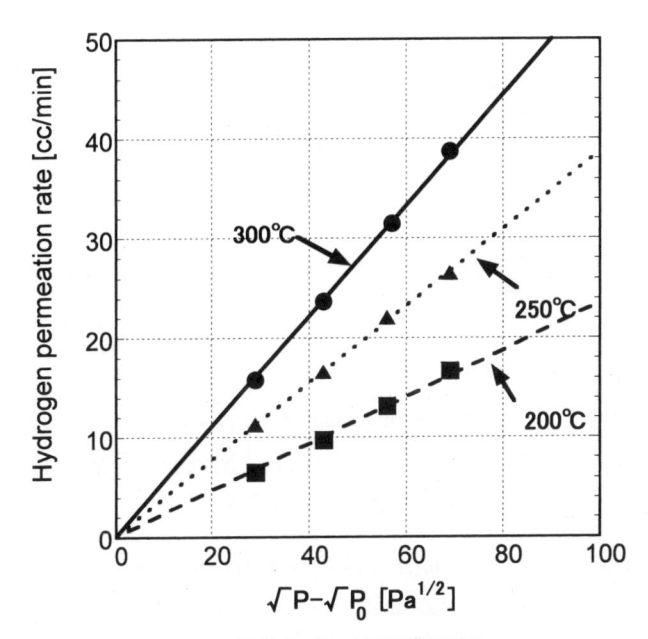

図28　パラジウム膜の水素透過性能試験

$$Q = \frac{2\pi L \bar{P} \sqrt{P_0}}{\ln\left(\frac{r_0}{r_i}\right)} \left(\sqrt{\frac{P_r}{P_0}} - \sqrt{\frac{P_s}{P_0}} \right) \tag{6}$$

ここで，r_0，r_i [m] は水素透過膜の外径及び内径，L [m] は管長である。つまり，純水素を供給すれば反応側及び分離側の水素分圧は場所によらず一定となるのでQ vs. $\varDelta P^{0.5}$ の直線の傾きから水素透過係数 $\bar{P}$ を決定する事ができる。図28には，実測値を(6)式に基づいてプロットした例を示したが，直線性は良好であり，図2に示したような透過機構を裏付けているものと考えられる。

4.3　パラジウム触媒膜の作成法

　パラジウム膜の作製法については，無電解めっき法，電気めっき法，スパッタ法などの多孔質基材の上に複合化させる方法と，金属地金を圧延する方法がある。複合膜では，膜厚にしてサブミクロンから数十ミクロンにわたるものが作製されている。圧延法では，10～20μm程度の膜厚までは欠陥のないものが得られているようである。

　本研究で使用したパラジウム触媒膜は，酢酸パラジウム（試薬特級）を用いMOCVD法で，長

最先端の機能膜技術

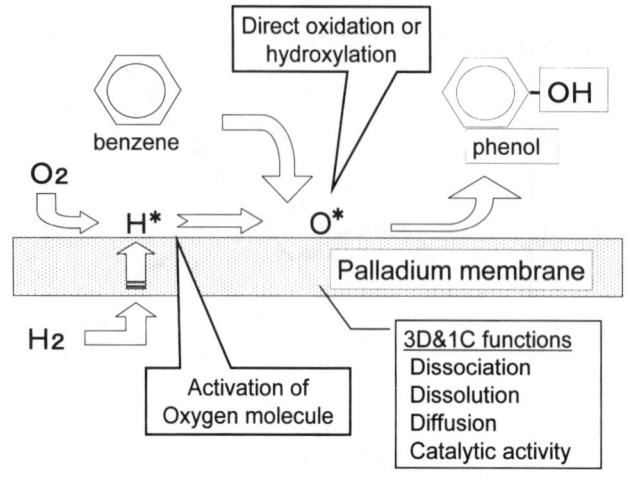

図29 触媒膜反応の概念図

さ約30cmの多孔質α-アルミナ管（純度99.99％のα-Al_2O_3、外径2mm，内径1.6mm，気孔率0.43，平均細孔径0.15μm）の中央部分上に，パラジウム薄膜（厚さ5μm，長さ100mm）を被覆し調製したものである[60]。

4.4 反応原理の仮説

パラジウム膜を透過する解離水素を利用して酸素を活性化し，ベンゼンを直接酸化することによるフェノールの合成法を検討した。具体的な，概念図を図29に示した。膜の片側から水素を供給し，パラジウム膜を透過させると，活性な原子状水素が膜の反対側表面上に現れる。それと酸素を反応させることにより，活性酸素種が生成し，それがベンゼンに直接攻撃してフェノールが得られるというのが，基本的仮説である。パラジウム膜は水素化反応[61]や，脱水素反応[62]に使用できることは知られているが，酸化反応に応用した点がポイントであるが，水素を用いるという意味では還元的酸化反応に分類されるものである。

4.5 反応試験結果

4.5.1 反応器および試験方法

反応管は，図30に示したように，二重管式で内管にパラジウム薄膜担持管を用い，管状電気炉に入れて所定温度に保った。水素，酸素，ヘリウムの気体の流量制御にはマスフローコントローラーを使用した。ベンゼンは一定温度に保った蒸発器に入れ，そこにヘリウムガス（キャリアガ

第8章 触媒機能膜

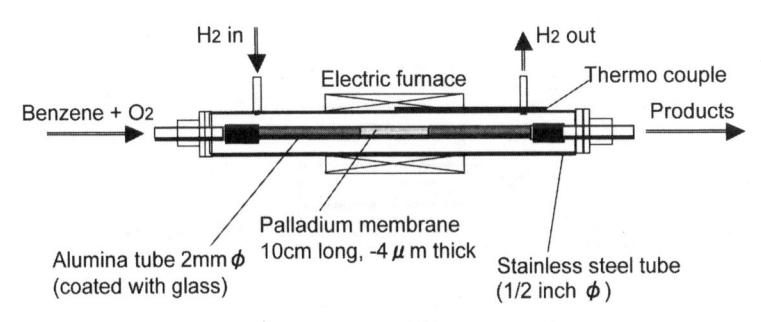

図30 使用した触媒膜反応器

ス）を流してバブリングによって飽和蒸気として反応器へ送った。反応生成物は，オンライン式のガスクロマトグラフ（FID，TCD検出器）により分析した。反応は大気圧下，200℃において，水素を外管側に，ベンゼンと酸素の混合ガスを膜管内側に送り込むことで開始し，1時間後から生成物の分析を行った。

4.5.2 反応原理の実証試験

反応原理の実験的証拠を得るために，図31のような段階的な反応試験を行った。

① まず，水素を供給しない，つまり透過水素がない状態で，ベンゼンと酸素のみを同じ側に供給して反応を行った。その結果，この温度条件ではベンゼンの酸化や分解は起こらなかった。

② 次に，ベンゼンと水素のみを膜の両側にそれぞれ供給した。その結果，予測されるように水素化が進行しシクロヘキサンの生成が見られた。

③ 最後に，ベンゼンと酸素を膜の一方の側に，他方の側に水素を流した。その結果，フェノール等の生成が見られ，ベンゼンの還元的酸化が進んだことの実験的証拠が得られた。

以上のことから，活性な水素の存在によって活性な酸素種が生成し，それが反応に関与したであろうことが推測される。その活性種の実験的特定は難しいが，計算化学的見地（ab initio periodic density functional theory（DFT）method）から考察したところ，図32に示したように生成種の安定性を比較すると，酸素活性種としてはOHラジカルではなくOラジカルが生成し反応に関与しているであろうことが示されている[63]。すなわち，透過水素と酸素とから，次のようにOラジカルと水が生成するのがエネルギー的に安定であるというものである。

$$2H + O_2 \rightarrow O + H_2O \tag{R3}$$

4.5.3 反応試験結果の一例

反応の定常的な進行を確認するために，約6時間半におよぶ連続反応試験を行った。その結果

(1) Benzene + O₂ → Benzene

(2) H₂ / Benzene → Cyclohexane

(3) H₂ / Benzene + O₂ → Phenol

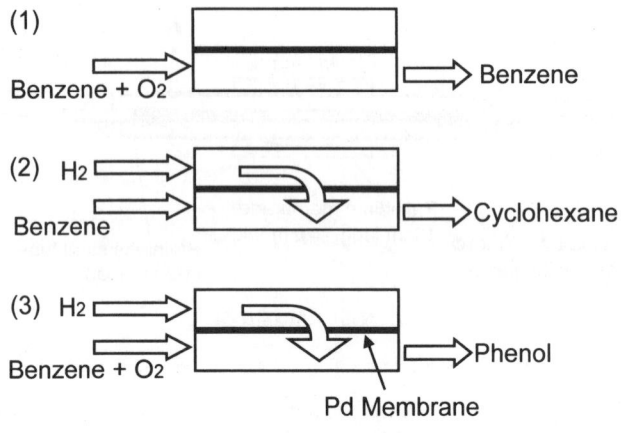

Pd Membrane

図31 反応原理の段階的実証試験

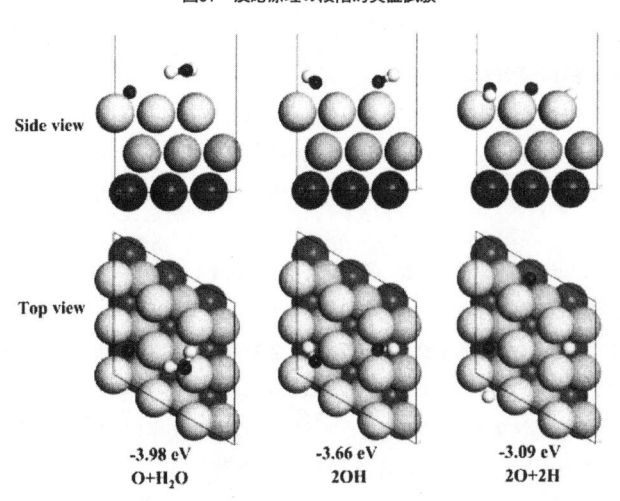

Side view

Top view

-3.98 eV　　-3.66 eV　　-3.09 eV
O+H₂O　　　2OH　　　　2O+2H

図32 パラジウム (111) 面での2HとO₂との反応によって生成した化学種の安定性比較 (左から右へいくに従い不安定になる)

を，図33に示した。全転化率は，25〜30%の間で，ほぼ安定的な結果が得られた。主生成物はフェノールとシクロヘキサノールであった。シクロヘキサノールは，フェノールの水素化，もしくは，ベンゼンの部分水素化によって生成するシクロヘキセンの水和反応によって生成したと推定している。この時，透過水素の多くは酸素との反応によって水を生成した。また，完全酸化物であるCOやCO₂の生成も確認されたが，4.5.2項で説明したように，ベンゼンと酸素との反応では，それらはほとんど生成されないことから，フェノールなどの酸化生成物のさらなる酸素酸化

第8章　触媒機能膜

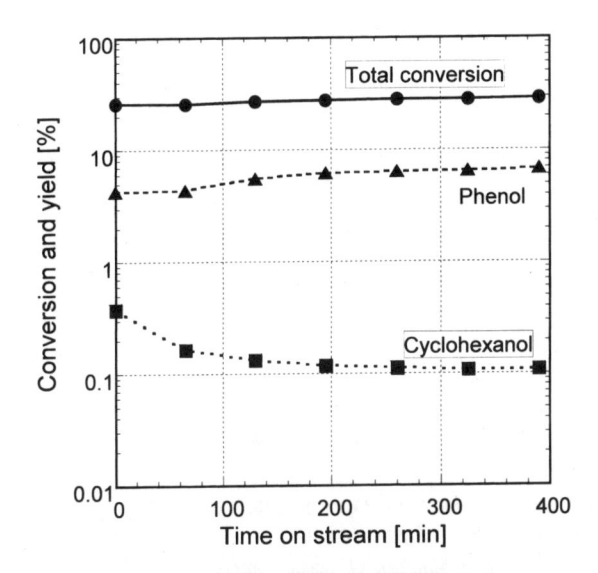

図33　ベンゼンの還元的酸化反応の実験結果の一例
（H_2：3×10^{-5} mol/s, O_2：6.38×10^{-6} mol/s, Benzene：7.91×10^{-8} mol/s, 473K）

　が進行したものと思われる。
　以上，パラジウム触媒膜を使用し，透過活性水素により，活性酸素種を発現させ，それとベンゼンの直接酸化へ利用することでフェノール一段合成を可能とする事例を紹介した。この反応システムの利点は，膜が触媒機能を有するため，系が簡略化されることである。また，分離膜としての機能をもつため，今まで制御が困難とされていた気相中の酸化反応にも適用できることである。各操作パラメータを走査させることによって，フェノール収率や選択率の向上さらには水生成の抑制のための最適条件を追求する必要がある。

5　おわりに

　触媒膜という概念は古くからあるが，どちらかといえば触媒科学的観点からの利用であり，その機能を利用して実用化に向けた取組みについては少ない。やはり，処理量（生産量）が限られるのが最大の難点である。生産性をより大きくするには，反応速度を大きくしたり反応面積を大きくすることが基本であるが，触媒膜法が新たなプロセスと関心を呼ぶには，それらに加えて反応選択性を向上させる方策を提示することが重要である。
　そうした中，本文中でも紹介したが，酸素イオン－電子混合伝導体の開発とそのメタン部分酸

最先端の機能膜技術

化反応による合成ガス製造技術の開発は，高温プロセスであるが故に触媒膜としては大きな反応速度が得られ，その結果規模の問題はあるものの実験室段階では実用レベルに近づいているようである。

しかしながら，現状の多くの触媒膜は，機能開発とその実証に重きが置かれている。いわばシーズ研究の段階にあるのであるが，その発展を後押しするのはニーズとの出会いであろう。無機膜作製技術は確実に進歩しており，その技術を触媒膜作製に応用しつつ反応手法の開拓に取り組んで行くことで今後の展開が期待できるものと考えられる。

文　　献

1) F. M. G. Johnson, P. Larose, *J. Am. Chem. Soc.*, **49**, 312 (1927)
2) 水田　進，ペトロテック，**9**, 1055 (1986)
3) B. Cales, J. F. Baumard, *J. Mat. Sci.*, **17**, 3243 (1982)
4) H. Iwahara, T. Esaka, H. Uchida, T. Yamaguchi, K. Ogaki, Solid State Ionics 18&19, 1003 (1986)
5) H. Iwahara, H. Uchida, K. Ono, K. Ogaki, *J. Electrochem. Soc.*, **135**, 529 (1988)
6) 岩原弘育，ペトロテック，**12**, 224 (1989)
7) 大塚潔，清水泰雄，山中一郎，小松隆之，触媒，**31**, 48 (1989)
8) 工藤徹一，笛木和雄，"固体アイオニクス"，p. 95, 講談社 (1986)
9) T. Hibino, M. Niwa and Y. Murakami, *J. Catalysis*, **128**, 551-558 (1991)
10) 原伸宜，高橋浩編，ゼオライト-基礎と応用，講談社，p. 113-218 (1975)
11) 冨永博夫編，ゼオライトの科学と応用，講談社，p. 128-156 (1987)
12) W. C. Pfefferle, U. S. Pat., 3290406 (1966)
13) B. J. Wood, *J. Catalysis*, **11**, 30 (1968)
14) V. M. Gryaznov, *Kinet. Catal.*, **12**, 640 (1971)
15) V. M. Gryaznov, V. S. Smirnov, M. G. Slinko, Proceedings of the 5 th International Congress on Catalysis, vol. 2, 80-1139 (1973)
16) B. J. Wood, H. Wise, *J. Catal.*, **5**, 135 (1966)
17) A. N. Karavanov, V. M. Gryaznov, *Kinet. Catal.*, **25**, 56 (1984)
18) A. N. Karavanov, V. M. Gryaznov, *Kinet. Katal.*, **25**, 60 (1984)
19) F. A. Lewis, "The PALLADIUM HYDROGEN System", Academic Press (1967)
20) V. M. Gryaznov, M. G. Slin'ko, *Faraday Discuss Chem. Soc.*, **72**, 73 (1981)
21) D. V. Sokol'skii, B. Y. Nogerbekov, L. A. Fogel, *Zh. Fiz. Khim.*, **62**, 677 (1988)
22) H. Nagamoto, H. Inoue, *J. Chem. Eng. Jpn.*, **14**, 377 (1981)
23) N. Itoh, W. C. Xu, A. M. Sathe, *Ind. Eng. Chem. Res.*, **32**, 2614 (1993)

第 8 章 触媒機能膜

24) N. Itoh, W. C. Xu, *Appl. Catl.*, **83**, 107 (1994)
25) V. M. Gryaznov, V. S. Simirnov, M. G. Slin'ko, Proceedings of The Seventh International Congress on Catalysis, A13, Tokyo (1980)
26) 伊藤, 三浦, 進藤, 原谷, 小畑, 若林, 石油学会誌, **32**, 47 (1989)
27) N. Itoh, T. H. Wu, *J. Membr. Sci.*, **124**, 213 (1997)
28) V. M. Gryaznov, V. I. Vedernikov, S. G. Gul'yanova, *Kinet. Catal.*, **27**, 129 (1986)
29) H. Iwahara, H. Uchida, S. Tanaka, *J. Appl. Electrochem.*, **16**, 663 (1986)
30) B. Cales, J. F. Baumard, *High Temperatures-High Pressures*, **14**, 681 (1982)
31) Y. Nigara, B. Cales, Bull. *Chem. Soc. Jpn.*, **59**, 1997 (1986)
32) N. Itoh, M. A. Canchez C., W. C. Xu, K. Haraya, M. Hongo, *J. Memr. Sci.*, **77**, 245 (1993)
33) J. N. Michaels, C. G. Vayenas, *J. Electrochem. Soc.*, **131**, 2544 (1984)
34) T. Hayakawa, T. Tsunoda, H. Orita, T. Kameyama, H. Takahashi, K. Takehira, K. Fukuda, *J. Chem. Soc., Chem. Commun.*, 961 (1986)
35) T. Hayakawa, T. Tsunoda, H. Orita, T. Kameyama, H. Takahashi, K. Takehira, K. Fukuda *et al.*, *J. Chem. Soc., Chem. Commun.*, 780 (1987)
36) T. Nozaki, O. Yamazaki, K. Omata, K. Fujimoto, *Chem. Eng. Sci.*, **47**, 2945 (1992)
37) 栗村英樹, 原田 亮, 膜, **29**, 265 (2004)
38) U. Balachandran, J. T. Dusek, P. S. Maiya, B. Ma, R. L. Mieville, M. S. Kleefisch, C. A. Udovich, *Catal. Today*, **36**, 265 (1997)
39) K. Okamoto, M. Yamamoto, S. Noda, T. Semoto, Y. Otoshi, M. Yano, K. Tanaka, H. Kita, *Ind. Eng. Chem. Res.*, **33**, 849 (1994)
40) T. Yamamura, M. Kondo, J. Abe, H. Kita, K. Okamoto, Proceedings of Eighth International Conference on Inorganic Membranes, p. 599, Cincinnati, USA (2004)
41) M. P. Bernal, J. Coronas, M. Menendez, J. Santamaria, *Chem. Eng. Sci.*, **57**, 1557 (2002)
42) O. Levenspiel, "Chemical Reaction Engineering", John Wiley & Sons (1962)
43) M. J. Alfonso, A. Julbe, D. Farrusseng, M. Menendez, J. Santamaria, *Chem. Eng. Sci.*, **54**, 1265 (1999)
44) J. S. Choi, I. K. Song, W. Y. Lee, *J. Membr. Sci.*, **198**, 163 (2002)
45) 東, 化学経済 3 月臨時増刊号68 (2003)
46) 高井, 触媒, **45**, 354 (2003)
47) G. I. Panov, *CATTECH*, **4**, 18 (2000)
48) B. Liptáková, M. Hronec, Z. Cvengrošová, *Catal. Today*, **61**, 143 (2000)
49) 大塚, 山中, 國枝, 触媒, **35**, 422 (1993)
50) L. C. Passoni, A. T. Cruz, R. Buffon, U. Schuchardt, *J. Mol. Catal.* **A**, **120**, 117 (1997)
51) M. Ishida, Y. Masumoto, R. Hamada, S. Nishiyama, S. Tsuruya, M. Masai, *J. Chem. Soc., Perkin Trans.* **2**, 847 (1999)
52) St. G. Christoskova, M. Stoyanova, M. Georgieva, *Appl. Catal.* **A**, 208, 243 (2001)
53) H. Ehrich, H. Berndt, M, Pohl, K. Jähnisch, M. Baerns, *Appl. Catal.* **A**, 230, 271 (2002)
54) L. M. Kustov, A. L. Tarasov, V. I. Bogdan, A. A. Tyrlov, J. W. Fulmer, *Catal. Today*, **61**, 123 (2000)

55) K. Lemke, H. Ehrich, U. Lohse, H. Berndt, K. Jähnisch, *Appl. Catal.* **A**, 243, 41 (2003)
56) R. Hamada, Y. Shibata, S. Nishiyama, S. Tsuruya, *Phys. Chem. Chem. Phys.*, **5**, 956 (2003)
57) S. Niwa, M. Eswaramoorthy, J. Nair, A. Raj, N. Itoh, H. Shoji, T. Namba, F. Mizukami, *Science*, **295**, 105 (2002)
58) N. Itoh, S. Niwa, F. Mizukami, T. Inoue, A. Igarashi, T. Namba, *Catal. Commun.*, **4**, 243 (2003)
59) 井上, 五十嵐, 伊藤, 折田, 丹羽, 水上, 化学工学会第36回秋季大会要旨集, T1A07 (2003)
60) NOK, 特開平7-134677
61) N. Itoh, E. Tamura, S. Hara, T. Takahashi, A. Shono, K. Satoh, T. Namba, *Catal. Today*, **82**, 119 (2003)
62) N. Itoh, W.-C. Xu, *Appl. Catal.* **A**, 107, 83 (1993)
63) H. Orita, N. Itoh, *Appl. Catal.* **A**, 258, 17 (2004)

第9章　新しい膜性能推算法(分子シミュレーション)

高羽洋充*

1　はじめに

　一般的な輸送方程式に基づく膜性能の推算では，分離機構の仮定，物質移動係数や拡散係数などの基礎的な膜物性が必要である。そのため，推算に必要な膜物性を求めるには基礎実験が必要であり，そのような実験を行う前に膜性能を予測することはできない。そこで，新しい分離系での膜分離プロセスの有用性を事前に評価するためには，より根本的な理論的手法が必要となってくる。そのような手法として，分子動力学法などの分子シミュレーションや数値流体力学計算が注目されている。これらのシミュレーションでは，より根本的な原理から現象を記述するため，分離機構や物質移動係数などが既知である必要はない。そのため，未知の分離系での膜性能の仮想評価が可能である。

　分子シミュレーションは，原子間相互作用パラメータに基づいて原子の運動方程式を解いて透過現象をシミュレーションする方法である。膜透過への分子シミュレーションの本格的な適用が始まったのは，1990年代中頃からであり，その後，コンピュータ計算処理能力の向上を背景として，新しい非平衡系分子動力学法の登場，またゼオライト膜をはじめとするマイクロポーラスな無機分離膜の開発が盛んになってきたことによって，分離膜への分子シミュレーション研究は大きく進展してきた。初期の研究例の多くは，マイクロポーラスな膜で起こる透過現象の解明を目指したものが多かったが，最近では計算方法論も確立し，膜の性能を積極的に予測しようという試みもみられるようになっている。

　分子シミュレーションでは膜を構成する原子一つ一つの挙動を計算するため，原理的には実験で測定される膜性能は全て評価可能である。しかしながらコンピュータの演算速度の制約から，現在分子シミュレーションで取り扱えるスケールは，長さで1ミクロン以下，タイムスケールでは1マイクロ秒以下であり，実際には分離係数，透過係数が主な評価対象となっている。また，このスケールは分子運動の観察には十分に長いが，1ミクロン以上の周期構造をもつ膜や，1マイクロ秒以上の観察が必要な膜透過現象を取り扱うには不十分である。例えば，ガラス状ポリマー膜のようなゆるやかな構造緩和を伴う透過や，拡散が遅い系を直接シミュレーションすること

　＊　Hiromitsu Takaba　東京大学　工学系研究科　化学システム工学専攻　助手

は難しい。そのため、現状で分子シミュレーションを膜性能評価に使用する場合には、膜透過理論を併用したり、計算速度を向上させるような工夫が必要である。但し将来的には、コンピュータ性能の向上や、グリッドコンピューティングなどの新しい技術の普及により大規模系の計算が可能になり、実験系をそのまま計算することや、膜の耐久性の評価なども可能になると考えられる。

また人工膜でも、細孔径が比較的大きい限外濾過膜や精密濾過膜については、原子一つ一つをまともに計算する分子シミュレーションの適用は効率が悪く、分子の運動を粗視化したブラウン動力学法や、連続体近似に基づく流体力学計算を用いる方が実用的である。

分子シミュレーションが有効性を発揮するのは、マイクロポーラスな細孔をもつ膜や、ゴム状ポリマー膜などの無孔膜の性能予測である。このような系では、分子シミュレーションを用いることで、開発コストを減らすための膜材料のスクリーニング、あるいは、超高圧条件下など実験を容易に行えない系での分離性能の予測が可能である。また、シミュレーション結果を詳細に解析することによって、より性能のよい膜を開発する指針を得ることもできるであろう。本章では、既往の研究成果も取り上げながら、分子シミュレーションを利用した膜性能の評価方法について解説する。

2　計算方法の概要

分子シミュレーションによる性能評価法は、膜透過現象を直接シミュレーションする方法と、透過理論などを併用することによって計算量を軽減する組み合わせ法の2つに大別される。表1にいくつかのシミュレーション方法の特徴をまとめた。直接シミュレーション法は、いずれも1994年にHeffelfingerらによって開発された、Dual Control Volume Grand Canonical Molecular Dynamcis（DCV-GCMD）と名づけられた非平衡分子動力学法[1]の概念に基づいているといってよい。また組み合わせ法としては、溶解-拡散機構による評価方法、Maxwell-Stefan理論に基づく方法がある。溶解-拡散機構による評価方法は、透過係数の算出に必要なパラメータを求めるのに分子シミュレーションを利用する。Maxwell-Stefan理論を併用する方法は、表面拡散流れが成り立つ場合に適用できるもので、理論式に現れるMaxwell-Stefan拡散係数、および吸着パラメータを分子シミュレーションで求める。この方法は主にゼオライト膜の透過性能評価に利用されている。

2.1　原子間ポテンシャル関数と相互作用パラメータ

表1で示されるシミュレーションでは、原子間ポテンシャル関数と相互作用パラメータが入力

第9章 新しい膜性能推算法（分子シミュレーション）

表1　膜透過分子シミュレーション方法の一覧

	別名	特徴	長所	欠点	文献
直接シミュレーション方法					
体積制御型グランドカノニカル分子動力学法	DCV-GCMD法，非平衡MD，GCMD	分子動力学法とモンテ・カルロ法を併用	分離機構の仮定不要，多成分計算が容易，厳密な化学ポテンシャル勾配を計算	計算量大，数10nm程度の膜構造が計算限界	1)-6)
非平衡ダイナミック・モンテカルロ法	Kinetic MC法，Dynamic MC法	ホッピング係数から時間を算出	計算量小，多成分計算が容易，μオーダーの膜構造の計算が可能	拡散パスに関する情報，ホッピング係数が必要	7)-9)
透過分子発生型グランドカノニカル分子動力学法		気体分子運動論に基づき透過分子を発生	分離機構の仮定不要	理想気体の仮定が成り立つ領域でのみ適用可能	10)
圧力勾配型分子動力学法		圧力法の実験に相当，NVTアンサンブル分子動力学法	市販プログラムで対応可能，計算量小，分離機構の仮定不要	差圧一定の透過シミュレーションは不可	11)
仮想粒子分子動力学法	psuedo-非平衡MD	透過側に仮想粒子を配置，NPTアンサンブル分子動力学法	市販プログラムで対応可能，分離機構の仮定不要	計算量大，数10nm程度の膜構造が計算限界	12)
組み合わせ法					
溶解-拡散機構による評価		$P=D \cdot S$に基づき溶解性と拡散性を別々に計算	市販プログラムで対応可能	機構の仮定が必要，現時点では定性的な評価に留まる	13)
Maxwell-Stefan理論の併用	CMP法	拡散係数と吸着定数から透過係数を算出	計算量小，多成分計算可	表面拡散流れ機構が成り立つ系のみに適用可	14)-17)

値として必要である。精度のよい計算結果を得るためには，精度の高いポテンシャルパラメータが不可欠であるが，精密に計算するあまり時間がかかりすぎたのでは評価方法としては役に立たない。そのため，計算コストを勘案しながら評価したい物性値を得るのに適当なポテンシャル関数を見つける必要がある。膜性能では吸着性と拡散性が重要な要素であることから，ヘンリー定数，吸着熱，吸着等温線，拡散係数などの実験値が再現できるようなポテンシャル関数を見つければよい。

　原子間ポテンシャルは，おおまかに分類して二体間ポテンシャル，多体間ポテンシャルに分類される。多体間ポテンシャルは，三個以上の原子に同時に働くポテンシャルで，結合角ポテンシャルや，トランス型やゴーシュ型などの有機分子の形を再現するための二面角ポテンシャルなど

がある。代表的な多体間ポテンシャル関数を式（1）に示す。

$$E = \frac{1}{2}k_\theta(\theta - \theta_0)^2 + \frac{1}{2}k_\phi(1 - d\cos n\phi) \tag{1}$$

第一項が結合角ポテンシャル，第二項が二面角ポテンシャルである。このポテンシャル関数は，通常結合長ポテンシャルなどの二体間ポテンシャルなどを併用して，有機分子やシリカなど，共有結合を形成する物質構造を再現するのに用いられる。ポリマーも含めた有機分子の構造や物性を再現するための相互作用パラメータはかなり整備されており，有名なものでは，CHARMm[18]，CFF91[19]，AMBER[20]，OPLS[21] などがあり，市販プログラムでは複数の力場から一つを選択できるようになっているものが多い。

　二体間ポテンシャルは，二つの原子の位置座標だけに依存するポテンシャル関数で，アルカリ金属塩や酸化物などイオン結合をする無機化合物の原子間相互作用をよく再現する。ゼオライト，ジルコニア，チタニア，パラジウムなどの無機系の膜材料に加えて，透過分子種と膜原子間の非結合力ポテンシャルも二体間ポテンシャル関数で表現される。式（2）には，一般的な二体間ポテンシャルを示した。

$$E(r) = \frac{Z_i Z_j}{r} + \frac{A}{r^n} - \frac{B}{r^6} \tag{2}$$

ここで右辺の第一項がクーロン相互作用，第二項が核間斥力，第三項が分散力を表し，n は通常 $9\sim15$ の値がとられる。Z は原子の部分電荷を表し，適当な量子化学計算を行い得られる静電ポテンシャルマップから算出できる。また，パラメータ A，B については，格子定数や熱膨張係数を再現できるように試行錯誤的に決定されることもあるが，理論的根拠を明確にするために，まず量子化学計算結果とのフィッティングから決定し，その後実験で得られている物性を再現できるように最適化するのが一般的である。また，パラメータ A，B については，通常同一原子種についてのパラメータが求められ，異種原子間には次に示されるLorentz-Berthelotの組み合わせ則を使うことが多い。

$$\sigma_{ij} = \frac{1}{2}(\sigma_i + \sigma_j) \tag{3}$$

$$\varepsilon_{ij} = \sqrt{\varepsilon_i \varepsilon_j} \tag{4}$$

ここで，$\varepsilon_{ij} = B_{ij}^2/4A_{ij}$，$\sigma_{ij} = (A_{ij}/B_{ij})^6$ である。この組み合わせ則は，相互作用の弱い系ではよい

第9章 新しい膜性能推算法（分子シミュレーション）

表2 相互作用パラメータ[3, 16, 17]

原子種	ε/k_B [K]	σ [Å]
CH_4-CH_4	148.0	3.73
CH_3-CH_3	98.1	3.77
CH_2-CH_2	47.0	3.93
CH-CH	12.0	4.1
CH_4-O (zeolite)	96.5	3.6
CH_3-O (zeolite)	80.0	3.6
CH_2-O (zeolite)	58.0	3.6
CH-O (zeolite)	58.0	3.6
He-He	10.22	2.551
Ne-Ne	32.80	2.820
H_2-H_2	59.70	2.827
O_2-O_2	106.7	3.467
Ar-Ar	93.30	3.542
N_2-N_2	71.40	3.798
CO_2-CO_2	195.20	3.941
Si-Si (zeolite, silica)	0.00	0.000
O-O (silica)	230.00	3.000
多体ポテンシャル		
全てのアルカン	$\theta_0 = 113°$ $k\phi = 2.0$ $n = 3.0$	$k_\theta = 62500$ K/rad $d = -1$

近似であるが，相互作用が強い場合には必ずしもよい近似とはいえず補正が必要となる。

実際の計算では，計算時間を短縮するために，いくつかの原子を一個の粒子として評価する統合モデルポテンシャルが用いられることが多い。例えば，炭化水素中の水素原子を炭素原子のポテンシャルに含める形で単一原子に近似するものや，窒素分子のようなほぼ球形に近く回転運動している分子を単一原子で近似するものがある。

表2は，ゼオライト膜やシリカ膜と低分子（無機ガス，アルカン分子）との相互作用パラメータをまとめたものである。これらのパラメータは，ハイシリカMFI型ゼオライト膜の実験データ（吸着等温線，拡散係数，吸着熱）を再現できるように最適化してある。なお，このポテンシャルではSi原子のパラメータは全てゼロである（O原子に含めてある）。また，このポテンシャルはMFI型以外の，USYや他のアルミを含まないゼオライトにも適用可能である。この表では，ゼオライト構造やシリカ構造を再現するポテンシャルは含まれていない。ゼオライト膜透過のシミュレーションでは，計算量を減らすために，膜を構成する原子の熱振動を無視し，それらの原子座標は固定して計算するのが一般的である。格子振動を無視すると，表2で示される拡散分子種のMFI型ゼオライト結晶中での拡散係数は，5％〜20％程度小さくなる。しかしながら，LTA型ゼオライトにおけるメタンの拡散係数については，格子振動の影響はないという報告もある[22]。いずれにせよ，それらの差異は実験誤差範囲内だともいえる。なお，ポリマー膜など，

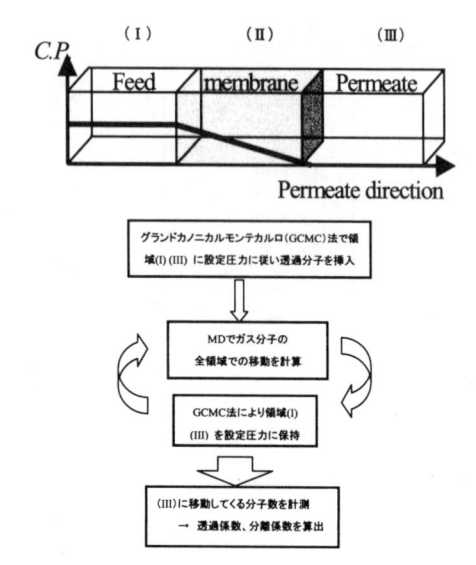

図1 GCMD計算で使われる単位セルの模式図とアルゴリズムの概略図
C.Pは化学ポテンシャルで，図中の実線はその勾配を表す。

膜構造の熱運動が透過性に与える影響が大きな系では，当然膜構成原子を固定することはできない。

2.2 直接シミュレーション計算方法

膜透過を目で見てきたかのように可視化できる直接シミュレーション法は，魅力的な方法であるが，筆者の知る限り，この計算が手軽に行える市販プログラムはないようである。これは，研究グループによって計算アルゴリズムの詳細が微妙に異なることも影響していると考えられる。しかしながらシミュレーション法自体の枠組みは完成しており，アルゴリズムの詳細も理論的な正当性に囚われなければ計算結果に大差はないと考えられる。ここでは，直接シミュレーション法の一つであるDCV-GCMD法（以下GCMDと表記する）[1,2]について一般的な計算方法を解説する。

GCMD法は，分子動力学法（MD）に，モンテカルロ法（MC）を組み合わせることで分子の増減の計算を可能とした手法であり，化学ポテンシャル勾配に基づく膜透過現象を直接シミュレーションする。図1には，GCMD計算で使われる単位セルの模式図とアルゴリズムの概略を示した。単位セルの内部に，高化学ポテンシャル領域（I）と，低化学ポテンシャル領域（III），そして化学ポテンシャルを操作しない領域（II）の，計3つの領域を設ける。分離膜は通常，領

第9章 新しい膜性能推算法（分子シミュレーション）

域（Ⅱ）におかれる。この単位セルには，3方向に周期境界条件が適用されるが，仮想的な壁を置くなどして領域（Ⅰ）と（Ⅲ）の間で粒子の移動が起こらないようにする。領域（Ⅰ）（Ⅲ）の化学ポテンシャルを一定に保つために，それぞれの領域にμVTアンサンブル・モンテカルロ（GCMC）法を適用する。GCMC法では，透過分子の領域への挿入と消去を行うことで，化学ポテンシャルμを一定に保つ。ここで化学ポテンシャルとは，セル中の粒子数つまり濃度に対応した物理量である。これらの過程は，Metropolis法[23]によって扱われることが多い。

　Metropolis法の具体的な手順を以下に順を追って説明する。①発生，消去，移動のどの操作を行うかを乱数によって選ぶ。②ランダムに粒子発生位置を仮決定あるいは消去／移動する分子を選択する。③現在のエネルギー値と，選ばれた操作が仮に行われたときの場合のエネルギー値を比較し，エネルギーがより低くなればその操作を採用する。④不採用の場合には式（5）-（6）で計算されるそれぞれの状態の起こる確率の比 ρ_{n+1}/ρ_n を，0～1の乱数と比較し採否を判断する。⑤以上を繰り返す。

$$（移動）\quad \frac{\rho_{n+1}}{\rho_n} = \exp\left(\frac{\Delta E}{k_B T}\right) \tag{5}$$

$$（発生）\quad \frac{\rho_{n+1}}{\rho_n} = \left(\frac{zV}{N+1}\right)\exp\left(\frac{\Delta E}{k_B T}\right) \tag{6}$$

$$（消去）\quad \frac{\rho_{n+1}}{\rho_n} = \left(\frac{N}{zV}\right)\exp\left(\frac{\Delta E}{k_B T}\right) \tag{7}$$

ここでNは全粒子数，ΔZは操作前後でのエネルギー差Vは体積，$Z = \exp(\mu/k_B T)\Lambda^3$である。なおGCMD法では，MDで（移動）の操作をしていると考え，（消去）と（発生）のみを行う場合が多い。

　以上のGCMCを適当回数試行した後に，MDを行う。このGCMCとMDを繰り返すことによって，領域（Ⅰ）から（Ⅲ）への化学ポテンシャル勾配に従った分子の移動が計算される。以下にMD法について簡単に説明する。MD法では，原子の動きをニュートンの運動方程式で記述し，それを数値積分して解く。原子iの位置ベクトルをr_i，原子iに作用する力をf_iとすれば，ニュートン運動方程式は次式で表される。

$$m\frac{d^2 r_i}{dt^2} = f_i \tag{8}$$

ここで，粒子iに作用する力が保存力である場合には，ポテンシャルエネルギーEの微分，

133

最先端の機能膜技術

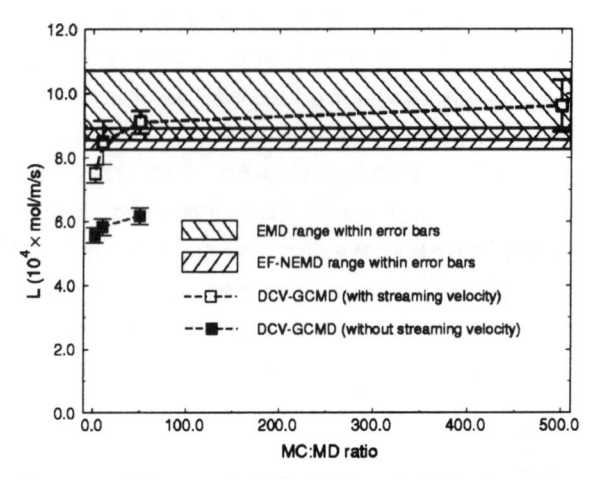

図2 GCMD計算における操作条件が計算される輸送係数に与える影響
EMDあるいはEF-NEMDで示されている領域が正確な値を示している[24]。

$$f_i = -\frac{\partial E}{\partial r_i} \tag{9}$$

で表される。式（8）は2階常微分方程式であり，ベルレ法やギア法などの数値積分法で解かれる。

GCMD法のアルゴリズムで任意的な取り扱いになるものとして，ストリーミング速度の取り扱い，GCMCとMDの試行回数（ステップ数）の比，の二つがあげられる。ストリーミング速度とは，フラックス分に相当する分子の速度のことであり，領域（I）（III）で新たに発生した分子の初期速度（温度に相当する分の速度）に加味される。ストリーミング速度は，計算から得られたフラックスの平均値を，それぞれの領域の分子密度で割って求められる。しかしながら，ストリーミング速度を加えるとフラックスも変化するため，値を決めるには試行錯誤が必要となる。Aryaらは，円筒状の細孔もモデルを用いて，これら取り扱いの影響について考察している（図2）[24]。それによれば，正確な輸送係数を求めるには，ストリーミング速度の操作が必要不可欠であり，またGCMCの試行回数とMDの試行回数の比は大きいほどよいと報告している（例えば500：50など）。細孔形状や透過速度によっても変化の度合いは変わってくるので一概に言えないが，これら取り扱いが十分に吟味されていないGCMD計算では，フラックスは小さく見積もられている可能性がある。

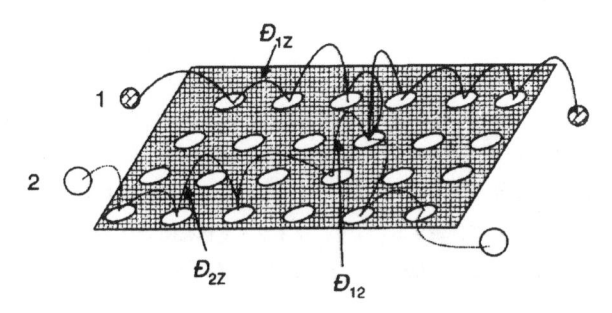

第9章　新しい膜性能推算法（分子シミュレーション）

図3　表面流れモデルの概念図[15]

2．3　透過理論との組み合わせ法
2．3．1　溶解−拡散モデル

高分子膜中でのガスや有機溶媒などペネトラント分子の透過機構を説明するものとして，溶解−拡散モデルがよく用いられる。これはペネトラントがまず始めに高分子膜中に溶解し，次に溶解した分子が膜中を拡散することによって膜を透過するというモデルであり，透過係数は，溶解度と拡散係数の積で表される。

$$P = D \cdot S \quad (透過係数 P, 拡散係数 D, 溶解係数 S) \tag{10}$$

GCMD法で直接 P を求めることも可能だが，高分子薄膜/低分子系では原子数が多く，計算負荷は膨大になるため，S と D を独立に求めた後に，P を評価する方法が現実的である。S は通常モンテカルロ法で求められ，D はMD法で計算される。ただ，これまでの研究を見る限り，ゴム上ポリマー中の低分子拡散に関するMDシミュレーションでは，ナノ秒オーダーの計算量でも実験値と比較できうる程度の精度で拡散定数が求められるが，ガラス上ポリマーでは未だ計算機能力の点から実験値との対応は満足できるレベルに無く，用いる計算方法に工夫の余地がある。

2．3．2　表面流れモデル

ゼオライト膜など分子サイズに近い微細孔をもつ膜の透過モデルとして，吸着した分子が吸着サイトから近隣の吸着サイトへとホッピングしていくという表面流れモデルが支持されている。表面流れモデルの概念図を図3に示した。このモデルでは，細孔形状などの構造データは露に含まず，拡散係数や吸着パラメータとして考慮され，Maxwell-Stefan理論[25]で説明される。

以下にこのモデルに基づいて，単成分のフラックスを求める方法について述べる。Fickの第一法則より，

$$J = -D_m \frac{dq}{dx} \tag{11}$$

ここでJ：透過流束，q：吸着量，D_m：相互拡散係数を意味している．相互拡散係数は多くの相互作用を考慮した拡散係数であるため，分子シミュレーションで評価するのは容易ではない．そこで自己拡散係数D_sを用いて評価する．まず，ゼオライト細孔内での透過分子の動きをランダムウオークで近似できるとすると，Darken式を用いてD_mは以下のようになる．

$$D_m = D_0 \frac{\partial \ln p}{\partial \ln q} \tag{12}$$

吸着量qと圧力pの関係式についてはどのようなモデルを用いてもよいが，ゼオライト系で最も一般的であるLangmuir吸着式を用いると，

$$D_m = D_s(0)\frac{q_m}{q_m - q} = D_s(0)\frac{1}{1-\theta} \tag{13}$$

となる．ここで$D_s(0)$は無限希釈時の自己拡散係数であり，$\theta = q/q_m$は被覆率を表す．さらにこの式を式（11）に代入し，膜面方向に積分すると次式が得られる．

$$J = \frac{\rho D_s(0) q_m}{\delta} \ln\left(\frac{1 + K_A p_L}{1 + K_A p_H}\right) \tag{14}$$

ここでJは透過流束，q_mとK_AはLangmuirパラメータ，δは膜厚，p_Hは供給側圧力（PVの場合では蒸気圧），p_Lは透過側圧力，ρは膜密度を表している．式（14）は，弱吸着成分について成り立つ．一方，強吸着成分については，（13）の代わりに次式が成り立つ[25]．

$$D_m = D_s(0) \tag{15}$$

（15）から求められるD_mを用いると透過流束は，

$$J = \frac{\rho D_s(0) q_m K_A}{\delta}\left(\frac{p_H}{1 + K_A p_H} - \frac{p_L}{1 + K_A p_L}\right) \tag{16}$$

となる．また，ゼオライト系への吸着性はDual-site Langmuirモデルの方がよく吸着等温線を表す場合がある．この場合，式（14）と（16）はそれぞれ次のようになる．

第9章 新しい膜性能推算法(分子シミュレーション)

$$J = \frac{\rho D_s(0)}{\delta}\left[q_{m1}\ln\left(\frac{1+K_{A1}p_L}{1+K_{A1}p_H}\right) + q_{m2}\ln\left(\frac{1+K_{A2}p_L}{1+K_{A2}p_H}\right)\right] \tag{17}$$

$$J = \frac{\rho D_s(0)}{\delta}\left[q_{m1}\left(\frac{K_{A1}p_H}{1+K_{A1}p_H} - \frac{K_{A1}p_L}{1+K_{A1}p_L}\right) + q_{m2}\left(\frac{K_{A2}p_H}{1+K_{A2}p_H} - \frac{K_{A2}p_L}{1+K_{A2}p_L}\right)\right] \tag{18}$$

式(14)(16)あるいは(17)(18)を使えば,分子シミュレーションによって評価できる$D_s(0)$とLangmuirパラメータから透過流束を求めることができる。

多成分系における表面流れは,Maxwell-Stefan理論で定式化される。2成分系についてLangmuir吸着を仮定すると,各成分の透過流束は,

$$J_1 = -q_m\rho\frac{D_1}{1-\theta_1-\theta_2}\frac{\left[(1-\theta_2)+\theta_1\dfrac{D_2}{D_{12}}\right]\nabla\theta_1 + \left[\theta_1+\theta_1\dfrac{D_2}{D_{12}}\right]\nabla\theta_2}{\theta_2\dfrac{D_1}{D_{12}}+\theta_1\dfrac{D_2}{D_{12}}+1} \tag{19}$$

$$J_2 = -q_m\rho\frac{D_2}{1-\theta_1-\theta_2}\frac{\left[\theta_2+\theta_2\dfrac{D_1}{D_{12}}\right]\nabla\theta_1 + \left[(1-\theta_1)+\theta_2\dfrac{D_1}{D_{12}}\right]\nabla\theta_2}{\theta_2\dfrac{D_1}{D_{12}}+\theta_1\dfrac{D_2}{D_{12}}+1} \tag{20}$$

D_iはMaxwell-Stefan拡散係数であり,次式によって自己拡散係数と関連づけることができる。

弱吸着成分:$D_i = D_{s,i}(0)$ (21)

強吸着成分:$D_i = D_{s,i}(0)(1-\theta_1-\theta_2)$ (22)

D_{ij}は,追い越しに関するMaxwell-Stefan拡散係数であり,一列拡散では∞として取り扱う。一列拡散が仮定できない場合には,次のVignesの経験式がよい近似式となる[26]。

$$D_{12} = D_1^{\theta_1/(\theta_1+\theta_2)} D_2^{\theta_2/(\theta_1+\theta_2)} \tag{23}$$

以上,(19)~(23)を用いると,単成分系の物性パラメータのみから多成分系の透過流束が推算できる。但し,式(19),(20)は解析的に解けない。実際の計算はまず供給側のθを操作条件から求め,各成分の透過流束を適当に仮定し,式(19)あるいは(20)を用いて供給側から透過

側に各成分の濃度変化を計算する。そして透過側でのθを求め、操作条件から求められるθと一致するかを比較する。一致しない場合には、透過流束を仮定し直して再度計算し、一致するまで計算を繰り返す。

ここでは2成分系の吸着式として、Langmuir式を仮定したが、熱力学的な制約から2成分の飽和吸着量が異なる場合には、厳密にはLangmuir吸着式は使えない。そのため、IAS（Ideal Adsorbed Solution）[27]などの利用が提唱されている。IAS理論は単成分のデータから2成分系の吸着等温線をよく再現するが、解析的に解くことができず計算手順が複雑である。そのため、実際にはIAS理論で計算した結果をLangmuir式でフィッティングし、式（19）、（20）を用いる方が簡便である。

3　ポリマー膜性能の評価例

ポリマー膜の透過性予測は、溶解-拡散モデルを仮定して、溶解性と拡散性を別々に求める手法が主流である。溶解性の計算で最も一般的な計算方法が、Widomの方法と呼ばれるものであり、予め作成したバルク状のポリマー構造中に溶媒1分子の挿入を繰り返し、挿入前後のエネルギー変化から過剰化学ポテンシャルを計算し、溶解度を求める方法である。ポリジメチルシロキサン（PDMS）およびポリエチレン（PE）へのメタン、水、エタノールの溶解性[28]、ポリアミド（PA）への水の溶解性[29]、PDMSへのクロロフォルム溶解性[30]、PEへの低分子の溶解性[31]、などの報告例がある。一例として、Fukudaら[31]による計算結果を表3に示した。彼らはPE構造として、$C_{1002}H_{2006}$からなる直鎖4本を、3次元周期境界条件を課した単位セルに配置したものを使用している。8種類の低分子に対する溶解性の序列は実験値と一致しているが、絶対値は一致していない。この理由として、実験系との結晶性の違いが挙げられている。一般に分子シミュレーションで用いられるポリマーモデルの分子量は数万程度であり、実際のポリマーの分子量とは開きがあるため誤差の要因になっていると考えられる。

Widom法のシミュレーションは、溶解性を効率よくサンプリングできる利点があるが、溶解に伴うポリマー構造変化を考慮できないため、低濃度での溶解性しか評価できず、また小さな溶解分子しか取り扱えない問題点がある。この問題を解決する計算方法として、溶解に伴ってポリマー鎖の変形を許す計算方法が、de Pabloらのグループ[32]によって報告されている。ギブスアンサンプルMC法を基にしている彼らの方法を用いると、PEへの直鎖炭化水素などFlory型の収着等温線の実験結果を定量的に再現することができる。

一方、ポリマー中の拡散性は、MD法で直接計算することができる。ドイツのHofmanとPaul[13]らは、Accerlys社のDiscoverを用いてPDMSやポリイミド（PI）ポリマー中での酸素、窒素、メ

第9章 新しい膜性能推算法（分子シミュレーション）

表3　Widom法を用いて計算されたPEへの様々なガスの溶解度と過剰化学ポテンシャル[31]
(C-1002とC-24は，ポリマー鎖モデル中の炭素原子数を表す。)

System	S_0	μ_{ex} (kJ/mol)	μ (10^6) $\left(\dfrac{cm^3(STP)}{cm^3 Pa}\right)$	S/S_{CH4} (this study)	S/S_{CH4} (Expt)[a]
C-1002					
H_2O	0.195 ± 0.017	4.05	...	...	...
CH_4	0.353 ± 0.079	2.58	3.19	1.0	1.0
Ar	0.243 ± 0.034	3.51	2.20	0.688	0.505
O_2	0.133 ± 0.018	5.00	1.20	0.376	0.42
N_2	0.0776 ± 0.0162	6.34	0.702	0.219	0.21
C_2H_6	3.35 ± 2.03	−3.00	30.3	9.49	6.7
C_3H_8	8.03 ± 7.41	−5.16	72.6	22.7	18.8
CO_2	0.575 ± 0.140	1.37	5.20	1.63	2.3
C-24					
H_2O	0.233 ± 0.018	3.61	...	...	...
CH_4	0.397 ± 0.077	2.29	3.59	1	1
Ar	0.322 ± 0.049	2.81	2.91	0.811	0.505
O_2	0.161 ± 0.021	4.53	1.46	0.406	0.42
N_2	0.0953 ± 0.0171	5.83	0.862	0.240	0.21
C_2H_6	2.39 ± 1.06	−2.16	21.6	6.02	6.7
C_3H_8	5.67 ± 4.90	−4.30	51.3	14.3	18.8
CO_2	0.639 ± 0.129	1.11	5.78	1.61	2.3

タンなどの拡散係数を求めている。彼らは最大で2～3nsの実時間に相当するMD計算を行っているが，定量的な結果を得るに至っていない。MD計算から求められたPI中の酸素分子の，移動距離の時間変化を図4に示した。ポリマー鎖構造内部にランダムに存在すると考えられるボイドからボイドへの移動によって拡散するジャンピング拡散の特徴が示されている。ポリマー中の拡散は離散的に起こるため，この図で示されているような高々2・3回のジャンプ拡散からは意味のある拡散係数を求めることができず，より長時間の計算が必要である。また，拡散係数の濃度依存性を明らかにするためには，溶媒分子の数を変えたMD計算を複数回行う必要があり，MD法によるポリマー膜中の拡散係数の予測は，計算時間という点からあまり実用的ではないといえる。

　最近，NPTアンサンブルMD（圧力，温度一定のMD）を用いて，溶解性と拡散性を同時に計算し，透過係数を一度に計算する方法がKikuchiらによって提案されている（仮想粒子分子動力学法）[12]。図5には，彼らの計算で用いているMD単位セルを示した。単位セル中にガス相とポリマー膜が配置されている。通常このようなセルに体積変化を許すNPTアンサンブルMDを適用すると，密度の低い透過側領域がつぶれてしまう。そこで彼らは，透過側に透過分子とは相互作用しない仮想ガスを置き領域の消滅を防いでいる。彼らはこの手法をcis-ポリイソプレン膜の二酸化炭素透過に適用し，実験値とほぼ同程度の透過係数を得ている。しかしながら，この方法で

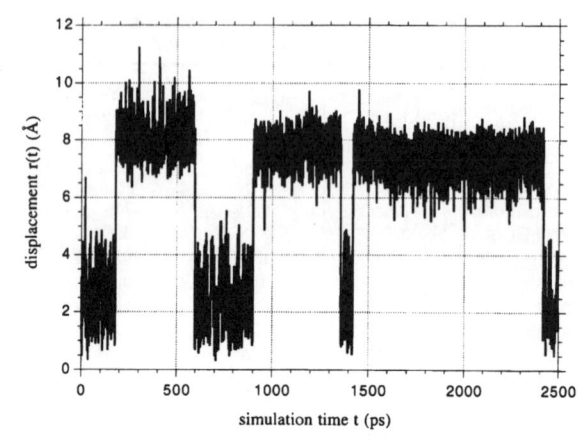

図4　MD計算から求められたPI中での酸素原子の移動距離の経時変化[3]

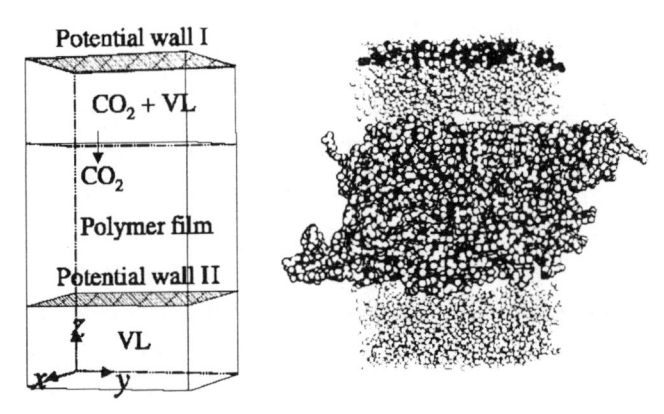

図5　Kikuchiらが用いているMD単位セル[2]
　　　右側図で黒丸が二酸化炭素分子を表し、白丸（ポリマーモデルの上下）がVL
　　　分子を表している。VLは仮想的な分子を表し、二酸化炭素との相互作用は0
　　　である。

も，分子の移動には一般的なMD法を利用しているので，ガラス状ポリマー膜などの拡散の遅い系に適用するのは難しい。

以上のように，ポリマー膜の透過性予測という観点からみると，新しいシミュレーション手法も開発されてきているが，計算時間，取り扱えるポリマー分子量の制約，などが適用範囲を広げるネックとなっている。特に拡散性の評価には難があり検討例も少ない。しかしながら，方法論自体はほぼ確立しており，市販のプログラムを利用した計算が可能であることから，計算能力の

第9章 新しい膜性能推算法(分子シミュレーション)

増加に伴って,これらの問題は解消されると考えられ,今後その有用性は増していくと考えられる。

4 無機膜性能の評価例

4.1 直接法による計算例

無機分離膜はアモルファスな構造をとるポリマー膜に比べて,膜構造のモデリングが比較的容易なため,分子シミュレーションによる検討例は多い。直接シミュレーション法であるGCMD法を用いた先駆的な研究としては,Pohlらによるゼオライト膜(MFI型シリカライト膜)におけるヘリウムやメタンなどのガス透過係数の算出結果などがある[3]。また,Miyamotoらのグループ もGCMDと似た圧力勾配型分子動力学法でシリカライト膜におけるブタン異性体の透過[33],Y型ゼオライト膜における二酸化炭素/窒素2成分系[4,34],の計算結果を報告している。また,炭素膜については,Nittaらのグループがスリット状にモデル化した膜モデルを用いて,メタン/エタン2成分系など混合系のGCMD計算結果を報告している[6]。これらの報告例では,分離機構の解明に主眼が置かれており,計算された透過係数や分離係数の一部は実験値と比較されているものの,扱っている膜モデルが実在系よりもかなり薄いこともあって,膜性能についての系統立てた評価は行われていない。

その他の無機膜以外への適用例としては,シリカ膜のガス透過GCMDシミュレーションが行われている[5,35]。これらのシミュレーションで用いられているシリカ膜のアモルファス構造は,クリストバライトなどのシリカ結晶をMDシミュレーション上で溶融させた後に除冷させて作成される(メルトクエンチ法)。図6にはシリカ膜モデルの一例を示した[5]。この膜モデルを用いて,透過シミュレーションから得られたヘリウムと水素の軌跡を図7に示す。この図から,透過分子の大きさの僅かな違いによって拡散パスが異なることがわかる。このような拡散パスの違いがシリカ膜におけるガス透過において特徴的な分子ふるい性を示していると考えられるが,これまでのGCMD計算では,実験で観測される活性化拡散的な透過係数の温度依存性は再現できていない。その理由としては,細孔径分布の広がりが実際のシリカ膜と比べて大きいためだと報告されている。TakabaらはGCMD法を用いて,透過係数の温度依存性がKnudsen的な挙動から活性化拡散的挙動に変化する条件について,考察している[36]。彼らは,細孔径を厳密に規定した円筒細孔をもつシリカ膜モデルを用いて,様々なガス種の透過係数の温度依存性をGCMD法で計算し,細孔径が透過ガス分子径の1.3倍以下になると透過係数が活性化拡散的に変化することを明らかにした。今後,より厳密なシリカ膜モデルが構築されれば,シリカ膜の透過性を定量的に評価できるものと期待される。

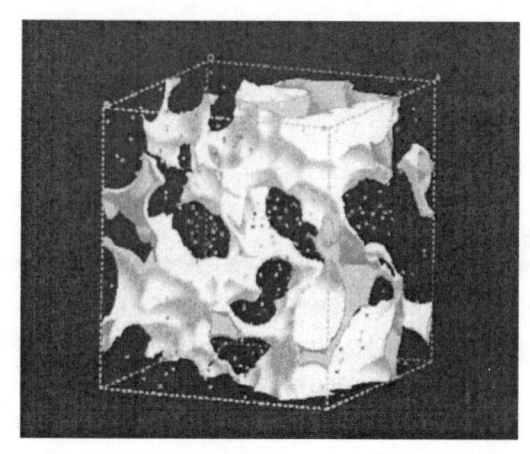

図6 メルトクエンチ法で作成したシリカ膜モデル（膜密度1.25g/cm³）

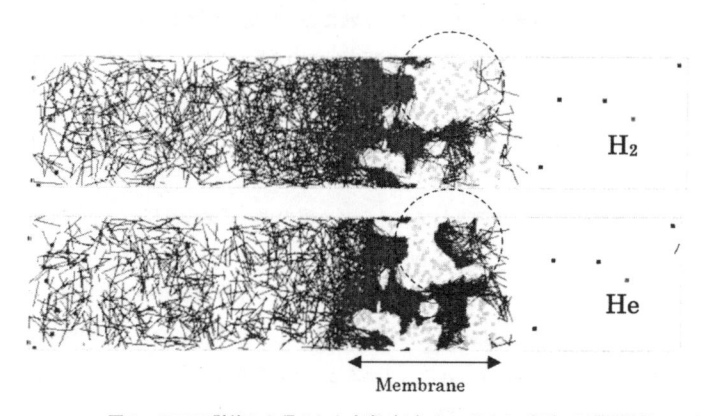

図7 GCMD計算から得られた水素（上）とヘリウム（下）の透過軌跡

　GCMD法に代表される直接シミュレーション法は，透過係数を直接計算できること，多成分系も容易に計算できること，などの利点がある。また，分離機構が明らかでない膜の特性を調べるには有効なシミュレーション法である。但し，透過係数の温度依存性や供給圧力（濃度）依存性を調べるためにはプロットの数だけ計算を行う必要がある。

4.2 透過理論との組み合わせ法による計算例

　ここで述べる透過理論との組み合わせ法の利点は，膜の透過性を吸着性と拡散性に分けて議論できること，多成分系が取り扱えること，単成分系の結果から混合系の透過性を予測できるこ

第9章 新しい膜性能推算法(分子シミュレーション)

と,である。現在の応用例としては,シリカライト膜におけるC6までの炭化水素混合系の分離特性[15], $AlPO_4$ 膜におけるXeとCF_4の透過係数計算[37], シリカライト膜における二酸化炭素と窒素の透過係数計算[38], シクロデキストリン複合膜によるキシレン異性体分離[39]などがあり,実験結果をよく再現することが確認されている。

ここでは,ハイシリカMFI型ゼオライト膜における種々の無機ガス,炭化水素の単成分透過性についての計算結果について説明する。単成分の透過係数は, (14) (16) あるいは (17) (18) を用いて計算する。分子シミュレーションでは,モデル化が容易なことから通常完全結晶を膜モデルとして用いる。そのため,実際のシリカライト膜(ゼオライト膜)に含まれる結晶粒界の影響を排除した透過係数を求めることができる。結晶粒界は膜の選択性を損なっていると考えられるから,シミュレーションで得られる結果は実験で到達でき得る最高性能だといえる。

表4には,表2の相互作用パラメータを用いたGCMC(一部配置バイアスGCMC)計算から得られた各種透過分子の吸着パラメータを示した。なお,一部の透過分子種については,Dual-site Langmuir modelの方がよりよいフィッティングとなったのでその結果を示してある。実験結果との比較では, N_2, O_2 についてq_{mA}の値が実験値と比較し1〜2倍程度大きな値となっているが,これは使用したポテンシャル関数で四重極子モーメントが正確に考慮されていないためである。但し,透過係数のオーダーを変えるほどの影響はない。また,炭化水素については,吸着分子の分子量が大きくなるに従って飽和吸着量は減少するが,分子間の相互作用は強くなるためにK_Aの値は増加している。C6以上の炭化水素については,吸着等温線が圧力に対して変曲点をもち2段階に変化する。Vlugtら[40]によれば,2メチル枝分かれアルカンでは炭素数4以上でも変曲領域を生じるという結果が得られている。変曲前の低圧領域においては,吸着分子はzigzag channelとstraight channelの交差部分であるintersectionに選択的に吸着し,高圧領域で

表4 計算から得られた各種透過分子の吸着パラメータ

	K_A [kPa^{-1}]	q_{mA} [mmol/g]	K_B [kPa^{-1}]	q_{mB} [mmol/g]
He	5.96×10^{-6}	11.2		
Ne	3.30×10^{-5}	5.78		
Ar	8.79×10^{-4}	3.48		
N_2	1.11×10^{-3}	1.95	2.0×10^{-4}	1.74
O_2	8.54×10^{-4}	2.07	0.00242	2.31
CH_4	1.42×10^{-3}	2.89		
C_2H_6	2.95×10^{-2}	2.24		
n-C_3H_8	4.50×10^{-1}	1.95		
n-C_4H_{10}	8.15×10^{-0}	0.819	5.89	0.819
n-C_5H_{12}	728	−0.119	321	1.47
n-C_6H_{14}	3130	0.897	205	0.48
n-C_7H_{16}	76500	0.698	15.9	0.72
n-C_8H_{18}	1.52×10^6	0.693	0.0609	0.693

表5　MD計算から得られた各種透過分子の拡散係数

	$D_s(0)$ [10^{-8}m/s]	D_{xx} [10^{-8}m/s]	D_{yy} [10^{-8}m/s]	D_{zz} [10^{-8}m/s]
He	7.65	6.81	14.7	1.420
Ne	3.81	3.55	7.26	0.626
Ar	1.22	1.23	2.16	0.298
N_2	1.99	1.96	3.40	0.372
O_2	1.21	0.935	2.43	0.256
CH_4	1.69	2.07	2.73	0.265
C_2H_6	0.858	1.33	1.11	0.165
n-C_3H_8	0.514	0.632	0.795	0.115
n-C_4H_{10}	0.625	0.323	1.41	0.120
n-C_5H_{12}	0.585	0.250	1.40	0.104
n-C_6H_{14}	0.589	0.124	1.62	0.0241
n-C_7H_{16}	0.714	0.0856	2.05	0.00929
n-C_8H_{18}	1.09	0.0718	3.20	0.00840

はじめてchannel内部に吸着することがその原因であると考えられている。

表5には，表2の相互作用パラメータを用いたMD計算から得られた無限希釈時の自己拡散係数をまとめた。また，各軸方向の自己拡散係数の値（D_{xx}, D_{yy}, D_{zz}）も示した。無機系の分子については，分子量の増大に伴い自己拡散係数は減少している。一方，炭化水素については，x軸方向とz軸方向の自己拡散係数はほぼ単調減少しているのに対し，y軸方向の値は分子量との間に相関性が見られない。そのためD_{xx}, D_{yy}, D_{zz}の相加平均により求められる$D_s(0)$の値についてもほぼ一定となっている。MFI型ゼオライトは，x軸方向にzigzag channelを，y軸方向にstraight channelを有する構造をしており，前者の細孔径は後者の細孔径よりも大きい。細孔径が小さいx軸およびz軸方向の拡散係数は，拡散分子の分子鎖が長くなるほどゼオライト間との相互作用も急激に大きくなるため減少する。しかしながら，細孔径が大きいy軸方向では，拡散分子とゼオライト間に働く相互作用は拡散性に大きな影響を与えるほど強くはないため，y軸方向の拡散係数は分子鎖の長さにそれほど影響を受けないと考えられる。

図8と図9には，求めた吸着および拡散パラメータを式（14）（16）あるいは（17）（18）に代入し，透過係数を求めた結果を実験結果と併せて示した。供給側圧力は1気圧，透過側圧力は0気圧としている。なお，ここでは炭素数が3以上は強吸着成分とし，透過係数の算出には式（18）を用いた。この図に示されるように，無機系の分子の透過係数は分子量の増加に伴い増大する傾向がみられる。これは，表4に示される拡散係数の傾向とは異なっており，吸着性によって膜透過性が決まっていることを示している。一方，炭化水素系については，分子量が増大するに従い透過係数は減少している。いずれも，実験値とも同様の傾向を示している。

計算された透過係数の絶対値は全て実験値よりも大きい。この理由として，ゼオライト膜の微細構造の影響が挙げられている。実際のゼオライト膜は多結晶構造体であり，結晶間の粒界構造

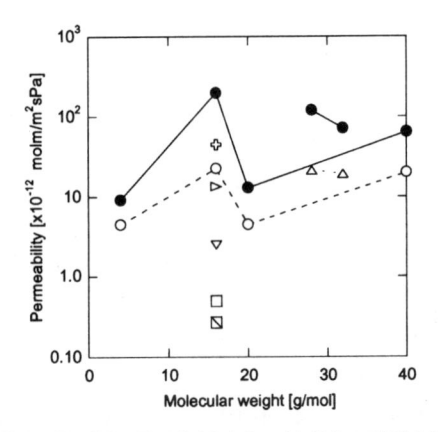

第9章　新しい膜性能推算法（分子シミュレーション）

図8　透過理論との組み合わせ法で求められたハイシリカMFI型ゼオライト膜における無機系分子の透過係数
　　黒丸が計算値，その他は実験値。（実験値の出典については文献16を参照）

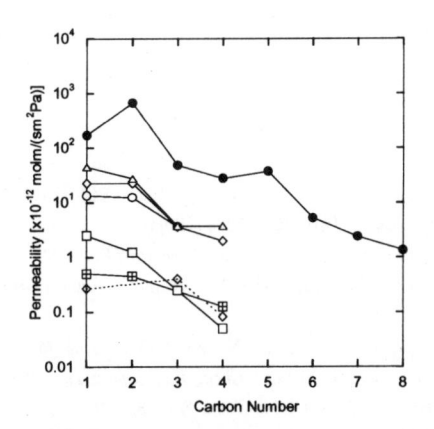

図9　透過理論との組み合わせ法で求められたハイシリカMFI型ゼオライト膜における炭化水素の透過係数
　　黒丸が計算値，その他は実験値。（実験値の出典については文献17を参照）

が透過性に影響していると考えられる。一方，膜内部に粒界が存在すると，拡散係数が減少することがPFG-NMRを用いて測定されている[41]。つまり，分子シミュレーションでは粒界がない理想的なゼオライト膜の透過係数が得られており，粒界がなくなればより大きな透過係数が得られることを示唆している。ゼオライト膜の性能は合成方法や合成条件によって大きなばらつきがある。分子シミュレーションで予め理想値を算出しておくことで，開発目標を明確にすることがで

きる。

5 おわりに

膜分離性を，物質レベルの情報から理論的に予測し評価する方法として，分子シミュレーションを利用した方法を解説した。この他にも，表1にも示したように，様々な分子シミュレーション手法の適用が試みられ，多結晶膜粒界など複雑系の定量的評価[42]，また大規模系を手軽に取り扱えるメソスコピックな分子シミュレーション手法の適用[43]も始まっている。微細な細孔を持つ分離膜では，透過係数と構造を直接的な実験結果から結びつけることは難しい。しかしながら，分子シミュレーションを材料開発研究に取り入れることによって，分子レベルでの膜構造と性能の相関を見通しよく解析していくことが可能となる。今後，分子シミュレーション手法の発展とともに，どこまで実際の分離膜評価と開発に，分子シミュレーションが貢献できるようになるか楽しみである。

文　献

1) G. S. Heffelfinger and F. van Swol, *J. Chem. Phys.*, **100**, 7548 (1994)
2) J. M. D. MacEelroy, *J. Chem. Phys.*, **101**, 5274 (1994)
3) P. I. Pohl, G. S. Heffelfinger and D. M. Smith, *Molecular Physics*, **89**, 1725 (1996)
4) Y. Kobayashi, S. Takami, M. Kubo and A. Miyamoto, *Fluid Phase Equilibrium*, **194**, 319 (2002)
5) H. Takaba, E. Matsuda, B. N. Nair and S. Nakao, *J. Chem. Eng. Jpn.*, **35**, 1312 (2002)
6) S. Furukawa, T. Shigeta and T. Nitta, *J. Chem. Eng. Japan*, **29**, 725 (1996)
7) D. Paschek and R. Krishna, *Phys. Chem. Chem. Phys.*, **3**, 3185 (2001)
8) H. Takaba and S. Nakao, *J. Chem. Eng. Japan*, **35**, 1312 (2002)
9) H. Takaba, T. Suzuki and S. Nakao, *Fluid Phase Equilibria*, **219**, 11 (2004)
10) T. Yoshioka, T. Tsuru and M. Asaeda, *Sep. Purif. Technol.*, **25**, 441 (2001)
11) H. Takaba, K. Mizukami, M. Kubo, A. Stirling and A. Miyamoto, *J. Membrane Sci.*, **121**, 251 (1996)
12) H. Kikuchi, S. Kuwajima and M. Fukuda, *Chem. Phys. Lett.*, **358**, 466 (2002)
13) D. Hofmann, L. Fritz, J. Ulbrich and D. Paul, *Comp. Thore. Poly. Sci.*, **10**, 419 (2000)
14) S. Suzuki, H. Takaba, T. Yamaguchi and S. Nakao, *J. Phys. Chem. B*, **104**, 1971 (2000)
15) B. Smit and R. Krishna, **58**, 557 (2003)
16) R. Nagumo, H. Takaba and S. Nakao, *Microporous and Mesoporous Materials*, **48**, 247 (2001)

第9章 新しい膜性能推算法（分子シミュレーション）

17) R. Nagumo, H. Takaba and S. Nakao, *J. Phys. Chem. B.*, **107**, 14422 (2003)
18) B. R. Brooks, R. E. Bruccoleri, B. D. Olafson, D. J. States, S. Swaminathan and M. Karplus, *J. Comp. Chem.*, **4**, 187 (1983)
19) J. Dinur and A. T. Halger, "New Approaches to Empirical Force Fields" in Review of Computational Chemistry, Chapter 4 (1991)
20) S. J. Weiner, P. A. Kollman, D. T. Nguyen and D. A. Case, *J. Comp. Chem.*, **7**, 230 (1986)
21) W. L. Jorgensen and J. Tirado-Rives, *J. Am. Chem. Soc.*, **110**, 1657 (1998)
22) S. Fritzsche, M. Wolfsberg, R. Haberlandt, P. Demontis. G.B. Suffritti and A. Tilocca, *Chem. Phys. Lett.*, **296**, 253 (1998)
23) D. Adams, *J. Mol. Phys.*, **28**, 1241 (1974).; D. Adams, *J. Mol. Phys.*, **29**, 307 (1975)
24) G. Arya, H.-C. Chang and E. J. Maginn, *J. Chem. Phys.*, **115**, 8112 (2001)
25) R. Krishna, J. A. Wesslingh, *Chem. Eng. Sci.*, **52**, 861 (1997)
26) R. Krishna, *Gas Sep. Purif.*, **7**, 91 (1973)
27) S. L. Myers *et al.*, *AIChE J.*, **11**, 121 (1965)
28) Y. Tamai, H. Tanaka and K. Nakanishi, *Macromolecules*, **28**, 2544 (1995)
29) B. Knopp, U. W. Suter and A. A. Gusev, *Macromolecules*, **30**, 6107 (1997)
30) N. F. A. van der Vegt and W. J. Briels, *J. Chem. Phys.*, **109**, 7578 (1998)
31) M. Fukuda, *J. Chem. Phys.*, **112**, 478 (2000)
32) S. K. Nath and J. J. de Pablo, *J. Phys. Chem. B*, **103**, 3539 (1999)
33) H. Takaba, R. Koshita, K. Mizukami, Y. Oumi, N. Ito, M. Kubo, A and Fahmi, A. Miyamoto, *J. Membrane. Sci.*, **134**, 127 (1997)
34) K. Mizukami, H. Takaba, Y. Kobayashi, Y. Oumi, R. V. Belosludov, S. Takami, M. Kubo and A. Miyamoto, *J. Membrane Sci.*, **188**, 21 (2001)
35) P. I. Pohl and G. S. Heffelfinger, *J. Membrane. Sci.*, **155**, 1 (1999)
36) H. Takaba, E. Matsuda and S. Nakao, *J. Phys Chem. B*, **108**, 14142 (2004)
37) D. S. Sholl, *Ind. Eng. Chem. Res.*, **39**, 3337 (2000)
38) K.Makrodimitris, G. K. Papadopoulos and D. N. Theodorou, *J. Phys. Chem. B*, **105**, 777 (2001)
39) H. Takaba and J. D. Way, *Ind. Eng. Chem. Res.*, **42**, 1243 (2003)
40) T. J. H. Vlugt, R. Krishna and S. Smit, *J. Phys. Chme. B*, **103**, 1102 (1999)
41) W. Heink, J. Karger, T. Naylor and U. Winkler, *Chem. Communic.* **1**, 57 (1999)
42) H. Takaba, A. Yamamoto, Y. Kumita and S. Nakao, *J. Membrane Sci.*, under contribution.
43) C. Tunca and D. M. Ford, *J. Chem. Phys.* **120**, 10763 (2004)

応用編

第10章　水処理用膜（浄水，下水処理）

井上岳治*

1 世界の水事情と水処理用膜分離技術

　世界的な水不足は，赤道周辺諸国の砂漠化，人口増により益々深刻化しており，2025年には，米国，中国，欧州全域にまで，深刻な水不足が拡大すると予測されている。2003年3月に近畿圏で開催された世界水フォーラムにおける閣僚宣言でも，水問題の優先順位を上げ，「安全な飲料水の確保」，「下水道のような衛生施設の普及」を促進することが確認された。また，持続可能な水源を確保する目的で，水源を，従来の河川水，地下水に加えて，海水，下廃水にまで求める動きが高まっている。この水源を確保する手段は各国の事情で異なり，日本，米国，欧州のように河川水，地下水が優先の国，中東，カリブ諸国，地中海諸国のように海水が優先の国がある。一方，下廃水再利用が，日本以外のアジア諸国を含め，世界的に浸透が始まっている。

　このような背景のもと，分離膜を用いた水処理技術が世界中で広く適用されるようになってきた。水処理用分離膜には，逆浸透（RO）膜，ナノろ過（NF）膜，限外ろ過（UF）膜，精密ろ過（MF）膜があり，種々の用途に使用されている。RO膜とNF膜は逆浸透理論で分離を行う。逆浸透（Reverse Osmosis）とは，膜を介して濃厚溶液と希薄溶液を接触させると生じる浸透圧以上の圧力を濃厚溶液側にかけると濃縮液から純水を取り出すことができることをいう。RO膜を用いると溶解塩や低分子量有機物まで除去することができるため，海水淡水化，かん水淡水化などの脱塩分野，超純水製造，有価物回収や廃水処理など，様々な水処理プロセスで普及している。NF膜はRO膜とUF膜の中間的分離性能を示す膜で，透過流束が高く，溶解しているイオンや有機物の種類によって大きく分離性能が異なる特異な性質を持っている。したがって，当初硬水の軟化やエキスの濃縮などに利用されてきたが，近年になって水道用水の高度処理への利用が増加している。UF膜とMF膜は，濾過理論で分離を行う。すなわち，膜に開いた孔の大きさで物質を分離する。MF膜は$0.01\,\mu$mから数μmの孔径を有し，微粒子や微生物を分離することが出来る。UF膜はさらに孔径が小さく，高分子も除去可能であり，分画分子量で評価される。現在では，除濁・除菌用途を中心に，飲料水製造，下廃水処理，工業用水製造等の用途に展開されている（図1）。

＊　Takeharu Inoue　東レ㈱　地球環境研究所　研究員

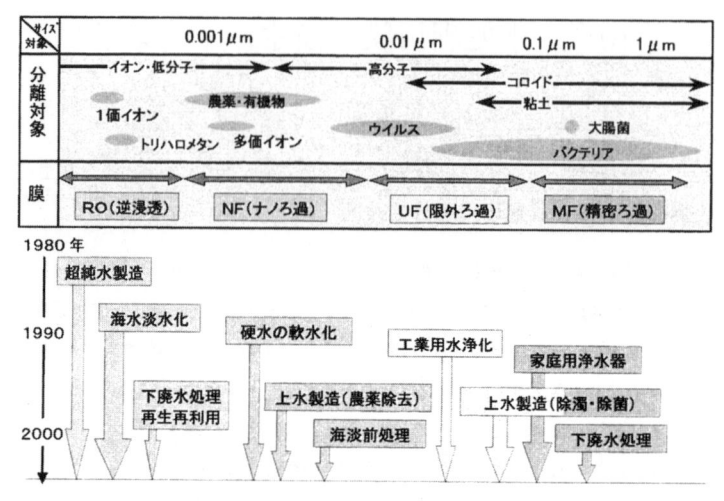

図1 水処理用分離膜の分類および市場の展開

2 RO膜・NF膜

　RO（逆浸透）膜にはその形態で平膜の複合膜と中空糸の非対称膜があり，現在では平膜の複合膜が主流となっている。複合膜は図2に示すように不織布を基材として，その上に支持膜のポリスルホン多孔性膜を設け，その表面に厚さ約0.2μmの分離機能層を設ける3層構造の膜である。この複合膜は，平膜を封筒状にして供給水，透過水の流路材などの部材を組み込んで海苔巻き状にしたスパイラルエレメントの形態でプラントに装填されて使用される。逆浸透膜プロセスは，超純水製造，ボイラー用純水製造，工業用プロセス製造などの産業用途，海水淡水化などの飲料水製造用途，下水・廃水の処理・再利用用途などに広く応用されており，益々その重要性を増している。

　逆浸透膜は当初酢酸セルロース系の非対称膜が開発され実用化されたが，用途拡大に伴う高性能化の要求は近年著しい。高い選択性（脱塩率）と高い透水性（造水量）を併せ持ち，かつ優れた耐久性を示すこと，さらに，かん水淡水化，超純水製造においては省エネルギーのために運転圧力の低圧・超低圧化が望まれてきた。そのため国内外各膜メーカーにおいて盛んな技術開発が行われ，新しい膜素材の創出と製膜技術などを進歩させてきた。近年，RO膜は，酢酸セルロース膜に代わって，より高性能な架橋芳香族ポリアミド系複合膜が主流となっている。架橋芳香族ポリアミド系複合膜のメーカーとしては，東レ，ダウ，日東電工，ハイドラノーティクスを挙げることができる。これらは，各種性能の膜製品をラインアップしており，互換性がある点で，特

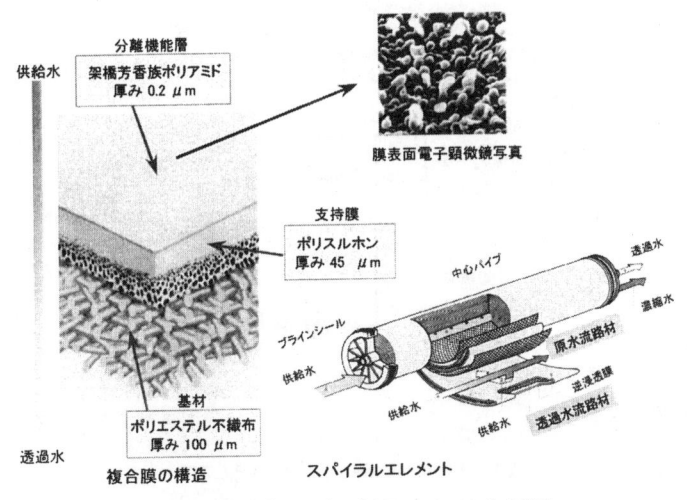

第10章　水処理用膜（浄水，下水処理）

図2　RO膜複合膜およびスパイラルエレメントの構造

に大型のプラントで広く使われている。またNF膜は，各種素材が用いられているが，RO膜同様，ポリアミド系のものが中心であり，エレメント構造もRO膜と同じくスパイラル構造のものが主流である。

ここでは，特に海水淡水化RO膜，かん水淡水化RO膜/NF膜，低ファウリングRO膜について紹介する。

2.1　海水淡水化RO膜

海水淡水化においては，高塩濃度原水からいかに低コストで淡水を得るかと，ホウ素除去が大きな課題である。造水コスト低減の観点からは，淡水回収率を従来の40％〜60％に向上することが指向され，そのため超高圧，高濃度で運転できるように耐圧性，脱塩率を向上した膜エレメントの開発が行なわれている[1,2]。これとは別に，淡水回収率を向上させるために，従来の1段目RO膜モジュールから排出される高圧（約6.5MPa）の濃縮海水を昇圧ポンプで更に昇圧（約9.0MPa）し，2段目のRO膜モジュールで更に淡水を回収し，1段目の淡水回収率40％，2段目の淡水回収率20％のトータル回収率60％で淡水を得ることができる高効率2段RO海水淡水化システム技術も確立されている[1]（図3）。この技術は，海水淡水化の低コスト省スペース化には非常に有効な手段であると考えられる。回収率の向上に加え，エレメント価格低下などにより造水コストは年率10〜15％で低下しており，近年の大型プラントでは，100円/m^3を切るようになってきた（図4）[3]。

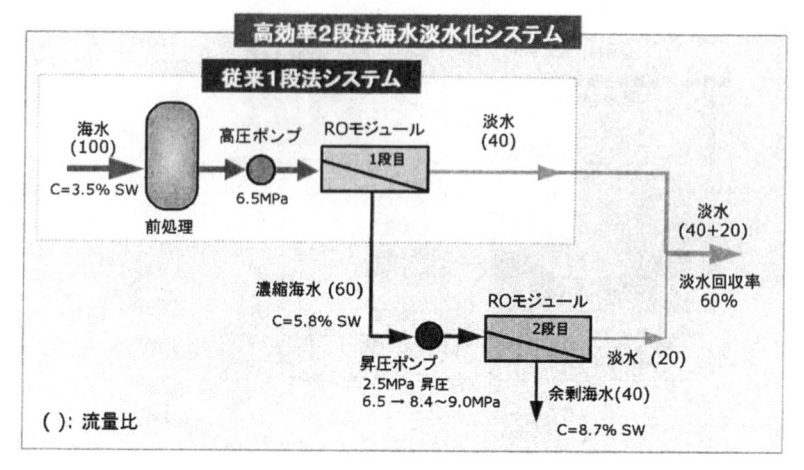

図3 高効率2段法海水淡水化システムフロー

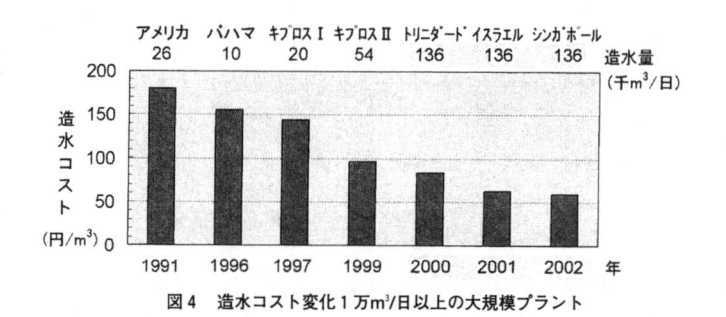

図4 造水コスト変化1万m³/日以上の大規模プラント

　一方で，逆浸透膜の脱塩性能は向上してはいるものの，すべての成分に対して十分な除去性能を満足しているわけではない。現在，逆浸透膜による海水淡水化で最大の問題とされている成分がホウ素である。ホウ素は，海水中に4～7（mg/l）含有し，植物の生育への悪影響，不妊症などの問題が指摘されており，WHOが0.3（mg/l）以下の飲料水ガイドライン（現在は0.5mg/l）を設けたのをはじめ，日本国内でも1994年に監視項目として1.0（mg/l）以下とされ，2003年には水質基準値に設定された。逆浸透法の問題点は，ホウ素除去WHOのガイドラインを一段処理でクリアすることができないことである。そのため，河川などの淡水を水源とする陸水をブレンドしたり，透過水を再度低圧逆浸透膜で処理したり，ホウ素吸着剤で除去するという多段プロセスが必要とされている[4,5]。現在，各社とも，ホウ素除去率の向上を目的とした新規海水淡水化逆浸透膜を開発している。これまで報告されている高ホウ素除去逆浸透膜では，排除率

第10章 水処理用膜（浄水，下水処理）

95%が最高である[6]。この膜を用いると，1段法で国内水質基準を満足できると共に，WHO基準を満たすための後段プロセスの負荷低減により，透過水2段法では22%低コスト化が可能となり，コストメリットが非常に大きいといえる。

2.2 かん水淡水化RO膜/NF膜

かん水淡水化は，従来，超純水製造が最も大きな市場であったが，現在では飲料水製造用途が特に注目されている。ここでは省エネルギー（ランニングコスト削減）の観点から，より低い圧力（1.0MPa以下）での運転が指向され，そのため分離性能を維持した膜エレメントの造水量向上が技術課題の1つとなっている。酢酸セルロースの非対称膜に替わってポリアミド系の複合膜が出現したことによって，逆浸透膜の高性能化が進んだ。さらに，架橋全芳香族ポリアミド系複合膜が開発され，1980年代後半には1.5MPaで運転可能な低圧膜が主流となった。1990年代後半には，従来の低圧逆浸透膜の溶質排除性能を維持したまま膜透過流束（Flux）を2倍に向上させた超低圧逆浸透膜が開発され広く用いられている。このような超低圧逆浸透膜は，逆浸透膜素材の変化ではなく，逆浸透膜製膜時に酸塩化物の反応を促進する触媒や，その他の添加物を存在させ，界面重縮合反応を制御することによって得ることが可能となった（図5）。さらに，最近ではより省エネルギー，低コストを目指し，従来の1/3の圧力である0.5MPaの極超低圧で運転可能で，従来の低圧逆浸透膜と同程度の脱塩率，および造水量を得ることができる膜エレメントの開発が報告されている[7]。

NF膜は，米国のフロリダを中心に，硬度成分除去を主目的とした大型プラントが設置されている。また，環境ホルモン類，ダイオキシン類，農薬類などが水源に混入する地域では，これらをNF膜で除去することが提案されている。国際河川ライン川中下流域を水源とする西欧諸国では，すでにNF膜や低圧RO膜の導入が進んでおり，フランスのMery-sur-Oise（メリーショワー

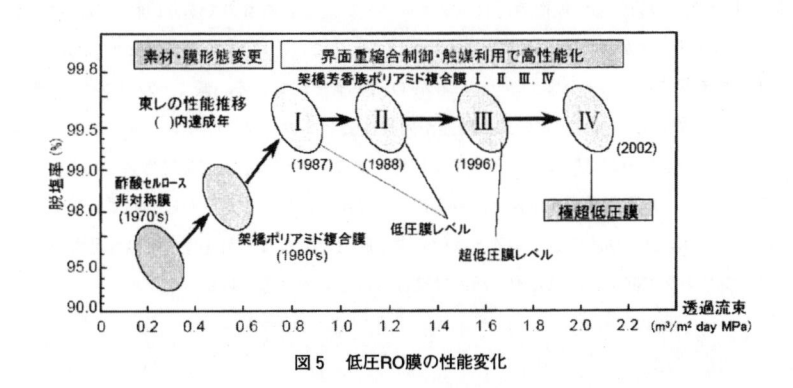

図5 低圧RO膜の性能変化

ズ）浄水場では，1999年に14万m³/dのNF膜高度浄水処理設備が，オランダのHeemskerk（ヒームスカーク）浄水場では，同年に5万m³/dの低圧RO膜高度浄水処理設備が稼働開始している。

現在日本では，上水高度処理としてオゾン・活性炭法が先行して実用化されているが，オゾンは水中の有機物が酸化されてアルデヒド，ケトンなどが生成し，また，原水中に臭素イオンが存在するとき，ブロモホルム，臭素酸イオン等の副生成物を生成するという問題がある。一方，NF膜は，主に分子サイズで水中の不純物を物理的に分離除去する方法なので，オゾン処理のように有害副生成物が生成することはない。日本においては，NF膜の大規模浄水場への適用例はまだないものの，熊本県宇土市では1989年に3千m³/dのNF膜浄水処理設備が，滋賀県山東町では2003年に4千m³/dの低圧RO膜浄水処理設備が稼働開始している。

また，現在，水道技術研究センターでは『環境影響低減化浄水技術開発研究』（e-Waterプロジェクト）を行っており，(1)省エネルギー型浄水処理システムの開発，(2)浄水システムでの水の有効利用，(3)浄水システムにおける汚泥量の削減，(4)安全な水供給を目的とした水道水源の監視，(5)事業費の削減，を開発テーマにあげている。持ち込み研究で，ナノろ過膜高度浄水システムに関する開発研究もとりあげられ，沖縄県新石川浄水場でパイロットテストが行われており，今後の進展が期待されている。

2.3 低ファウリングRO膜

最近では持続可能な水資源として下水処理水が注目を集めており，中東，シンガポールなどでは，すでに下水処理水の再利用が始まっている。このような背景において，下水処理水の再利用用途では分離膜を用いた膜分離法が採用されてきている。このような，下水処理再生再利用プラントで従来のRO膜を用いると，溶存有機物によるケミカルファウリングや，微生物によるバイオファウリングが起こり造水量が低下するという問題がある。下水処理再生再利用に限らず，RO膜のトラブルの約80%が膜面の汚れ（ファウリング）によるものであり，特に微生物によるバイオファウリングが多いことが報告されている[8]。そこで，RO膜を安定運転するために，ファウリングの起こりにくい，低ファウリングRO膜が望まれている。低ファウリングRO膜として，従来のRO膜に比べて，純水の透水性能が同程度でケミカルファウリングやバイオファウリングによる性能変化の起こりにくい架橋芳香族ポリアミド系膜が各社で開発されている[9～11]。膜表面の親水性向上，表面荷電の中性化，殺菌剤との併用と，様々な対策が取られているが，まだ十分にファウリングを防止できているとはいえず，膜だけではなく前処理，薬品等も含め，今後も低ファウリング性向上に向けた取り組みは続けられるものと思われる。

第10章 水処理用膜（浄水，下水処理）

3 UF膜・MF膜

2002年までに世界で設置されたUF膜，MF膜プラントの総造水量は約490万（m³/日）に達している。その内訳は，飲料水製造が63%，下廃水処理が21%，工業用水製造が11%となっており，その大部分は中空糸膜である[12]。UF膜，MF膜は，RO膜に比べ普及が遅れたため，多くの膜メーカーがそれぞれの素材，それぞれの技術で展開を図っている段階である。膜素材としては，セルロース系，ポリアクリロニトリル（PAN），ポリスルホン（PS），ポリエーテルスルホン（PES），ポリエチレン（PE），ポリプロピレン（PP），ポリフッ化ビニリデン（PVDF）が挙げられる（表1）。UF膜，MF膜の用途として，飲料水製造だけでなく，工業用水の製造，海水淡水化用RO膜の前処理，下廃水二次処理水の浄化が今後進展すると考えられている。

MF，UF膜で多く用いられている中空糸膜には，高い浄化性能はもとより低造水コストであることが要求され，高流束，高回収率で浄化することが重要である。原水をろ過すると中空糸膜の細孔が目詰まりを起こして，ろ過ができなくなるため，中空糸膜を揺らしたり逆方向に圧力をかけたりしてろ過水で洗浄する物理洗浄や，薬品を使用する化学洗浄を頻繁に行う必要がある。そこで，中空糸膜には，浄化性能に重要な精細な孔径分布を維持しつつ，高ろ過流束と高耐久性という相反する機能が求められている。そのような観点から，最近では，PVDFやPS（PES）が市場での優位性を持ちつつある。ここでは，特に飲料水製造，膜利用活性汚泥技術について紹介する。

3.1 飲料水製造

まず，現在最も大きな市場である飲料水製造について述べる。図6に飲料水製造用途の市場動向を示す。飲料水製造においては，従来，河川水，湖水，地下水などをその水質に応じて，凝集沈殿，砂ろ過などで浄化していた。しかし，水源の水質悪化などの影響で，1980年代から中空糸膜利用技術が検討され，特に塩素殺菌のできない病原性微生物であるクリプトスポリジウムなど

表1　膜素材と膜メーカー

膜素材	膜メーカー
セルロース系	アクアソース，ダイセンメンブレンシステムズ
PAN	旭化成，東レ
PS（PES）	旭化成，クラレ，日東電工，ノリット
PE	三菱レイヨン
PP	USフィルター
PVDF	旭化成，ゼノンエンバイロメンタル，東レ

図6 飲料水清浄用中空糸膜市場

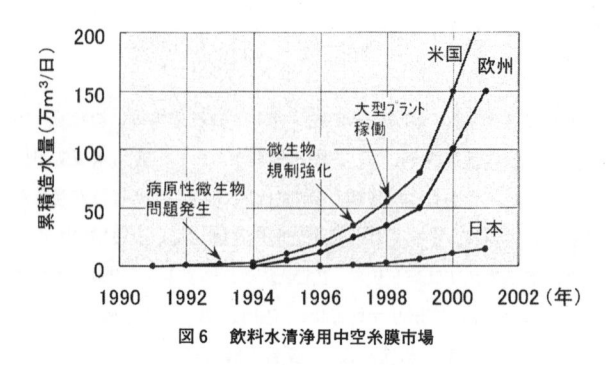

表2 大規模飲料水製造プラント例

場所（国）	造水量（m³/日）	膜種類	稼働年
Minneapolis（米）	265,000	UF	2004
Clay Lane（英）	160,000	UF	2001
Bendigo（豪）	126,000	MF	2000
Olivenhain（米）	105,000	UF	2001
Keldgate（英）	100,000	UF	2001
Homesford（英）	95,000	MF	1999
Huntington（英）	80,000	MF	1996
Bakersfield（米）	76,000	MF	2003
Pittsburgh（米）	75,000	MF	2001
Heemskerk（蘭）	72,000	UF	1999
Lausanne（スイス）	65,000	UF	2000
Ennerdale（英）	59,000	MF	2000
Kenosha（米）	52,000	MF	1998

の混入問題から，1990年代後半から導入が加速度的に増加している。

表2に欧州および北米における大規模飲料水製造プラントの例をまとめた。欧州ではイギリスにおいて病原性微生物問題からいち早く導入が開始され，10万m³/日を超えるプラントも稼働し始めている。また，フランス，オランダ，スイスにおいても5万m³/日超の大きなプラントが稼働しており，スペイン，ドイツもそれに続いている。米国ではイギリスより若干遅れたが，10万m³/日以上のプラントが稼働し始めており，近々，25万m³/日超のプラントが稼働する予定である。国内においても東京都羽村市30,000m³/日，栃木県今市市14,400m³/日，岐阜県恵那市7,244m³/日，等のプラントが稼働しており，大型化が始まっており，20万m³/日級のプラントも

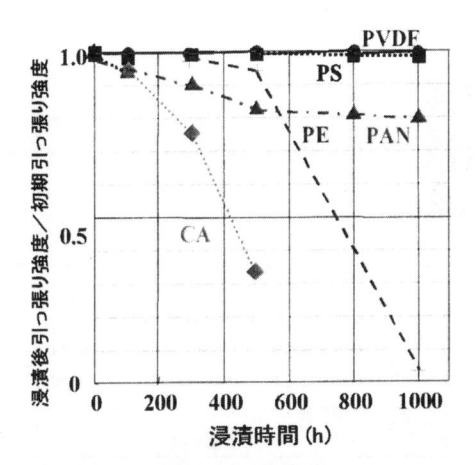

第10章 水処理用膜（浄水，下水処理）

図7 各種膜素材の耐塩素性比較（塩素濃度＝1,000ppm，pH=10）

計画されている。また，最も中空糸膜ろ過技術の導入が進んでいる米国でも，その造水量は全飲料水の1～2％にすぎず，その需要は今後益々伸びると予想されている。

最近では，優れた化学的耐久性を有するPVDFを膜素材とする，中空糸膜が広く用いられるようになってきた（図7）[13]。また，大型プラントでのトータル造水コスト低減に貢献する大型中空糸膜モジュールも開発されている[14]。また今後の普及に際しては，モジュールの標準化が求められている。

3.2 膜利用活性汚泥技術

通常の下水処理施設では有機物を微生物（活性汚泥処理）分解した後，沈殿池で汚泥を沈降させ上澄みを塩素殺菌し放流しているが，最近では下廃水処理水の放流水質向上や，再生・再利用を目的に，沈殿池に代わり精密ろ過膜，限外ろ過膜を用い懸濁成分を除去する膜利用活性汚泥技術（Membrane Bio-reactor＝MBR）が適用されるようになってきており，国内外の膜メーカーおよび水処理エンジニアリング会社が参入している。MBRは，汚泥を高濃度で保持することが可能であり，以下の様な特長を有する。

①排水の水質が良好
    1．低いCOD（化学的酸素要求量）濃度
    2．低い総窒素濃度と総リン濃度
    3．懸濁物質ゼロ
    4．バクテリアやウィルスの除去が可能

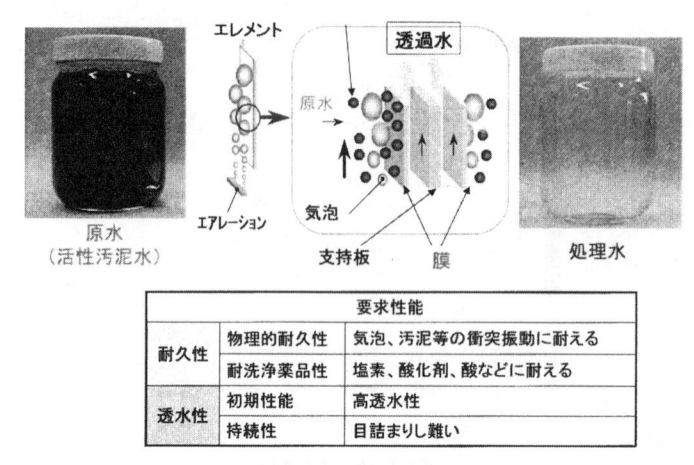

図8 MBR濾過原理と要求性能

	要求性能	
耐久性	物理的耐久性	気泡、汚泥等の衝突振動に耐える
	耐洗浄薬品性	塩素、酸化剤、酸などに耐える
透水性	初期性能	高透水性
	持続性	目詰まりし難い

②省スペース化が可能

③余剰汚泥を減らすことが可能

　MBRは欧州で数万m³/日規模のプラントが立ち上がってきており，北米やアジア地域でも実プラントが稼働してきている。国内は，小規模下水，農業集落排水，産業排水の小規模プラントが200ヶ所以上稼働している。MBRでは，活性汚泥を濾過する分離膜の濾過性能維持が重要である。活性汚泥は3,000〜10,000（mg/l）と極めて高濃度であるため，これを濾過する分離膜には大きな負担が掛かる。したがって，分離膜には汚泥に対して目詰まりしにくい特性や，高い化学的・物理的耐久性が要求される。MBRには中空糸膜と平膜の2通りがある。中空糸膜は設置面積当たりの膜面積を大きくすることができるが，中空糸膜にごみが絡まってしまうという問題点がある。平膜は，設置面積当たりの膜面積は小さいが，エアレーションによる目詰まり防止効果が高いという利点を持っている（図8）。また，膜表面の細孔径分布によっても目詰まりの起こりやすさは変化する。PVDF膜表面の微細孔径を活性汚泥粒子より細かな約100nmで制御し，孔径分布が狭くかつ微細孔の数を多くすることにより，汚泥が目詰まりしにくく，透水性を高く維持できる構造とした例が報告されている[15]。

4　インテグレーテッド・ハイブリッドメンブレンシステム

　これまで見てきた様に，水処理分野で膜はかなり広く様々な分野で用いられるようになってきた。さらに最近では，MF膜（またはUF膜)＋RO膜のように異なる公称孔径の膜を多段に組み

第10章 水処理用膜（浄水，下水処理）

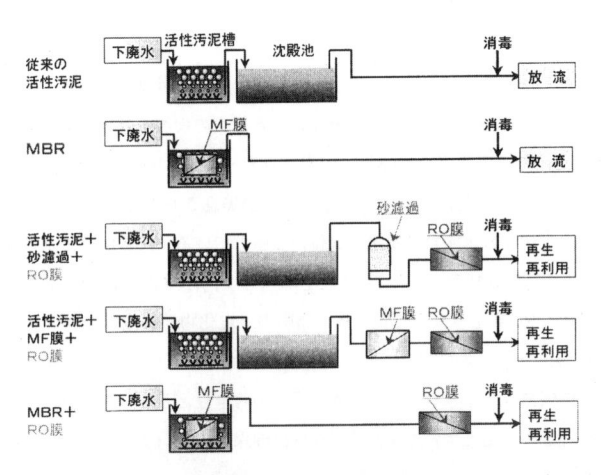

図9 分離膜を用いた下廃水処理フロー図

合わせて用いるインテグレーテッド・ハイブリッドメンブレンシステムが採用されている。

例えば，従来の下廃水処理施設では，汚れた水を生物処理（活性汚泥処理）して浄化した後，沈殿池で汚泥を沈降させて上澄みを塩素殺菌した後に放流していたが，最近では，この生物処理に膜技術を組み合わせた処理が広く行われる様になってきた。

これら分離膜を用いた下廃水処理は，主に以下の4つの方法に分けられる（図9）。

① 膜分離活性汚泥法（MBR：Membrane Bio Reactor）
UF膜又はMF膜を活性汚泥槽に浸漬して汚泥をろ過する。沈殿池が不要。

② 活性汚泥槽→沈殿池→砂ろ過→RO膜
RO膜を用いることによって高品位の水を得，再利用する。

③ 活性汚泥槽→沈殿池→UF膜又はMF膜→RO膜
RO膜の前処理に分離膜を用いることで，従来の凝集沈殿，砂ろ過に比べて高品位の処理水が得られ，RO膜への負担が小さくなりファウリングも低減できるため，低造水コスト化が期待される。

④ MBR→RO膜
MBRとRO膜を組み合わせることによって高品位の水を得，再利用する。

MF膜・UF膜による処理でSS成分を除去し，再利用を行う用途によっては目標水質が得られる場合もある。より高品位の水が求められる場合は，さらに溶存塩類や低分子量有機物，さらには硝酸イオンなどを除去するために，RO膜を用いて水を浄化することが必要である。シンガポールでは上記③のシステムを用いた大規模な下水再利用NEWaterプロジェクトがスタートして

161

いる。

　シンガポールは，淡水をマレーシアから輸入していたが，値段交渉が難航していること，急速な近代化に伴う生活水準の向上，産業の発展に伴う水需要の増加を背景に，安定的な水源の確保が重要な課題であったことから，1998年に国家プロジェクト「NEWater」開発研究を立ち上げた。その後，水質やコスト面において問題ないことが実証されたことから，2000年に1万m^3/dのプラント建設を皮切りに下水再利用処理設備が拡張している。一般的な下水処理設備（活性汚泥槽＋沈澱池）の後段にMF膜あるいはUF膜を導入して，浮遊固形物，コロイド，細菌などを除去後，その後段にRO膜を導入して重金属，硝酸塩，塩化物，硫酸塩などの無機イオンや農薬等の溶解性有機物，ウイルスなどを除去し，最後にUV殺菌を行う。この方式は，良好な水質と安定した水量を確保でき，造水コストも海水淡水化の約半分とされる。またこの方式はマルチバリア方式とも呼称され，処理水質の安全性が高度に確保されていることから，今後導入が急増すると予測されている。

　シンガポールの他にも，カリフォルニア州オレンジ郡では，長年に渡り生物処理水をMF膜又はUF膜でろ過し，RO膜で高品位の水を得る研究開発が行われ，多大な成果を上げており，大規模プラントが計画されている。また，オーストラリアでは既に14,000m^3/日のMF膜→RO膜下水再利用プラントが稼働しており，工業用水として再利用されている。さらに，クウェートでは44万m^3/日のプラントが建設中である[16]。今後，ますます世界的に広がると考えられる。

　このような，下水処理再利用用途だけではなく海水淡水化RO膜の前処理としてMF/UF膜を用いたり，NF膜を用いたりするインテグレーテッドメンブレンシステムなども広く実用化されている。

5　水処理用膜分離技術の課題

　このように，水処理用膜分離技術は世界で広範囲の用途に使用されつつあり，今後大きく発展すると考えられている。これに伴って，課題も浮き彫りになってきている。水処理システム全体の課題として，安定に水を供給し，かつ，造水コストを縮減するため，原水の水質に合った前処理と膜の組合せを選択する技術の開発が重要である。

　RO膜，NF膜については，①耐塩素性の向上，②耐熱性，③高ホウ素除去率，④低ファウリング性（特にバイオファウリング），⑤特定の有機化合物の分離除去（環境ホルモン類，ダイオキシン類，農薬，医薬品）を挙げることができる。

　UF膜，MF膜については，洗浄薬品の使用量を低減できる膜の開発を挙げることができる。国内では，使用者，すなわち，浄水場から膜モジュールの標準化の要望が出ており，膜メーカー

第10章 水処理用膜(浄水,下水処理)

およびエンジニアリング会社の対応が注目されている。

文　献

1) 山村,栗原,木原,神野,膜, **23**（5）, 245-250（1998）
2) 熊野,日本海水学会誌, **58**（3）, 248-251（2004）
3) IDA Inventory Report 2002, Desalination Market Analysis（2001）
4) M. Busch, W. E. Mickols, S. Jons, J. Redondo, J. D. Witte "BORON REMOVAL IN SEA WATER DESALINATION" IDA World Congress on Desalination and Water Reuse, September 28-October 3,（2003）, Bahamas.
5) 安藤,ニューメンブレンテクノロジーシンポジウム2004, 6-1-1
6) Y. Fusaoka, M. Kurihara, K. Ooto, K. Sugita, "Progress of the high performance SWRO membrane elements for boron removal" IDA World Congress on Desalination and Water Reuse, September 28-October 3,（2003）, Bahamas.
7) 房岡,膜, **24**（6）, 319-323（1999）
8) M. Gamel Khedr, Desalination and Water Reuse, 10, 3, 8-17（2000）
9) 井上,杉田,井坂,房岡,膜, **27**（4）, 209-212（2002）
10) J.A.Redondo Desalination, **126**（1999）249-259
11) 蜂須賀,池田,川崎,造水技術, **24**（1）, 36（1998）
12) David H. Furukawa, "Global Status of Microfiltration and Ultrafiltration Membrane Technology", *WATERMARK*, **17**, October 2002.
13) 辺見,第20回ニューメンブレンテクノロジーシンポジウム2003, 1-2-1〜1-2-6（2003）
14) 古屋,池田,神保,松家,第54回全国水道研究発表会予稿集, 158-159（2003）
15) Y. Fusaoka, M. Henmi, M. Kurihara, N. Matsuka, "Development of flat sheet immersed membrane module and operation performance in MBR", IDA World Congress on Desalination and Water Reuse, September 28-October 3,（2003）, Bahamas.
16) A.Gottberg, *Desalination and Water Reuse*, **13**（2）, 30-34（2003）

第11章　固体高分子型燃料電池用電解質膜

山口猛央*

1　はじめに

　固体高分子型燃料電池は常温から100℃程度の低温で発電できるため，従来の発電施設と比較して著しく小型にでき，自動車などの移動用電源および一般家庭用の定置型電源だけでなく，コンピュータや携帯電話などのリチウムイオン電池に替わるポータブル電源としても期待されている。燃料電池では，化学エネルギーを直接電気エネルギーに変換することが可能であるため，カルノーサイクルの束縛を受けず，小型でもエネルギー変換効率が著しく向上することが魅力である。将来の水素エネルギー社会となれば，自然エネルギーから水素を生産し，水素として運搬し，水素の化学エネルギーを燃料電池で必要な場所で，必要な量だけを発電する二酸化炭素フリーな社会が見えてくる。しかしながら，水素エネルギー社会への移行は，まだ数十年単位でかかり，現実的には，徐々にでも化石燃料を使用しながらエネルギー変換効率の高い燃料電池を普及させることが重要である。現状では，インフラ整備がそれほど必要なく，現状技術との価格差が大きくない小型ポータブル電源から普及が始まると考えられる。

　ポータブルにするためには，自動車のように高圧水素ボンベを携帯することは不可能であり，水素キャリアとして液体であるメタノール水溶液が使用される。このタイプの燃料電池では，メタノール水溶液を直接，アノード電極に導入しプロトンに変換するため，メタノールを水素に変換する改質器は必要なく，システムは単純となり小型・単純化が実現できる。しかしながら，直接メタノール燃料電池（DMFC）技術に適した電解質膜が存在しないため，未だに実用的出力・電池容量が実現されていない。DMFCの概念図を図1に示す。

　DMFCに必要な電解質膜特性として，以下の項目が挙げられる。

　①燃料メタノールそのものが電解質膜中を透過し（メタノールクロスオーバー），燃料の利用効率を下げるだけでなくカソードの過電圧（ロス）を極端に大きくする。メタノールクロスオーバーを抑制する必要がある。

　②起動・終了に伴う膜の膨潤・収縮による面積変化が大きいと，膜・電極接合体（MEA）の膜と電極層との剥がれが生じ，電池サイクル特性を極端に落としてしまう。面積変化率を下げる

　＊　Takeo Yamaguchi　東京大学　大学院工学系研究科　化学システム工学専攻　助教授

第11章　固体高分子型燃料電池用電解質膜

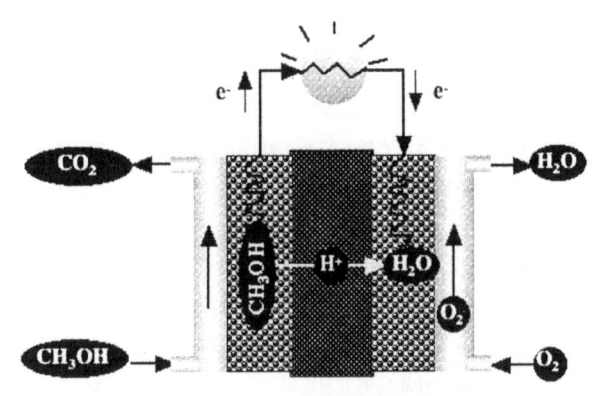

図1　直接メタノール型燃料電池の概念図

必要がある。

③薄膜化，プロトン伝導率の増加による膜抵抗の低減が必要である。さらに，

④ノートパソコンなどポータブル使用では低い温度（50℃以下）での運転となり，アノードにおけるメタノールのプロトンへの反応に伴う過電圧が大きい。一方で，自動車など高出力密度を得たい場合には百数十℃の高温運転が必要となる。

⑤化学的耐性，

⑥低コスト生産性も必要である。

①のメタノールクロスオーバーの抑制を除けば，必要性能として水素燃料PEMFCに要求される電解質膜と共通している。また，現状の膜では，メタノールクロスオーバーの影響が大きすぎ，エネルギー密度の高い高メタノール濃度水溶液を燃料として用いることができず，現状のリチウムイオンバッテリーの電池容量を凌ぐことが困難となっている。これらの目的のために様々な膜が開発され年々性能が向上しているが，未だに十分な性能を有する膜は開発されていない。また，水素を燃料とするPEMFCでは，高分子電解質膜としてNafionやフレミオンに代表される高分子骨格がパーフルオロカーボン（$-CF_2-$）でできたスルホン酸系の膜が使用される[1]。このタイプの膜をDMFCに流用すると，電解質膜に対してアルコールは良溶媒であるため，アルコールが膜を大量に透過する。また，リサイクルの観点からも，フッ素を高分子骨格に大量に含む構造は環境負荷が高く，炭化水素（$-CH_2-$）系の電解質膜に変更することが環境的にも，製造コスト的にも将来的には有利になると考えられる。ここでは，主に炭化水素系電解質膜の開発を目指す。

2　炭化水素系電解質膜

ペーフルオロカーボン構造を持つ膜としては，PTFE補強材の中にNafionを含浸させた膜，またはフレミオン膜にPTFEを含有させた膜も提案され，マトリックスの補強効果により薄膜化に成功している。さらに，耐熱性改善のために，シリカなどのセラミックスを含有させた膜[2〜5]も報告されている。

耐熱性炭化水素型ポリマープロトン伝導性基を導入した電解質膜も多数報告されている[6]。スルホン化ポリエーテルスルホン，スルホン化PEEK，スルホン化ポリフェニレンスルフィドなど，スルホン酸基を側鎖に有するポリマーが多く，耐久性が高くなる理由でホスホン酸基を導入した膜も報告されている[7]。耐熱性高分子であるポリイミドの側鎖にスルホン酸基を導入した膜も報告されている[8,9]。これらの膜は，スルホン酸基を導入することにより耐化学性や膨潤によるメタノール透過抑止性が弱まる点が問題となっており，多くの工夫が検討されている。

耐熱性ベンズイミダゾールにリン酸を含浸した膜も報告されている。ベンズイミダゾール自身はプロトン伝導性をほとんど示さないが，ポリマー中にリン酸などの強酸をドープするとプロトン伝導性を示すため，電解質膜として使用できる[10]。リン酸は物理的に固定されているため，長期間で考えればリン酸の溶出は問題であり，また高いプロトン伝導性を得るためにイミダゾール単位の3〜6倍量のリン酸が含まれるため機械的強度の向上も課題となっている。

電解質膜に耐熱性を付与するために，無機素材と有機電解質とを複合化する試みも行われている[11〜14]。ポリエチレンオキサイドなど有機成分を残したシリカネットワークを用い，ゾルゲル法により電解質膜を作成する。

電子線またはγ線グラフト重合法により，無孔性のPVdFやポリエチレンなどのフィルム基材内部のアモルファス相に，電解質ポリマーであるグラフト鎖を形成した膜も提案されている[15,16]。

しかしながら，上記で述べたように，DMFC技術を実現するための電解質膜に要求される性能は多数存在する。単一の素材でこれらの性能を同時に実現することは極めて困難であり，機械的強度，耐熱性，膨潤抑制はある素材に，プロトン伝導性，メタノール阻止性は他の素材にと，複数の素材にそれぞれの役割を分担すれば解決すると考えている。電解質膜自体をシステムとして考え，設計するアプローチである。具体的には細孔フィリング膜というコンセプトを持ち込み，炭化水素系素材によって上記の性能を同時に実現するとともに，ポータブルや自動車，家庭用など様々な応用用途に適した膜を設計する。

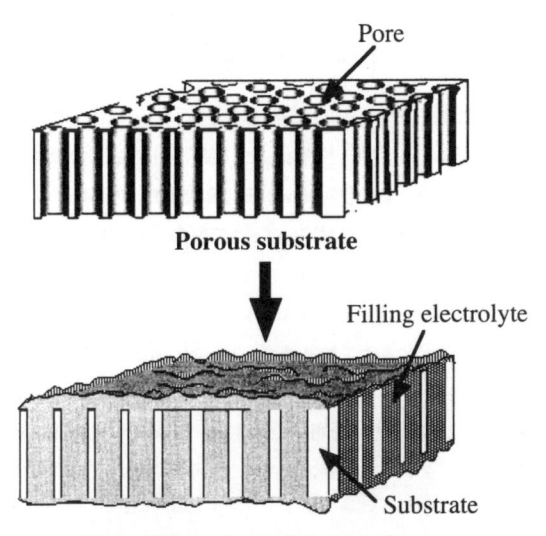

第11章　固体高分子型燃料電池用電解質膜

図2　細孔フィリング電解質膜のコンセプト

3　細孔フィリング電解質膜の開発

　細孔フィリング膜とは，1989年に我々により提案・開発され[17,18]，その後，分離膜の世界では米国，カナダ，ヨーロッパ各国など世界中に広まり，同様のコンセプトで分離膜が開発されている。また，充填ポリマー物性から膜性能の予測も可能となっている[19,20]。さらに，細孔中に電解質ポリマーを充填することにより，細孔フィリング膜コンセプトを燃料電池の分野に応用し，コンセプトの有効性を証明し，高い性能の燃料電池を開発している。具体的には，耐熱性・耐化学薬品性の高い数十〜数百nmの細孔を有する多孔性基材の細孔中に別のポリマーを充填した膜である。多孔基材マトリックスのたがにより充填ポリマーの膨潤が抑制でき，含水率を維持した状態でも，本来，電解質ポリマーに溶解しにくいメタノールのクロスオーバーを抑制する。また，耐熱性基材の細孔中にポリマーを埋め込めば，高温下でも基材骨格が膜の構造を維持し充填ポリマーの性能を発揮するはずである。さらに，膜面積変化も基材マトリックスにより抑制する。細孔フィリング電解質膜の概念を図2に示す。

　ここでは，燃料電池用細孔フィリング電解質膜の開発および細孔フィリング膜を用いたMEAによる燃料電池開発を紹介する。

4 細孔フィリング型電解質膜の作成および評価[21～25]

強酸基であるスルホン酸基を有するモノマーの導入を行った。基材として主に炭化水素系の耐熱性架橋型ポリエチレン基材（CLPE：膜厚25μm，細孔径100nm；日東電工社製），多孔性ポリイミド基材（PI：膜厚30μm，細孔径300nm；宇部興産社製）の2種類を用いた。比較のために多孔性ポリテトラフルオロエチレン基材（PTFE：膜厚70μm，細孔径50nm；日東電工社製）も用いている。充填する電解質ポリマーとして，弱酸であるアクリル酸（AA），強酸基であるスルホン酸基を導入したアクリル酸とビニルスルホン酸の共重合体（AAVS：共重合体中ポリビニルスルホン酸組成5mol%，スルホン酸基濃度0.7mmol/g-dry polym.）および2-アクリルアミド-2-メチルプロパンスルホン酸（ATBS：スルホン酸基濃度4.5mmol/g-dry polym.），GMAを重合した後にスルホン化を行う方法を用いたスルホン化GMA（sGMA）を用いた。sGMAの場合60mol%のモノマーユニットがスルホン化されるよう制御した（sGMA：スルホン酸基濃度3.0mmol/g-dry polym.）[26]。

これらのモノマーを基材細孔中で種々の方法により重合した。作製した膜はそれぞれ洗浄し，イオン交換を行い，再度洗浄した後に，性能評価を行った。細孔充填率ϕ_fは，以下の式により定義した。

$$\phi_f = \frac{(w_{mem}^d - w_{sub}^d)}{w_{sub}^d} \times 100 \tag{1}$$

w_{mem}^d：乾燥膜重量，w_{sub}^d：乾燥基材重量

電解質膜の膨潤・収縮時に寸法（膜面積）が変化すると，燃料電池試験時に膜が触媒層から剥がれてしまい性能が極端に低下する。従って，膨潤・収縮時の寸法安定性が電解質膜としての重要な要素となっている。膜面積変化率は以下の式で定義した。

$$\phi_S = \frac{S_{swollen} - S_{dry}}{S_{dry}} \times 100 \tag{2}$$

$S_{swollen}$＝膨潤時の膜面積，S_{dry}＝乾燥時の膜面積

25℃の水中におけるプロトン伝導性および面積変化率の細孔充填率依存性を，それぞれ図3，図4に示す。充填ポリマーとして各モノマーユニットに1個のスルホン酸基を有するATBSを用いている。強酸基を含む電解質ポリマーの基材細孔中での充填率が増えると，膜全体のプロトン伝導性は増加する。この関係は，基材とはあまり関係なく，充填ポリマー量によって支配されることが図から分かる。ここでも，25℃において，Nafion膜の0.08S/cm^{2}以上の高いプロトン伝導性を得ることに成功した。

一方で，通常，プロトン伝導性を向上させるために膜中強酸基濃度を高くすると，膜が膨潤

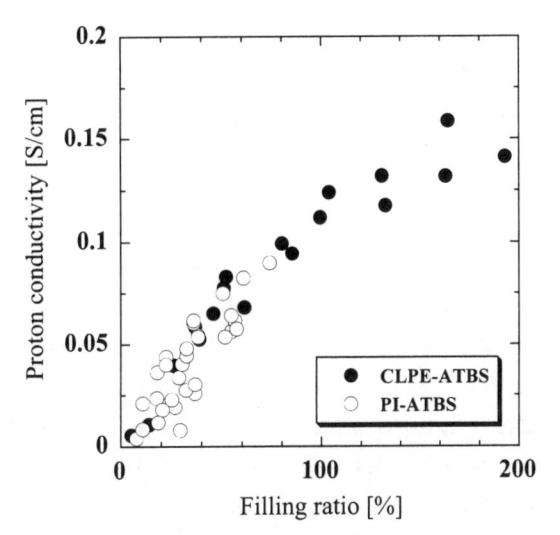

第11章　固体高分子型燃料電池用電解質膜

図3　細孔充填率とプロトン伝導性の関係（25℃，常圧）

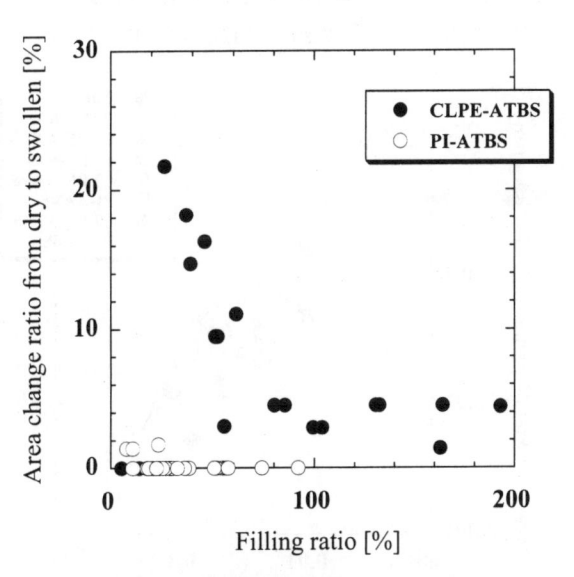

図4　細孔充填率と膜面積変化率の関係（25℃，常圧）

最先端の機能膜技術

し，面積変化率は大きくなる。Nafion117膜では，水中で25%の面積変化率を示す。しかしながら，図から分かるように多孔基材マトリックスにより膨潤を抑制する細孔フィリング膜では，プロトン伝導性が高い膜でも面積変化率を抑制することが可能である。PIやCLPEのように機械的に強い基材を用いた場合，膨潤を機械的により強く抑制するため，面積変化率はNafionなど通常の膜と比較して極端に低くなる。特にPI基材の場合には，面積変化は実験的に確認できない程度であった。CLPE基材に関しては，ポリマーを細孔中に充填すると基材自身が収縮するため，複雑な挙動を示している。しかしながら，この基材でもプロトン伝導性の高い領域では，面積変化率は数%であり，Nafion117膜よりも寸法安定性に極めて優れていた。

　膜分離の分野では透過性と選択性はトレードオフの関係にあることが知られている。膜が膨潤した状態では選択透過物質のフラックスは高いが，非選択透過物質のフラックスも高く，低い選択性となる。膜の膨潤を抑制すると，選択性は高くなるが，フラックスは低下する。電解質ポリマー中のプロトン伝導は水を介して行われる。つまり，ある程度水を多く含む膜の方が，高いプロトン伝導性を示す。また，水を多く含む膨潤した膜では，メタノール透過も大きくなる。プロトン伝導性とメタノール透過阻止性にも同様にトレードオフの関係が成り立つと考えられる。それぞれの膜に関して，25℃湿潤時のプロトン伝導性と浸透気化法によるメタノール透過性の逆数の関係を図5に示す。縦軸はメタノール透過性の逆数なので，右上にプロットされるほど良い電

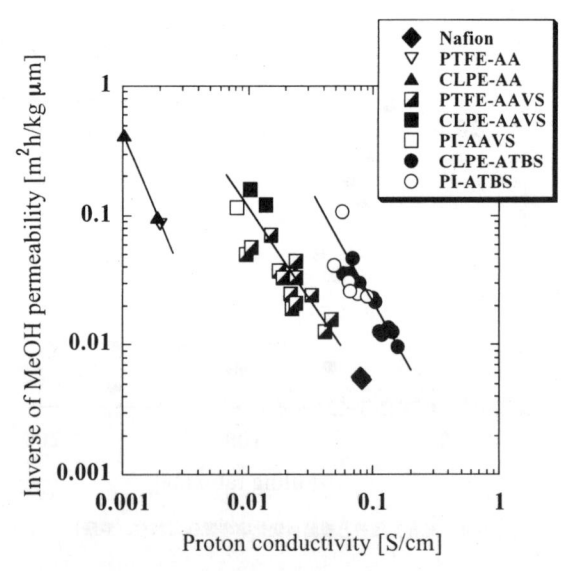

図5　各種細孔フィリング膜のプロトン伝導性とメタノール透過阻止性能
　　（メタノール透過性の逆数）の関係

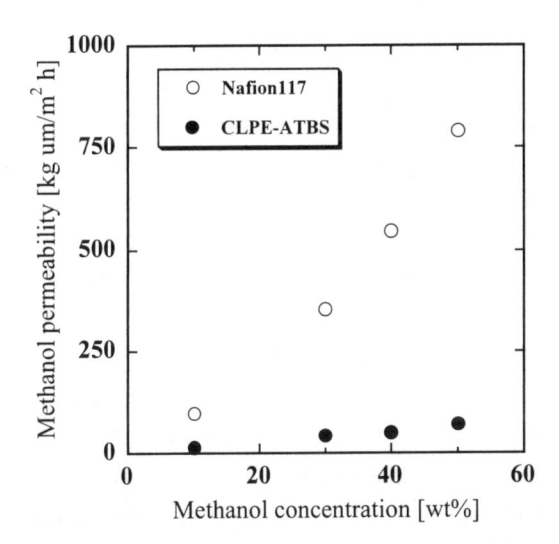

第11章　固体高分子型燃料電池用電解質膜

図6　細孔フィリング膜とナフィオン膜の比較：メタノール濃度とメタノール透過係数の関係

解質膜である。浸透気化実験では50℃の10wt%メタノール水溶液を膜に供給した。予想通りに同一の充填ポリマーを用いた場合には，トレードオフラインに乗ることが分かる。各基材で機械的強度が異なるため，強度の高いCLPE基材やPI基材を用いたときに，膜の膨潤が抑制され，メタノール透過性を抑制できる。充填ポリマーとして，弱酸のアクリル酸，強酸であるスルホン酸基を含有するAAVS，さらに高濃度にスルホン酸基を含有するATBSの順に，高いプロトン伝導性を示し，トレードオフラインも右にシフトしている。スルホン酸基を高濃度に含有するポリマーを充填した場合には，基材により膨潤を強く抑制しても，プロトン伝導性をそれほど損なわずにメタノール透過性を抑制できる。作成した電解質膜では，Nafion117膜と比較してほぼ同等のプロトン伝導性を示すにも関わらず，高いメタノール透過阻止性能を示した。

　透析法により，膜のメタノール透過性を評価した結果を図6に示す。供給側メタノール濃度との関係を表している。透過側に純水を導入し膜厚を基準化し，縦軸はメタノール透過性としてある。結果から分かるように，Nafion117膜ではメタノール濃度が増加するに従い急激に膜のメタノール透過性が増加するのに対し，細孔フィリング膜ではメタノール濃度差によるドライビングフォースに従って透過性が高くなるが，その変化は直線的でメタノール濃度による膨潤の影響は殆ど受けないことが分かる。つまり，膨潤抑制により，高メタノール濃度領域でさらに顕著にメタノール透過を抑制できることが証明された。高メタノール濃度燃料でのDMFC試験も可能となるだろう。

5 細孔フィリング電解質膜を用いた燃料電池性能

小型化が求められるDMFCでは，エネルギー密度を向上させるために供給メタノール濃度を増加させることが必要不可欠となっている。しかしながら，メタノールクロスオーバーの影響が大きく，高濃度領域での使用に耐える膜は存在しない。開発した細孔フィリング膜はメタノールクロスオーバーを抑制するだけでなく，面積変化やプロトン伝導など，様々な要求性能をクリアしている。ここでは，細孔フィリング電解質膜を用いた膜-電極接合体（MEA）を作成し，その燃料電池性能を評価・解析した。

Nafion117膜（膜厚200μm）およびCLPE-ATBS細孔フィリング電解質膜（膜厚25μm）を用いて膜-電極接合体（MEA）を作製した。電極の触媒には，アノードに白金-ルテニウムを約1～2 mg/cm^2，カソードに白金を約1 mg/cm^{2}それぞれ用いた。

アノードへの供給メタノール水溶液濃度を2.5M（8 wt%）～10M（32wt%）の範囲で変化させ，50℃，常圧でDMFC試験を行った。アノード側メタノール水溶液流量は10ml/min，カソード側は酸素とし，流量を500または1000ml/minに固定した。膜性能の評価のため，メタノールも酸素も，発電に必要な量に対して過剰量供給している。

CLPE-ATBS細孔フィリング膜を用いたMEAによるDMFC試験結果を図7に示す。この試験ではアノード側Pt-Ru触媒量を2 mg/cm^{2}とした。DMFCでは，Nafion膜としては200μmと厚い

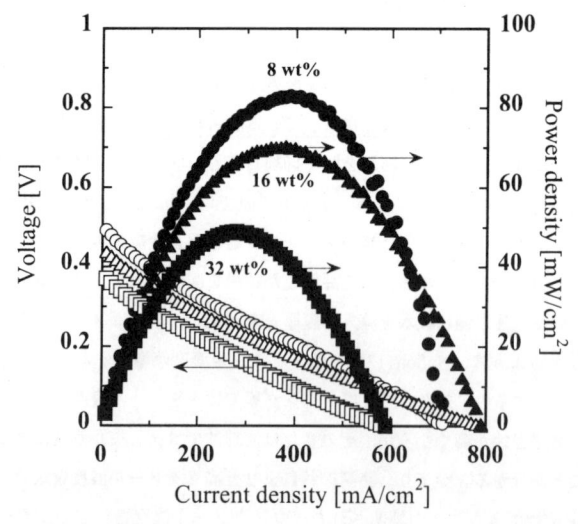

図7 CLPE-ATBS細孔フィリング膜を用いた直接メタノール燃料電池性能（50℃，常圧）

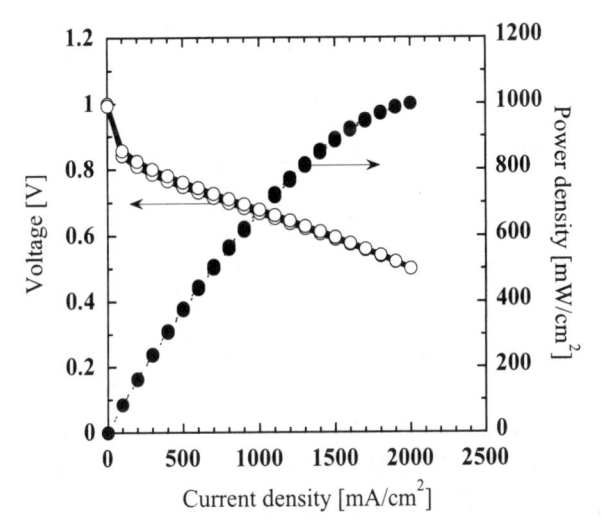

第11章　固体高分子型燃料電池用電解質膜

図8　CLPE-ATBS細孔フィリング膜を用いた水素酸素型燃料電池性能（60℃，常圧）
Pt loadin Anode: 0.12mg/cm^2, Cathode: 0.38mg/cm^2

Nafion117膜が一般に用いられる。今回用いた細孔フィリング膜は25μmと薄いにもかかわらず，供給メタノール濃度16wt%で70mW/cm^2，32wt%で50mW/cm^{2}とメタノール高濃度領域でも極めて高い電池性能を発現した。

同条件で測定したNafion117膜を用いたDMFC試験では，供給メタノール濃度が16wt%以上になると急激に性能が低下し，32wt%以上では膜膨潤のため安定した結果を得ることが困難であった。これは，膜のメタノール透過性が高すぎるためである。一方，細孔フィリング膜を用いたMEAの場合には，2.5M（8 wt%）～10M（32wt%）までメタノール濃度を高くしても，性能の低下はほとんど確認されなかった。コンセプト通りにメタノールクロスオーバーを抑制しているためと考えられる。

細孔フィリング膜を用いることにより，メタノールクロスオーバーを抑制し，電池としての性能低下を起こさせない膜の開発に成功したことを証明している。

また，プロトン伝導性がNafion膜よりも高い細孔フィリング膜も，組成および基材を調整することにより作成可能である。この膜を用いた水素-酸素燃料電池試験結果を図8に示す。60℃，常圧での試験結果である。この膜は，膜抵抗が小さいため，水素を用いた通常のPEMFC用電解質膜としても高い性能を示す。さらに水素のクロスオーバーも抑制するため，1[V]を超える高い開放起電力も確認できる[27]。

6 おわりに

ここでは細孔フィリング膜のコンセプトを燃料電池の分野で改めて証明し，膜におけるクロスオーバーによる電池性能の低下を抑制することにより，高濃度のメタノール燃料を用いても高い性能を発現するDMFC開発に成功した。ただし，燃料のエネルギー変換効率を考えれば，さらに高いメタノール濃度の燃料やメタノール透過阻止性能が必要である。すでに，さらに高いメタノール透過阻止性を示す膜の開発にも成功している。現状では，60℃のDMFC試験で500時間以上の寿命試験を行い，細孔フィリング膜の耐久性もある程度証明されている。ここでは基本的な物質による基礎研究を紹介したが，実用的には，基材と細孔中に充填する物質とを選択することにより，様々な要求性能が達成できる。すでに，リチウムイオンバッテリーよりも何倍も高いエネルギー密度を持つ，DMFCの開発のめどは立ったと考えている。

10〜20年後には，家庭用の小型定置型そして自動車用と，水素を燃料とする燃料電池の普及を考える時代へとはいる。それまでに，多くの技術革新が必要である。

また，実際の燃料電池アプリケーションでは，用途によって主に使われる電流密度は異なるだろう。膜抵抗よりもメタノールクロスオーバーによるカソード過電圧を抑えたい場合や，クロスオーバーよりも膜抵抗を抑えたい場合が考えられる。また，自動車に積むような高温耐性を要求される場合や，ポータブルのように常温で動作する場合が考えられる。それぞれの用途に合わせた電解質膜が必要となるが，細孔フィリング法により電解質膜の設計が可能である。具体的には，基材の膜厚，空孔率，充填ポリマーを変更することにより，膜性能は制御可能である。さらに，電池全体の性能を向上させる，電極ナノ構造制御[28]，電池性能予測システムの開発も進めている。

文　献

1) T. A. Zawodzinski, T. E. Springer, F. Uribe and S. Gottesfeld, *Solid State Ionics*, **60**, 199 (1993)
2) M. Watanabe, H. Uchida, Y. Seki, M. Emori, P. Stonehart. *J. Electrochem. Soc.*, **143**, 3847 (1996)
3) B. Baradie, J. P. Dodelet and D. Guay, *J. Electroanal. Chem.*, **489**, 101 (2000)
4) C. Yang, S. Srinivasan, A. S. Arico, P. Creti, V. Baglio and V. Antonucci, *Solid State Lett.*, **4**, A31 (2001)

第11章　固体高分子型燃料電池用電解質膜

5) N. Miyake, J. S. Wainright and R. F. Savinell, *J. Electrochem. Soc.*, **148**, A905 (2001)
6) T. Lehtinen, G. Sundholm, S. Holmberg, F. Sundholm, P. Bjornbom and M. Bursell, *Electrochim. Acta*, **43**, 1881 (1998)
7) M. Rikukawa and K. Sanui, *Prog. Polym. Sci.*, **25**, 1463 (2000)
8) Y. Yin, J. Fang, H. Kita, K. Okamoto, *Chem. Lett.*, **32**, 328 (2003)
9) K. Miyatake, H. Zhou, H. Uchida, and M. Watanabe, *Chem. Commun.*, **2003**, 368 (2003)
10) J. S. Wainright, J. T. Wang, D. Weng, R. F. Savinell, M. H. Litt, *J. Electrochem. Soc.*, **142**, L121 (1995)
11) I. Honma, Y. Takeda, J. M. Bae, *Solid State Ionics*, **120**, 255 (1999)
12) L. Depre, M. Ingram, C. Poinsignon, M. Popall, *Electrochimica Acta*, **45**, 1377 (2000)
13) Y.-I. Park, M. Nagai, *J. Electrochem. Soc.*, **148**, A616 (2001)
14) T. Lehtinen, G. Sundholm, S. Holmberg, F. Sundholm, P. Bjornbom, M. Bursell, *Electrochim. Acta*, **43**, 1881 (1998)
15) W. Lee, A. Shibasaki, K. Saito, K. Sugita, K. Okuyama, T. Sugo, *J. Electrochem. Soc.*, **143**, 2795 (1996)
16) K. Scott, W. M. Taama and P. Argyropoulos, *J. Membrane Sci.*, **171**, 119 (2000)
17) 山口猛央, 都留稔了, 中尾真一, 木村尚史, 特許第2835342号
18) T. Yamaguchi, S. Nakao, S. Kimura, *Macromolecules*, **24**, 5522 (1991)
19) T. Yamaguchi, Y. Miyazaki, T. Tsuru, S. Nakao, S. Kimura, *Ind. Eng. Chem. Res.*, **37**, 177 (1998)
20) B.-G. Wang, Y. Miyazaki, T. Yamaguchi, S. Nakao, *J. Membrane Sci.*, **164**, 25 (2000)
21) T. Yamaguchi, M. Ibe, B.N. Nair, S. Nakao, *J. Electrochem. Soc.*, **149**, A1448 (2002)
22) T. Yamaguchi, H. Hayashi, S. Kasahara, S. Nakao, *Electrochemistry*, **70**, 950 (2002)
23) 山口猛央, 笠原清司, 中尾真一, 化学工学論文集, **29**, 159 (2003)
24) T. Yamaguchi, F. Miyata, S. Nakao, *J. Membrane Sci.*, **214**, 283 (2003)
25) T. Yamaguchi, F Miyata, S. Nakao, *Advanced Materials*, **15**, 1198 (2003)
26) S. Tsuneda, H. Shinano, K. Saito, S. Furusaki, T. Sugo, *Biotechnology Progress*, **10**, 76 (1994)
27) H. Nishimura and T. Yamaguchi, *Electrochemical and Solid-State Letters*, **7**, A385 (2004)
28) Hirotaka Mizuhata, Shin-ichi Nakao, Takeo Yamaguchi, *J. Power Sources*, **138**, 25 (2004)

第12章　医療用膜

酒井清孝[*]

1　新しい医療技術

　医療技術のブレークスルーは，世界的な大戦争のときに起こるといわれている。戦時下における革新的医療技術の必要性のために投入された莫大な研究費による成果であるが，この医療技術は平和時にわれわれの健康維持に役立っている。
　第二次世界大戦では輸液技術が発達し，朝鮮戦争では人工腎臓が挫滅症候群の治療に役に立った。現在では医療現場で普通に使われている点滴と透析治療はこの時の産物である。阪神・淡路大震災においては，倒壊家屋や倒れた家財道具の下敷きになって，多くの神戸市民が挫滅症候群に悩まされた。この時にも透析治療が有効であった。ベトナム戦争では人工血液の使用が試みられた。この研究は平和目的のために現在も続けられている。また地下鉄サリン事件では，サリン中毒による重症患者に血漿交換療法が有効であった。このように人工膜を用いた血液浄化療法で多くの人の命が助けられている。

2　人の命を助ける人工膜[1～3]

　逆浸透膜，透析膜，限外ろ過膜，精密ろ過膜，ガス透過膜などの工業用人工膜のほとんどが医療においても使われており，特に人工透析（人工腎臓）における透析膜使用量は，他を圧倒して多い。最近の統計によると，世界で1年間に約2億m^2の透析膜が約120万人の腎不全患者の治療に使われている。売上高では工業用も含めた全人工膜の約5割，使用量では約9割にも達していると予想される。
　表1のように，逆浸透膜は透析液原液の希釈用水の浄化，注射用水製造，透析膜は人工透析，限外ろ過膜は注射用水製造，血液ろ過および血漿成分分離，精密ろ過膜は血漿分離，ガス透過膜は人工肺に用いられている。
　透析治療では，透析という簡単な物理化学的原理に基づいて，透析膜を用いて腎不全患者の血液を浄化していることから，人工腎臓を用いた透析治療を人工透析あるいは血液透析と呼んでい

---

[*]　Kiyotaka Sakai　早稲田大学　理工学術院　応用化学専攻　教授

第12章　医療用膜

表1　人工膜とその医療用途

逆浸透膜	透析液原液の希釈用水道水の浄化，注射用水の製造
透析膜	透析治療
限外ろ過膜	注射用水の製造および血液のろ過
精密ろ過膜	血漿分離*，血栓などの微粒子除去
ガス透過膜	人工肺および酸素富化**

*現在は遠心分離法が用いられている。
**現在は吸着法が用いられている。

る。またこの透析の考え方を発展させて，疾患により体液中に蓄積した病因物質を除去することによって体液を浄化する治療法を血液浄化法と呼んでいる。人工膜を用いる血液浄化法として血液透析，血液透析ろ過，血液ろ過，血漿成分分離および血漿分離，生体膜を用いる血液浄化法として腹膜透析が臨床に用いられている。

3　透析器と透析膜 [1〜3]

透析器の心臓部には中空糸透析膜が充填されている。中空糸型透析器と呼ばれる図1のモジュールを用いて，尿毒症病因物質を含む腎不全患者の血液を浄化している。透析器は0.5〜2.0m^2の膜面積を持つ。この透析器を用いた1回4時間，週3回の間欠的治療で，体液中に蓄積した尿毒症病因物質および水を除去し，イオン濃度およびpHを是正している。腎不全患者を救命し，延命するのに，物を分ける道具の一つである透析膜が役に立っている。

大きな分子量の溶質が尿毒症の病因物質である可能性を1965年にScribnerが指摘し[4]，1971年に脱酢酸法による再生セルロース膜の中空糸型透析器が市販された。これらの変化が起こる前は透析膜の改良は必要なかった。したがって再生セルロースで作られたキュプロファン膜だけが血液透析膜として用いられていた。しかし中分子量物質に対する透過速度の増加が不可欠となり，中空糸透析膜を用いることによって血液側境膜，さらに中空糸型透析器を用いることによって透析液側境膜の物質移動抵抗が大きく減少したことから，尿毒症の病因物質の除

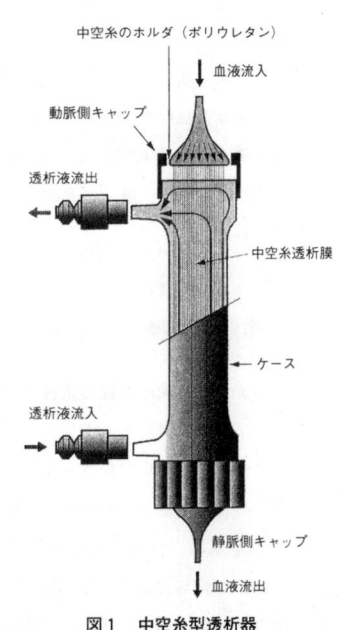

図1　中空糸型透析器

去における律速段階が透析膜になった。このため透析膜の改良が意味のあることになり，再生セルロース膜が改良されると同時に，合成高分子による新しい透析膜が開発された。

ポリスルホン膜，PEPA膜のように，スポンジ構造を支持層に持つろ過係数の大きい非対称膜が透析膜として用いられるようになったのは最近のことである。これは，アルブミンの分子量より小さい数万の分子量のたんぱく質を除去したいためである。分離に寄与し，透過速度が小さく，構造のtightな領域が均質膜のように膜全体を占めると，数万の分子量の病因物質を速やかに除去することは難しい。そこで構造のtightなスキン層を薄くし，その層でまず膜に入りやすい溶質と入りにくい溶質を分け，さらに二次的分離と機械的強度を構造のlooseな支持層に担当させるという発想が，透析膜として非対称膜を用いた理由である。膜は厚くなるが，拡散透過係数，ろ過係数，ふるい係数はいずれも大きな値になる。この新しい発想が成功を収めている。

4 優れた透析膜[1〜3]

透析膜に要求される機能を表2に示す。透析膜は，血液と接触し，湿潤することによる内径，膜厚および長さの変化が少なく，破断強度（機械的強度）に優れていなくてはならない。しかし強靭な膜では溶質は膜を通りにくくなり，また溶質が膜を通りやすくなると破れやすい膜になる。また疎水性であるほど透水性は優れている。実用的な膜は廉価でなくてはならない。以上のことをまとめると，よく伸び，軽く，薄く，孔面積が大きく，それでいて強靭で価格の低い透析膜が透析治療に適している。

表2 透析膜に要求される機能

1	高溶質透過性
2	高透水性
3	溶質透過性と透水性のバランス
4	湿潤時の機械的強度
5	生体適合性
6	滅菌による膜素材の無変性
7	経済性

5 市販透析膜

表3のように市販透析膜の素材は多種であり，再生セルロース，酢酸セルロースといったセルロース由来の透析膜，またポリスルホン，ポリメチルメタクリレート，ポリエステル系ポリマアロイ，エチレンビニルアルコール共重合体，ポリアクリロニトリルなどの合成高分子由来の透析膜が用いられている。日本では，透析膜素材の50％弱がセルロース，50％弱がポリスルホン，次がPMMAである。世界では，50％弱がセルロース，40％弱がポリスルホン，次がPMMAである。因みに，世界における月間の透析器（約1.5 m^2）使用量は約800万個という膨大な数である。国内での生産量は，月間約420万個である。このうち約35％は輸出されている。

第12章　医療用膜

表3　透析治療用の透析膜

膜素材	メーカ	膜形状	備考
1. 銅アンモニア法	メンブラーナ	平膜・中空糸膜	世界で初めての医療用透析膜，DEAE基付与膜
再生セルロース	旭化成メディカル	中空糸膜	国産透析膜第一号
	〔テルモ	中空糸膜	繊維会社以外での国産中空糸透析膜第一号〕
2. 脱酢酸法	〔Corids-Dow	中空糸膜	世界で初めての中空糸透析膜〕
再生セルロース	〔帝人	中空糸膜	高圧蒸気滅菌を特色，
			フィン付き中空糸透析膜〕
3. 酢酸セルロース	〔Corids-Dow	中空糸膜	タンパク質漏出膜〕
	東洋紡績・ニプロ	中空糸膜	β_2-ミクログロブリン除去用透析膜
4. ポリアクリロニトリル	ホスパル	平膜	合成高分子透析膜の第一号
	旭化成メディカル	中空糸膜	β_2-ミクログロブリン除去用非対称透析膜
5. ポリメチルメタクリレート	東レメディカル	中空糸膜	γ線滅菌を特色
6. エチレンビニルアルコール共重合体	クラレメディカル	中空糸膜	抗血栓性透析膜
7. ポリスルホン	フレゼニウス	中空糸膜	β_2-ミクログロブリン除去用非対称透析膜
	旭化成メディカル	中空糸膜	β_2-ミクログロブリン除去用非対称透析膜
	東レメディカル	中空糸膜	β_2-ミクログロブリン除去用非対称透析膜
8. ポリエステル系ポリマーアロイ（ポリエーテルスルホンとポリアリレート）	日機装	中空糸膜	透過性の制御が容易 非対称透析膜 繊維会社以外での国産中空糸透析膜第二号
9. ポリエーテルスルホン（PES）	メンブラーナ	中空糸膜	β_2-ミクログロブリン除去用非対称透析膜
10. ポリアリルエーテルスルホン（PAES）	ガンブロ	中空糸膜	β_2-ミクログロブリン除去用非対称透析膜

〔　〕は現在作られていない透析膜

6　透析膜の構造と透過性[1〜3]

　透析膜は本質的に均質構造を有する半透膜であり，尿素，クレアチニンなどの分子量の小さい溶質は透過しやすいが，分子量の大きい溶質は透過しにくい．図2のように，原子間力顕微鏡（AFM）で湿潤透析膜の細孔が初めて厳密に観察された[5]．透析膜が非常に小さな穴を持っていると考えると，透析現象を容易に理解することができる．すなわち膜の細孔によるふるい分けの考え方である．この細孔の中に水が侵入し，その水の中を溶質が拡散する．分子量の小さい尿素，クレアチニン，ブドウ糖，電解質などは透析膜を透過するが，有形成分や分子量の大きいタンパク質などは透析膜を透過しない（半透性）．このような透析膜には身近にセロファンがある．透析膜の拡散透過速度は溶質と細孔の大きさで決まる．また透析膜はその形状によって平膜と中空糸膜に分けられるが，血液透析に使われる透析膜のほとんどは中空糸膜である．

　再生セルロース膜では，親水性の非晶質領域が細孔に相当する．また溶質は透過しないが，透析膜に湿潤時の機械的強度を与えているのが，高分子鎖が規則正しく配向している疎水性の晶質領域である．それが膜の骨格を担っている（ふさ状モデル[6]）．非晶質領域の大きさと，非晶質

179

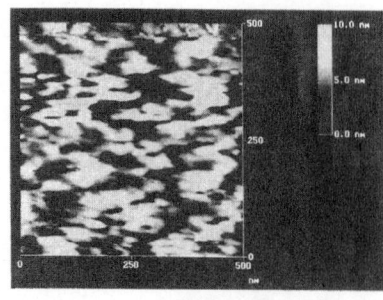

2次元膜表面構造　　　　　　　　　　　3次元膜表面構造
図2　湿潤ポリスルホン膜内表面構造のAFM観察像

領域と晶質領域の割合が拡散透過速度に影響する。膜構造の多孔性は膜の密度と延伸性で知ることができ，それらは結晶化度および機械的強度を反映している。結晶性の低いことを示す密度の小さい，よく伸びる透析膜は大きい拡散透過速度を示す。透析膜における非晶質領域の割合は含水率にほぼ等しい。代表的な再生セルロース膜の含水率は約65%であったが，最近の高性能透析膜の含水率は80%を越える。

長期透析患者に見られる手根管症候群の関連物質が β_2-microglobulin（分子量：11,800）であることが指摘されてから[7]，ろ過係数の大きい高性能透析膜がつぎつぎと開発されている。この高性能透析膜も選択性および生体適合性の観点からみるとまだ不十分である。

薄膜化や大孔径化によって透析膜の透過性が飛躍的に向上すると，必要とする膜面積が小さくなり，透析器の小型化が達成される。小型化によって血液貯留量が減少すると，携帯型，装着型さらには内蔵型人工腎臓をターゲットとしたときに好都合である。

低分子量タンパク質を積極的に除去するには，孔直径が大きく，シャープな分画分子量特性を有する透析膜が必要である。しかし透析膜には孔径分布が存在するため，平均孔直径を大きくしすぎると，有用成分であるアルブミンが漏出してしまう。

透析膜はその素材，物理的構造によって血漿成分を非選択的に吸着する。吸着によって血漿成分中の病因物質を除去することも可能であるが，生体に必須の血中溶質も除去されてしまうことに注意しなければならない。

7　新しい透析膜と将来の課題

透析膜として均質膜が古くから使われており，その代表が再生セルロース膜，酢酸セルロース膜である。スポンジ構造やフィンガ構造を持つ非対称膜が透析膜として用いられるようになった

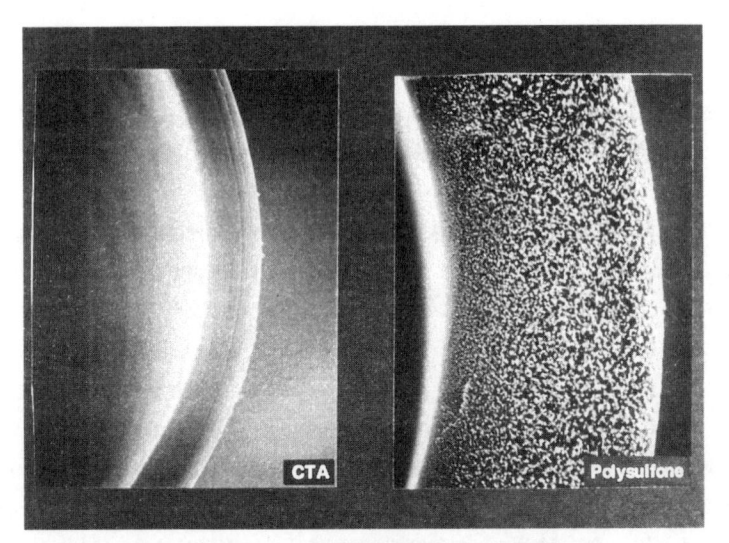

図3 均質膜（CTA）と非対称膜（Polysulfone）の電顕写真

のは，ごく最近のことである。その代表がポリスルホン膜，ポリエステル系ポリマアロイ膜である。

図3で均質透析膜と非対称透析膜の構造を比較している。均質膜は薄く，非対称膜は厚いことがよくわかる。非対称膜による透析では，スキン層と支持層の両方の構造が拡散透過速度に影響しており，拡散透過速度の差によって選択的に溶質が透過する。設計因子の多いことが，非対称透析膜に多くの可能性を与えている。透析膜の現在の東西両横綱は，均質膜である酢酸セルロース膜と非対称膜であるポリスルホン膜であることは興味深い。

高性能透析膜が開発されても，その高性能を活かすためには，優れたモジュール設計が不可欠である。中空糸形状も含めたモジュール設計がうまく行われないと，透析膜の高性能が生かされない。

透析膜の拡散除去性能は十分に向上したが，選択性などでまだ不十分な点が残されている。また患者のQOL向上に必要な透析膜の生体適合性については基礎的研究が不足している。透析膜表面と血液が接触することによる相互作用について，ナノオーダの膜表面構造解析（メディカルナノテクノロジー）が必要であるし，また医用材料としての透析膜の生体反応についての研究がさらに蓄積されないと，現在の間歇治療から，より生理的な連続治療のための人工腎臓の開発は不可能である。

8 逆浸透膜

　血液透析は一回の治療で120ℓ以上の透析液を用い,しかも長期間にわたって治療が続行する。したがって透析液中に混入した無機物,有機物などは透析膜を通って患者体内に侵入し,合併症の原因になる。

　透析用水水質基準(限界値)が提案されている[8]。またグラム陰性菌外膜に存在するエンドトキシン(外因性毒素)は生菌では塊として存在しているために透析膜を透過しないが,次亜塩素酸で菌外膜を破壊するとエンドトキシンが放出され,エンドトキシンフラグメントが透析膜を透過して血液側に侵入する。エンドトキシンは菌体毒素の一つであるが,それ以外にも血液に侵入してほしくない物質は存在する。バクテリアもその一つである。測定しやすく,測定精度がよいために,現時点でエンドトキシンを透析用水の水質基準のマーカーとしている[9]。

　血液透析に必要な透析液を作るには,透析原液あるいは透析原液パウダと希釈用水(透析用水)が必要である。この透析用水に金属,細菌,菌体毒素,有機物などが混入していると生体に悪影響を与える[9]。そこで井戸水や水道水などの原水を十分に清浄化しなければならない。そのために使われているのが図4のような透析液作成システムである[9]。逆浸透膜,プレフィルタのほか,イオン交換樹脂,活性炭,エンドトキシンカットフィルタを用いている。さらに紫外線殺菌灯がRO水タンクに設置されている。これによって表4のような透析用水の水質基準を満足させている。このために注意すべき主な点は,エンドトキシン濃度測定による透析液作成システム

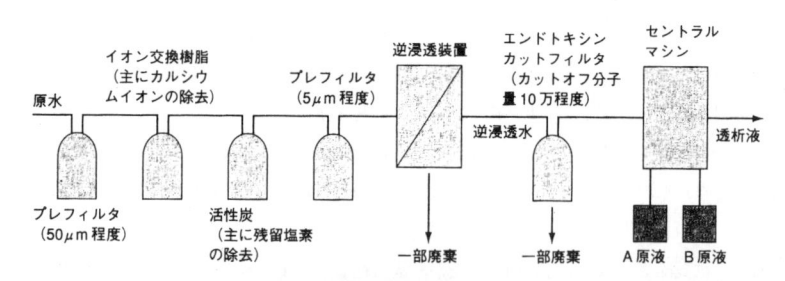

図4　透析液作成システムの一例[9]

表4　透析用水の水質基準

	日本透析医学会 2004年	日本透析医学会 2000年	九州HDF研究会 1994年
バクテリア数	0.1cfu/mL	記載なし	記載なし
エンドトキシン許容値	50EU/L	50EU/L	50EU/L
エンドトキシン目標値	検出限界以下	10EU/L	10EU/L

第12章 医療用膜

の保守管理,逆浸透装置およびエンドトキシンカットフィルタにおける採水率の調節,定期的なモジュール交換である。

透析液原液希釈用水の浄化に使われている逆浸透膜モジュールは約10 m^2 で,日本では年間約1万個の需要がある。国内ROモジュール市場の約10%である。逆浸透膜には非対称膜と複合膜がある。対塩素性に優れた酢酸セルロース膜(非対称膜)と,対塩素性に劣るが分離性能に優れた複合膜(架橋ポリアミドなどのスキン層とポリスルホンの支持層からなる合成複合膜)が用いられている。

9 ウイルス除去膜[10]

1980年代に血液凝固因子製剤によるエイズ感染が大きな社会問題となった。そのときから血液製剤の安全性に対する世間の関心が高まった。生物学的製剤(血漿分画製剤,動物組織由来製剤,細胞培養医薬品,遺伝子組み換え医薬品など)から混入ウイルスを除去するには,再生セルロース中空糸膜からなるウイルス除去フィルタが有効である。銅アンモニア法再生セルロース膜はウイルスとタンパク質をふるい効果で分離している。しかもタンパク質を変性しない。このために細いキャピラリ孔とそれによって繋がっている大きなボイド孔からなる網目構造が150層以上も積層した多層構造(図5)で再生セルロース膜は構成されている。そしてこの多層構造でウイルスは膜を透過せずに,確実に膜で捕捉されるが,有用タンパク質はこの多層構造を透過す

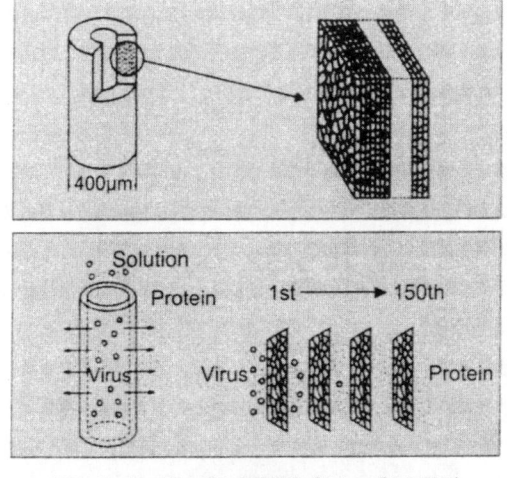

図5 ウイルス除去膜の多層構造(カタログから引用)

最先端の機能膜技術

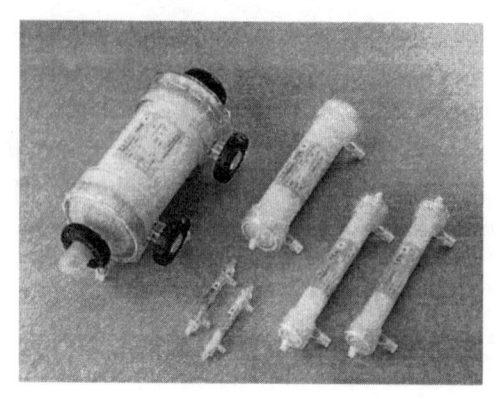

図6 ウイルス除去モジュール（カタログから引用）

る。多層構造でないろ過膜でこのような厳密な分離を行うには，孔径と孔径分布の厳しい制御が必要であるが，現時点でこのような膜を作ることは不可能である。ウイルス除去膜の平均孔径は15～35nmであり，除去対象ウイルスによって使い分けられている。0.001-4 m^2 の膜面積のモジュール（図6）が作られている。ろ過操作としてdead-endろ過とcross-flowろ過を用いる。

10 ガス透過（交換）膜[11, 12]

人工肺には，ポリオレフィンであるポリプロピレンなどのガス透過膜が用いられている。約2.5m^2の人工肺モジュールが世界で年間約80万個使われている。その内訳は，米国で30～35万個，欧州で30～35万個，日本で約4万個である。最近では，心臓手術，特にバイパス手術において人工肺を使わないoff-pump手術が行われるようになってきたため，人工肺モジュールの使用量は減少傾向にある。

現在の人工肺は開心術用の短時間使用が目的であり，肺機能不全患者に対する長期使用の人工肺は広く普及していない。その中でECMO（Extracorporeal Membrane Oxygenation）は長期使用を目的としたガス透過膜による肺機能代行であるが，長時間使用による血栓形成などの問題から，広く実用化していくためには，医用材料の更なる改良と新しい医用材料の開発を待たなければならない。

人工肺（血液酸素化装置）としてフィルム型，気泡型，膜型が次々と開発されたが，1959年に初めて心臓の手術に使われた膜型人工肺が現在ではほとんどである。膜型人工肺は1969年に市販開始されている。またPCPS（経皮的心肺補助）は，小型の膜型人工肺と小型の遠心ポンプを用いて，循環補助と呼吸補助を行なえることから，広い臨床領域で注目されており，これから有望

第12章　医療用膜

な治療法である。

人工肺は，酸素の血液への吸収と二酸化炭素の血液からの放散を主な仕事にしているが，人工肺モジュール内のガス透過膜（人工肺用膜）の両側には，血液側境膜とガス側境

表5　人工肺用ガス透過膜

シリコーン（ジメチルシロキサン）	均質膜
ポリプロピレン	多孔質膜
ポリ（4-メチルペンテン-1）	非対称膜
ポリエチレン&ポリウレタン	複合膜
ポリプロピレン&ジメチルシロキサン	複合膜

膜が形成されている。酸素も二酸化炭素もガス透過膜とガス側境膜の透過抵抗は非常に小さい。すなわち，血液側境膜律速である。したがって，人工肺用膜は酸素と二酸化炭素を通しさえすればよく，膜のガス透過性能は大勢に大きく影響しない。人工肺モジュールのガス透過性能を上げるには，血液の流動状態の工夫が効果的である。

ガス透過膜は中空糸である。中空糸型人工肺モジュールの開発当初は，透析器と同じように，血液は中空糸内，ガスは中空糸外に流していた。しかし血液側境膜律速であることから，血液を中空糸外に流すことが有効であり，内部灌流型から外部灌流型に変更された。中空糸外で中空糸間を血液が効果的に流動することによって，圧力損出を極端に大きくしなくても，ガス交換速度を大きくすることができ，結果的に人工肺モジュールを小さくすることができるようになった。最近では約 $1 \sim 3 \, \text{m}^2$ の小さな人工肺モジュールが作られている。

ガス透過膜として使われている素材を表5に示す。均質膜，多孔質膜，非対称膜，複合膜が使われている。透析膜では問題点として指摘され，これからの課題とされている生体適合性は，ガス透過膜では最近になってようやく注目され始めている。開心術用の短時間使用の人工肺に限れば，ガス交換能，熱交換能，血液充填量と有効膜面積，血液圧力損失などの基本性能は成熟してきたといえる。しかし肺機能不全による長時間使用のECMOなどでは，医用材料の生体適合性，抗血栓性の問題が大きなハードルとなり，未解決の問題が山積している。現時点での取り組みは，人工肺システムの構成部品（ポリプロピレン，ポリカーボネート，ポリエステル，ステンレスなど）に対するヘパリンコーティング，ポリ（2-メトキシエチルアクリレート）コーティング，トリリウムコーティングが試みられている。

以上のような人の命を助ける医療用膜は，さらに重要な分野として展開していくであろう。

文　献

1) 吉田文武，酒井清孝，"化学工学と人工臓器"，第2版第4刷，共立出版，東京，2004

2) Sakai, K. Artificial Kidney Engineering-Dialysis Membranes and Dialyzer for Blood Purification-, *J. Chem. Eng. Japan*, **30**, 587-599, 1997
3) Sakai, K. Determination of Pore Size and Pore Size Distribution. 2. Dialysis Membranes, *J. Memb. Sci.*, **96**, 91-130, 1994
4) Scribner, B.H. *Discussion. Trans. Amer. Soc. Intern. Organs*, **11**, 29, 1965
5) Hayama, M., Kohori, F. Sakai, K. AFM Observation of Small Surface Pores of Hollow-fiber Dialysis Membranes Using Highly Sharpened Probe, *J. Memb. Sci.*, **197**, 243-249, 2002
6) 仲川　勤, "膜のはたらき", 共立出版, 東京, 1985
7) 下条文武, 本間則行, 荒川正昭, β_2-microglobulin, 臨床透析, **3**, 235-244, 1987
8) 内野順司, 吉田豊彦, 水処理の実際, "血液浄化療法―基礎理論と最新臨床応用", pp. 126-132, 日本臨牀社, 東京, 2004
9) 竹澤真吾, 血液透析機器・装置, 透析療法合同専門委員会編, "血液浄化療法ハンドブック" 改訂第3版, pp. 131-148, 協同医書出版社, 東京, 2004
10) 岡田慎一, 深田誠司, プラノバ大型フィルタの開発, 化学工学, **68**, 11-12, 2004
11) 特集, 医療用ガス透過膜と人工肺, 膜, **25**, 102-129, 2000
12) 技術, 人工肺, 医工学治療, **14**, 15-46, 2002

第13章　食品用膜

鍋谷浩志*

1 食品産業における膜分離技術の沿革

　食品産業において膜技術が注目されるようになったのは，1965年Food Technology誌にMorgan et al.[1]による逆浸透（RO）法の食品産業への応用に関する論文が発表されてからである。その後，Willits et al.[2]によるかえで糖の濃縮，Merson et al.[3]によるオレンジおよびリンゴ果汁の濃縮，Marshall et al.[4]によるチーズホエーの処理など次々に応用例が紹介された。1969年には，米国農務省西部研究所で食品工業へのRO法の応用に関するシンポジウム[5]が開かれた。
　一方，わが国では，1970年に日本食品工業学会第17回大会のシンポジウム[6]としてRO法が取り上げられた。その後，1970年代半ばには(財)食品産業センターの助成により，澱粉加工，すり身製造，豆腐製造などの排水処理の研究が行われた。また，1982年には農林水産省の助成により「食品産業膜利用技術研究組合」が設立され，食品会社および膜エンジニアリング会社の多数の参加を得て，6年間の研究活動が行われた。1989年2月からは，産官学の有志により「食品膜技術懇談会（Membrane Research Circle of Food，略称MRC）」が設立され，民間会社70社以上，大学約40研究室，国立研究機関約40機関が参加し，活発な活動が行われている。

2 食品産業における膜分離技術の特徴

2.1 品質の向上が可能

　RO法を用いた食品の濃縮は加熱を必要としないので，①クッキングフレーバーが生じない，②色素の分解や褐変が起こらない，③栄養価の損失がない等の利点を有し，食品の品質向上を図ることができる。さらに，RO法を用いた食品の濃縮においては，熱による香気成分（揮発成分）の損失を防止することができ，良好な香りを保持することができる。
　果汁の濃縮を例とした場合，一般には，高温短時間方式のテースト濃縮機が採用されている。これは，プレヒーターで加熱して殺菌および酵素の失活を行った果汁を蒸発器に送って濃縮し，

---

* Hiroshi Nabetani　㈱食品総合研究所　食品工学部　反応分離工学研究室　研究室長

得られた濃縮果汁を直ちに冷却するものである。蒸発器内における滞留時間はわずか6～8分程度であるが，果汁の成分組成や風味は大きく変化する。特に，果汁に特有な風味を構成する種々の揮発性のアルコール類，エステル類，アルデヒド類の大部分が水とともに失われてしまう。こうした成分の損失により，濃縮果汁の品質は著しく低下する。この欠点を補うために，適当な凝縮器あるいは精留塔を用いて蒸発水中の香気成分を回収し，これを少量のフレッシュ果汁とともに濃縮果汁に添加する方法がとられるが，それでも搾りたての果汁の風味を保持することはできない。さらに，高温での蒸発により成分の酸化が進み，風味が変化する。例えば，脂質は酸化し，アミノ酸と糖とのメイラード反応により褐変が生じる。そして，こうした変性物質により，オフフレーバーが生じる。

これに対し，RO法を用いた果汁の濃縮では，加熱を伴うことなく，他の溶質成分とともに揮発性の香気成分も濃縮することができるので，搾りたての果汁の風味を保持したまま濃縮果汁を得ることができる。かつてのRO膜の素材は酢酸セルロースに限られていたため，香気成分に対する阻止性能は，非常に低かったが，最近の複合膜の開発により果汁の香気成分に対する阻止性能が著しく向上している。最近では，リンゴ果汁の香気成分に対する阻止率が98％程度の複合膜も開発されている[7]。現在，実際に稼働している柑橘果汁のRO濃縮プラントにおいても，原料果汁の香気成分の80％以上を保持したまま濃縮が可能であり，官能検査で還元果汁と原料果汁とを判別することはできないとされている[8]。

2.2 工程の簡略化が可能

膜技術を用いることにより，ろ過を行うだけで，溶質成分の分離・濃縮を行うことができる。このため，従来，複数の工程が必要であった処理を一つの工程に簡略化することも可能である。図1[9]には，従来法および限外ろ過（UF）法を用いたリンゴ果汁の清澄化工程を示した。従来法においては，遠心分離，酵素処理，珪藻土ろ過等の複数の工程が必要であったが，UF法を用いることによりこれらの工程を一つにできることが分かる。UF法を用いた果汁の清澄化は，この他にも，①製品の回収率が向上する，②珪藻土等のろ過助剤を用いる必要がなくなり，原材料費を大幅に削減できる，③使用酵素量が減少する，④人件費を削減できる，⑤工程中のタンクの容量を縮小でき，装置の占める床面積が減少する，⑥加熱装置の必要がなくなる，⑦廃棄物が減る，⑧装置の洗浄および保守管理が容易となる，⑨化学変化にともなう風味の劣化がなくなる等の利点を有する。一日当たり25,000ガロンの生産能力を有するリンゴ果汁製造施設の場合，UF法を用いることにより，年間5万ドルに相当する濾過助剤を節約できるとされる。また，使用する酵素量が半分となり，歩留まりが5～7％向上するとともに，製品の品質も向上するとされる[9]。

第13章　食品用膜

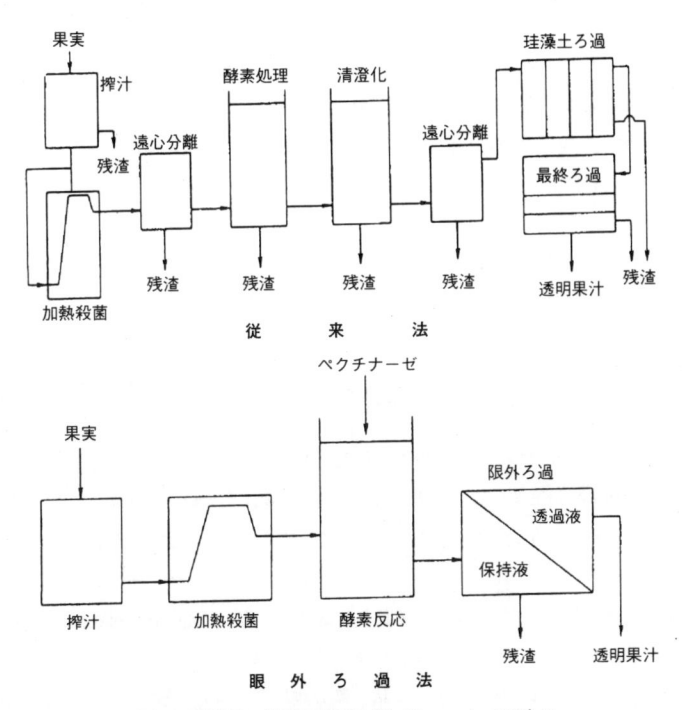

図1　透明リンゴ果汁の製造工程（Koseoglu, 1990）[9]

2.3　エネルギーコストの低減が可能

　RO法やUF法を用いた分離・濃縮は相変化を伴わないために，消費エネルギーが少なく，エネルギーコストの低減を図ることができる。

　実用規模の単一効用缶および三重効用缶を用いて果汁の蒸発濃縮を行った場合，1 kgの水を除去するのに必要なエネルギーはそれぞれ2,300および700kJである[10]。多重効用缶に加えて，機械的蒸気圧縮法を用いて蒸発器の能力を高めても，蒸発に必要なエネルギーは460kJ/kg程度にしか減少しない[11, 12]。これに対して，RO法による濃縮に必要なエネルギー量は非常に少なく，45～70kJ/kg程度とされる[10]。

2.4　操作が単純

　RO法やUF法に必要な操作は，加圧，移送，リサイクルのみで，非常に簡単である。
　蒸発法による果汁等の濃縮機は，原理としては加熱により水分を除去するだけの単純なもので

あるが,その装置構造としては多重効用缶,蒸気圧縮機,香気成分回収のための精留塔あるいは凝縮器等が必要となり,操作も複雑なものとなる。また,凍結濃縮法においては,熱を除去する冷却器,相変化を起こさせる晶析装置(氷の熟成装置)および氷と濃縮液との分離装置を別々に設置してシステムを組むために,装置構造が非常に複雑になり,装置コストが高くなる。しかも,それぞれの工程において,緻密な制御と複雑な操作が要求される。このため,実用化の例は少ない。

これに対し,RO法やUF法の装置は,基本的には,加圧ポンプ,膜モジュール,調圧弁およびこれらをつなぐ配管だけで構成されており,操作も非常に簡単である。

3 食品産業における膜分離技術の応用例

食品産業におけるRO法およびUF法の実用化例を表1に示した。その応用は,乳工業,飲料工業,精糖工業,加工澱粉工業,醸造工業,水産工業,畜産工業等極めて多岐にわたっている。紙面の都合上,詳しくふれることはできないが,多くの成書[13~15],総説[16~21]が有るので参照して頂きたい。

育児用ミルクは,牛乳を主原料として調製されるが,牛乳と母乳の成分組成には大きな違いがある。灰分含量とカゼインタンパク質についてみると,牛乳は母乳の3.5倍,5倍とそれぞれ極端に高い割合となっている。灰分に関しては,膜分離法の一種である電気透析(ED)法による脱塩を行うことにより濃度を調整している。また,チーズホエーに含まれる乳清タンパク質を

表1 食品産業における膜技術の応用例

応用例
チーズホエーからの有価成分の回収
RO濃縮乳からのチーズ,アイスクリームの製造
ジュースの清澄化
(パイナップル,ピーチ,リンゴ)
ジュースの濃縮
(リンゴ,オレンジ,トマト,グレープ)
低アルコール濃度ビールの製造
卵白の濃縮
オリゴ糖の分離・精製
サイクロデキストリンの製造プロセスへの応用
食品加工工程からの廃水処理
生酒の製造
ハチミツの清澄化
酵素の精製
天然色素の回収
ワインの製造
果汁の高品質化
膜乳化

第13章　食品用膜

UF法により回収し，これを牛乳に加えることにより相対的にカゼインタンパク質の濃度を低下させ，母乳の成分組成に近い育児用ミルクが製造されている。

最近，蜂蜜を含む飲料が数多く販売されているが，蜂蜜をそのまま果汁やアルコール飲料に加えると沈澱が生じ製品の品質が著しく低下する。そこで，蜂蜜に含まれるタンパク質や酵素を除去しなくてはならない。従来は，活性炭やイオン交換樹脂を用い脱色，脱臭，脱イオンを行った後，珪藻土ろ過を行う方法がとられてきたが，これらの工程は複雑である上に，蜂蜜特有の風味や色調が失われてしまう。そこで，現在では，これらの精製工程をUF法により行っている。UFを利用することにより，風味，色調を残したまま，タンパク質や酵素を除去でき，しかも，蜂蜜の利用で特に問題となるボツリヌス胞子も取り除くことができる。このため，前述の飲料に加えても混濁や沈澱を生じない製品を開発することが可能となった。この方法の開発により，これまであまり利用価値の高くなかったソバや栗の蜂蜜の用途が著しく広がった。

生ビール，生酒の製造にも膜技術が利用されている。醗酵直後のビールから酵母を精密ろ過（MF）法で除去することにより，シェルフライフの長い生ビールが製造されるようになり，家庭でも手軽に生ビールが楽しめるようになった。また，搾りたての清酒には，酵母や酵素（グルコアミラーゼや酸性カルボキシペプチダーゼ）が含まれる。適当な分離性能を持つUF膜を利用することにより酵母や火落菌を完全に除去し，酵素を80％程度除去すれば，搾りたての風味を保持したシェルフライフの長い生酒を製造できる。

RO法により濃縮したブドウ果汁がワイン製造に一部利用されている。国産のブドウ果汁の糖度は一般に低く，甲州種の場合15～16％程度である。アルコール濃度10～12％のワインを得るには，糖濃度を20～24％程度にする必要があるため，通常は，ブドウ糖を補うが，これでは味にコクがでない。しかし，RO濃縮したブドウ果汁を用いることにより，補糖せずに醗酵を行うことができ，品質の良いワインが製造できるようになった。また，褐変の原因となるポリフェノールや，タンニンさらにペクチンをあらかじめUF法で取り除くことにより，品質の良いワインを製造できる。

4　食品産業における膜技術の新たな展開

4.1　ナノろ過法

一段操作での海水の淡水化を目指したRO膜の高阻止率化とともに，塩阻止率が95％以下の低阻止率化も進行している。ちょうどROとUFの中間の性能を得ることを目的としており，ナノろ過（NF）膜あるいはルーズRO（loose RO）膜と呼ばれる。通常1 MPa以下の圧力で使用される。食品においては，うま味の因子であるアミノ酸や核酸物質，甘味の因子である単糖類や二糖

類，さらに色合いを決定する着色物質などの分子量が，NF膜で阻止できる範囲にあるため，NF膜の応用が注目されている。既に，牛乳およびホエーの脱塩[22~24)]，アミノ酸調味液の脱色[25, 26)]，醤油の脱色[27)]，果汁の高濃度濃縮システム[28~30)]，オリゴ糖の精製[31~34)]，機能性ペプチドの精製[35)]等への応用が試みられている。以下，食品産業でのNF膜の利用に関する検討状況を紹介する。

4.1.1 牛乳およびホエーの脱塩

牛乳をNF膜で濃縮した濃縮牛乳は，飲料用だけではなく高級アイスクリーム等の乳加工製品の原料としても注目されている。NF膜を用いて牛乳を濃縮すると，イオン化しているミネラル等の低分子量の乳成分の一部を水と共に分離することが可能になり，従来の濃縮牛乳との風味の違いを強調することができる。表2に，UF，NF，RO膜の牛乳中の乳糖およびミネラルの透過率を示した[22)]。RO膜ではほとんどのミネラルと乳糖が阻止され，UFでは大半の成分が透過する。それに対し，NF膜では塩素やナトリウム，灰分，カリウムなど多すぎると不快になる成分がある程度透過する。一例を挙げれば，タンパク質濃度を上げても塩味を抑えることができる。また，脱脂粉乳を濃縮しながら低分子量の雑味成分を分離し，うま味を増した無脂肪牛乳も製造されている[23)]。他にも，乳糖および乳糖関連物質製造のためのUF膜透過画分の前処理や，酸性ホエーを部分的に脱塩・濃縮して，低塩化物濃度の甘性ホエー類似品に変換する可能性，各種チーズホエーの処理などがNFの応用例として紹介されている[24)]。

4.1.2 アミノ酸調味液の脱色[25, 26)]

脱脂大豆等植物由来のタンパク質を酸で加水分解して得られるアミノ酸調味液は，わが国において漬物・佃煮・即席麺を始めとして広く利用されている。近年の食品の高級化，高品質化に伴い，これまでのアミノ酸調味液も素材の味を十分に生かすことが求められている。そのため，調味料に対する市場の要求も，素材の持つ香りを損なわないようになるべく無臭で，色調も淡く，マイルドでソフトな味を持ち，加熱に対しても安定であることが求められている。このうち，脱色は従来，活性炭や弱イオン交換樹脂，非イオン脱色樹脂などを用いて行っているが，前処理が必要であったり，活性炭臭の付加や色調の黄色化などの問題があり，またコスト的に活性炭や樹脂の使用量には限界がある。脱色前のアミノ酸調味液の色素は，約2,000から12,000に分布して

表2 種々の膜の乳糖およびミネラルの透過率[22)]

	UF	NF (loose RO)			RO	
水分	1	1	1	1	1	1
乳糖	0.8~0.9	0.15	0.04	0.02	0.001	0.0002
Cl	1.0~1.05	0.9	0.5	0.25	0.06	0.02
灰分，K，Na	0.9~0.97	0.5	0.25	0.15	0.025	0.01
P	0.8~0.95	0.25	0.07	0.04	0.0025	0.0007
Ca，Mg	0.8~0.9	0.2	0.05	0.03	0.0015	0.0005

第13章　食品用膜

表3　脱色液の官能評価

	樹脂脱色法	膜脱色法
色　調	黄色味が強く赤み基調	黄色味少なく淡色基調
呈　味	強いうま味とシャープな味	強いうま味とマイルドな味
香　り	弱い植物蛋白臭あり	マイルドで無臭に近い
総合評価	シャープでストレート	マイルドでソフト

いた。そこで，分画分子量6,000から8,000のUF膜と塩化ナトリウム阻止率10%のNF膜で脱色を試みた。その結果，NF膜を用いた場合，分子量4,000以上の色素成分を除去し，アミノ酸などの低分子量の呈味成分と食塩のバランスを維持しながら，脱色が可能であることが明らかになった。従来の脱色法と膜脱色法を官能評価で比較すると，表3に示したように，従来品より品質が大きく向上している。また，加熱による褐変も大幅に低減されている。

4.1.3　醤油の脱色

醤油は日本古来の調味料としてたいへん重要な地位を占めているが，加工食品に使用する場合には，前述のアミノ酸調味液と同様にうま味を残したままで，色調の淡い醤油が望まれるようになった。そこで，塩化ナトリウムの阻止率が10%（NTR-7410）と50%（NTR-7450）のNF膜で脱色が試みられている[27]。阻止率から予想されるように，前者は透過流束が大きく，後者は脱色率に優れていたので，後者が非常に色が薄く添加物のない醤油風調味料として製品となっている。また，濃縮液も全窒素分の多い濃厚醤油として別途出荷されている。前者の膜も，生揚げ醤油を脱色し，下げオリの発生しない淡口醤油の製造に実用化されている。

4.1.4　高濃度濃縮システム

通常の濃縮果汁は45～50 Brix程度まで真空濃縮されており，その時の浸透圧は100～150kg・cm^{-2}である。RO法の操作圧力は膜モジュールや装置の耐圧性の制限から60～70kg・cm^{-2}が上限とされるので，果汁の濃縮限界は25～30Brixとなる。この濃縮限界の問題に対して，図2[28]に

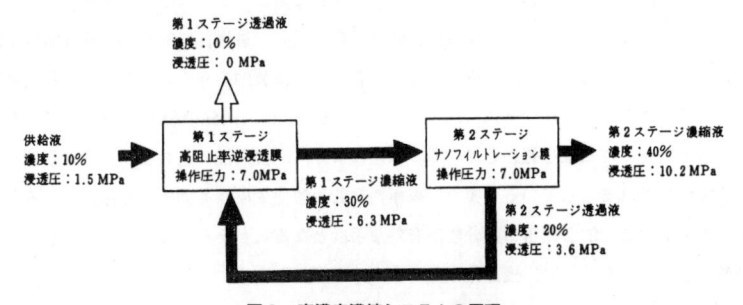

図2　高濃度濃縮システムの原理

示したように，通常の高阻止率型RO膜とNF膜を組み合わせる方法が提案されている。溶質を一部透過液側に透過させ，濃縮液と透過液の浸透圧差を小さく保ちながら高濃度まで濃縮を行うシステムである。詳しくは，これまでの報告[29, 30]を参照されたい。

4.1.5 オリゴ糖の精製

適当なNF膜を選定し操作条件の設定を行うことにより単糖や二糖とさらに高分子の三糖以上のオリゴ糖との分離が可能となる。このことを利用して，大豆オリゴ糖[31]，キクイモオリゴ糖[32]，チコリオリゴ糖[33]およびヤーコンオリゴ糖[34]の精製にNF膜を利用しその付加価値を高める試みがなされている。

4.1.6 機能性ペプチド精製[35]

採卵鶏の廃鶏屠体は産業廃棄物として処理される場合があるが，屠体は良質のスープとなるチキンエキスの原料でもある。しかもチキンエキスには主要な成分としてβ-アラニンとヒスチジンから構成される抗酸化性ジペプチド（アンセリンおよびカルノシン）が含まれている。これらの抗酸化成分は人間の老化や各種疾病の直接的原因となる活性酸素を体内で消去する効果が期待されることから，生活習慣病の予防に有効であるといわれている。そこで，廃鶏屠体の利用促進のために，NF膜を用いることにより，廃鶏に含まれる抗酸化性ジペプチドを任意の純度で大量生産できる製造法が検討されている。

4.2 有機溶媒系での膜分離

食品産業における膜分離技術の応用は，果汁，チーズホエー等に代表されるように，主に水溶液系を対象に発展してきたが，最近では，膜材質の多様化，高機能化に伴って膜の適用範囲が有機溶剤系にも及ぶようになり，油脂精製や廃食油処理等の水溶液系以外への応用も試みられるようになってきた[36, 37]。Subramanianら[36]は，シリコンを活性層とする膜を用いて，落花生およびヒマワリの圧搾油をろ過し，ろ過による品質の変化を評価している。ろ過によりリン脂質濃度は360 mg/kg以下に低下し，色素成分も効率よく除去されている。また，酸化生成物も25～40%程度阻止される。一方，トコフェロールは選択的に膜を透過し，透過側で30～70%程度濃度が高まる傾向にあった。このことから，一段の工程で品質の高い精製油を与える操作として膜分離法が高い可能性を有することが示されている。また，宮城ら[37]は，同様の膜を用いて使用済みの廃食用油のろ過を行った結果を報告している。ろ過により，廃食用油の色および粘性は新油と同等程度にまで改善されるとしている。また，総極性物質や酸化生成物も効率よく除去されるため，廃食用油の品質の総合的な改善に膜分離が有効な手段となることを示している。ただし，本技術を工業的に利用するためには，透過流束を改善する必要がある。

4.3 分離以外の目的への膜技術の応用

分離以外への応用に関しても様々な取り組みが見られるようになってきている。

都甲は,脂質/高分子ブレンド膜を味物質の受容体とし,この複数の脂質膜からなる電位出力応答パターンから味を識別する味覚センサーを開発している[38]。これは,舌の細胞の生体膜が脂質とタンパク質からできていることに着目し,その構成成分である脂質を実際に利用できる形で作り上げたものである。この味覚センサーを用いることにより,塩味,酸味,苦み,うま味,甘味の5つの基本味を明瞭に識別することに成功しており,おいしさの定量的表現を可能としている。これにより,これまで全く主観の世界であった味覚に客観的議論が導入できるようになってきている。詳細については第14章に紹介されている。

Nakashima et al.は,多孔質ガラス膜(SPG膜)を用いて乳化を行う膜乳化法を開発している[39]。膜乳化法は,比較的均一な細孔を有する多孔質膜を介して分散相液体を連続相中に圧入することにより,単分散エマルションを作製する。膜乳化では機械的乳化法のような強い剪断力を必要とせず,熱の発生を抑えることができるので,剪断や熱に敏感な物質の利用も可能である。また,W/O/Wエマルション等の複合エマルションを容易に作製できる。さらに,多孔質膜の細孔サイズを変えることで,エマルション粒径の調整が可能である。膜乳化技術については,低脂肪スプレッド,単分散多孔質シリカ微粒子等の製造への応用が実用化され,さらにW/O/Wエマルションのドラッグデリバリーシステムへの応用も実用化に向けた臨床段階に入っている。また,中嶋は,半導体加工に利用される微細加工技術により作成された流路であるマイクロチャネル(MC)を介して分散層を連続層中に圧入することにより,単分散エマルションを生成するMC乳化法を開発している[40]。MC乳化法により,膜乳化以上に単分散性を高めることに成功している。MC乳化を利用した単分散粒子の調製により,脂質微粒子の作製,高分子微粒子の作製,マイクロカプセルの作製等を試みている。MC乳化を基礎として,均一粒子,マイクロカプセルの作製が可能となり,高機能な粉末油脂,フレーバーをマイクロカプセル化した香料,ビフィズス菌など有用微生物を内包したマイクロカプセルなど,食品分野での様々な用途展開が期待されている。

5 おわりに

以上,食品産業における膜利用の動向および今後の展開の可能性について概説した。新たな膜素材および装置の開発,新たな応用分野の開拓を通じて,食品分野での膜の利用がさらなる進展をとげることを期待する。

文 献

1) A. I. Morgan, R. L. Merson, and E. L. Durkee, *Food Technol.*, **19**, 1970 (1965)
2) C. O. Willits, J. C. Underwood, and U. Merten, *Food Technol.*, **21**, 24 (1967)
3) R. L. Merson and A. I. Morgan Jr., *Food Technol.*, **22**, 631 (1968)
4) P. G.Marshall, W. L. Dunkely, and E. Lowe, *Food Technol.*, **22**, 969 (1968)
5) USDA, "Reprot of a Symposium on Reverse Osmosis in Food Processing" (1969)
6) 小坂謙治, 日本食品工業学会第17回大会シンポジウム (1970)
7) 渡辺敦夫, 中嶋光敏, 鍋谷浩志, 荒木英稀, 大森務, 石黒幸雄, 化学工学会一関大会講演要旨集, **41** (1989)
8) *Food Technol.*, **43**, 148 (1989)
9) S. S. Koseoglu, J. T. Lawhon, and E. W. Lusas, *Food Technol.*, **44**, 90 (1990)
10) K. Robe, *Food Proc.*, **44**, 100 (1983)
11) G. W. Kobe, K. Kirkkevold, and K. Robe, *Food Proc.*, **48**, 167 (1987)
12) A. M. Leo, *Food Technol.*, **36**, 231 (1982)
13) 野村男次, 大矢晴彦編, 食品工業と膜利用, 幸書房 (1983)
14) 大矢晴彦, 膜利用ハンドブック, 幸書房 (1978)
15) 妹尾学, 木村尚史, 新機能材料 "膜", 工業調査会 (1983)
16) D. J. Paulson, R. L. Wilson, and D. D. Spatz, *Food Technol.*, **38**, 77 (1984)
17) 渡辺敦夫, 中嶋光敏, 日本の科学と技術, 23, 235, 64-69 (1985)
18) 神武正信, 膜, **10**, 87-100 (1985)
19) 小此木成夫, 日本食品工業学会, **32**, 144-155 (1985)
20) 渡辺敦夫, 油化学, **34** (10), 847-851 (1985)
21) 渡辺敦夫, 食品工業, **30** (2), 26-36 (1986)
22) 田村吉隆, 食品と開発, **29**, 14 (1994)
23) 共同乳業, MRCニュース, **14**, 14 (1995)
24) P. M. Kelly, B. S. Horton and H. Burling, IDF Special Issue 9201, 133 (1992)
25) 川喜田哲哉, 食品と開発, **29**, 17 (1994)
26) 川喜田哲哉, ニューメンブレンテクノロジーシンポジウム'94 テキスト, 8-1 (1994)
27) 西田祐二, 地蔵真一, 品川雅一, 日東技報, **31**, 11 (1993)
28) 鍋谷浩志, 膜, **21**, 102 (1996)
29) A. Watanabe, H. Nabetani and M. Nakajima : Proceedings of The 1990 International Congress on Membranes and Membrane Processes, p. 282 (1990)
30) 鍋谷浩志 : 東京大学学位論文, p. 199 (1992)
31) Y. Matsubara *et al.*, *Biosci. Biotech. Biochem.*, **70**, 421 (1996)
32) 高畑 理ら, 食品科学工学会第44回大会講要, p. 71, 坂戸 (1997)
33) T. Kamada *et al.*, *Eur. Food Res. Technol.*, **214**, 435 (2002)
34) T. Kamad, *et al.*, *Food Sci. Technol.*, **8**, 172 (2002)
35) 柳内延也ら, 膜, **29**, 17 (2004)
36) Subramanian, R. *et al.*, *Food Res. Int.*, **31**, 587-593 (1998)

第13章　食品用膜

37) 宮城淳ら，膜, **29**, 26-33（2004）
38) 都甲潔, ケミカルエンジニアリング, **47**, 609-614（2002）
39) T. Nakashima et al., *Adv. Drug Delivery Reviews*, **45**, 47-56（2000）
40) 中嶋光敏, ニューメンブレンテクノロジーシンポジウム2003（日本能率協会), 3-2-1～3-2-11（2003）

第14章　味・匂いセンサー膜

都甲　潔*

1　はじめに

　食の多様性，高品質化，大量生産に伴い，その味，香り，品質，安全性の客観的評価手法の早急な確立が望まれている。また昨今の食のグローバル化のため，電子タグ等を用いたトレーサビリティー管理システムの確立が喫緊の要務となっている。このような背景で，インテリジェントセンサー技術，バイオテクノロジー，ナノテクノロジーを用いて食品の品質，ならびに感性情報の計測を可能とする五感融合センサーシステム，食品用使い捨てセンサー，小型センサーチップ，食品用電子タグの開発が強く望まれている。

　食文化は人類の長い歴史の中で培われてきた。センサーは五感を再現，そしてそれを超えることを目的としており，人のもつ主観的かつあいまいな感覚を定量化することを目指すものである。近年の科学技術の発展にともない，センサーは視覚・聴覚・触覚（光・音・圧力）といった，単一の物理量を捉えるものから，味覚や嗅覚を含めた総合的情報を捉えるものへと要求が高まってきている。

　五感の中でも味覚や嗅覚は，現時点でも多分に主観的・生物的感覚といえよう。しかし科学の発展の歴史が「主観的量」を「客観的量」で表現する計測技術の発展とともにあったことを思うと，味覚や嗅覚もその例外ではないであろう。事実，時間や長さの定量化については，エジプト時代にもさかのぼる歴史をもっているが，これらも当初は多分に主観的量であったはずである。

　視覚や聴覚では，光や音波を受容するだけでも，センサー（物理センサー）としての当初の目的は十分に達せられる。実際カメラやマイクロフォンは出力結果を解釈する人が介入することで，その目的を達成できる。ところが味覚や嗅覚においては，センサーレベルにおいて，人の感じる感覚を表現しなければ，センサーとしては失格である。つまり，化学物質を検出したからといって，その結果から一般に味や匂いは再現できず，従って食品に含まれる化学物質を測定したことの正当性が失われる。この事実は，味覚や嗅覚のセンサーは本質的にインテリジェントセンサーであることを要求しているともいえる。

　一般に化学物質を拾うセンサーをバイオセンサー，化学センサーという。ところで，代表的な

＊　Kiyoshi Toko　九州大学大学院　システム情報科学研究院　電子デバイス工学部門　教授

第14章　味・匂いセンサー膜

バイオセンサーはタンパク質（酵素）を高分子の膜に吸着させた酵素センサーであることからもわかるように，物理センサーが光や圧力といった特定の量を選択的に拾うように作られているのと同様に，バイオセンサーも物質選択性が重要視され，開発が進められていた。実際，これまでのセンサーの定義は，高選択性と高感度にあったといっても過言ではない。このような高選択性センサーはすでに医療方面でも使われており，今後ますますその需要は増すであろう。

しかし，この種の選択性の高いセンサーで味覚をセンシングするには，全ての味物質に対応したセンサーを用意しなければならないため現実的ではない。食品には数百種類ともいわれる化学物質が含まれており，その中のどの化学物質が味に貢献しているかは一般には不明である。しかも，各化学物質間に，各味質間にも相互作用があり，化学物質（そして味質）は互いに独立ではない。例えば，コーヒーに砂糖を入れると，甘味はもちろん増すが，同時に苦味は減る。これは，カフェインなどの苦味を砂糖が抑制したからである（苦味抑制効果）。また，カフェインの入っていないコーヒーでも苦い。つまり，食品の味の正体（化学物質）は不明で，しかも互いに相互作用がある，という世界が味覚の世界なのである。

味覚センサー開発の歴史は1980年代にさかのぼる。脂質分子を成膜した人工の脂質膜が異なる味物質に異なる電位応答をすることが発見されたのが，1985年である。その後，1987年に甘味が苦味を抑制するという抑制効果がこの人工脂質膜で再現された。引き続き，うま味物質の間で互いにうま味を強めあうという相乗効果を再現できることが見いだされるに及んで，人工脂質膜は人の感じる味覚を数値化できるというアイディアが掲示された。つまり，これまでのセンサーのような単一の物理量や化学物質の個々に応答するセンサーではなく，人の感じる感性そのものを再現するセンサーというアイディアが提案されるに至った。

1990年には，各味質に異なる応答を示す脂質膜センサーを複数種そろえ，その出力から味質，味強度を判定するという仕組みのセンサー，つまりマルチチャネル味覚センサーの基本原理が，九州大学とアンリツ（株）から特許出願された。その後，味覚センサーは10年以上もの長きにわたり，九州大学とアンリツ（株）とで共同開発されることになる。その結果，味認識装置SA401，SA402が市販され，本装置は現在，食品や医薬品関係の会社，研究所，試験場，大学で使われている。アンリツ（株）味センサーグループは2002年に独立し，（株）インテリジェントセンサーテクノロジー（略称，インセント）なる新会社が設立されるに至っている。

なお，匂いを測るセンサー，つまり匂いセンサーも味覚センサーと同様のマルチチャネル型の構成を取っているが，その思想はやや異なることを指摘しておくことは価値があろう。つまり，匂いセンサーは化学物質に選択性の低いセンサーを複数種用意し，それからの出力を総合的に見ることで，化学物質または匂いを判定しようというもので，もともと人との感性との整合性を強く意識したものではないし，選択性の低いセンサー（例えば酸化物半導体ガスセンサー）が存在

最先端の機能膜技術

するという現状が先にあった。かたや，味覚センサーでは，各センサー要素は5つの味質（酸味，苦味，塩味，甘味，うま味）にある程度選択的に応答するという特徴を有する。マルチチャネルにしたのは，味が5つあるからに他ならない。実際，苦味（や渋味）といった味質を1本のセンサーで測ることが可能である。

本稿では，味と匂いを測るセンサー[1〜5]について詳述しよう。

2 味覚センサー

2.1 受容膜

味覚センサーは脂質/高分子ブレンド膜を味物質の受容部分とし，この複数の脂質膜からなる電位出力応答パターンから味を識別する。これは舌の細胞の生体膜が脂質とタンパク質からできていることに着目し，その構成成分の一つである脂質を実際に利用できる形で作り上げたものである[6]。

図1に示すように，脂質膜電極はポリ塩化ビニルの中空棒にKCl溶液と銀・塩化銀線を入れ，その断面に脂質/高分子膜を貼りつけたものである。特性の異なる脂質/高分子膜を8つ（または7つ）準備し，脂質膜電極と参照電極との間の電位差を計測し，これら複数の出力電圧により構成されるパターンから味を識別・認識する。生体系との対応からは，脂質膜電極の内部が細胞内，味溶液である外部が細胞外に相当する。なお，これらの膜のことを以下「チャネル」と呼ぶことにする。

脂質の選択には任意性があるが，まずは生体膜の脂質の官能基を網羅する形で選ばれた（表1）。もちろん測定対象と目的に応じて適宜選択し直すべきである。

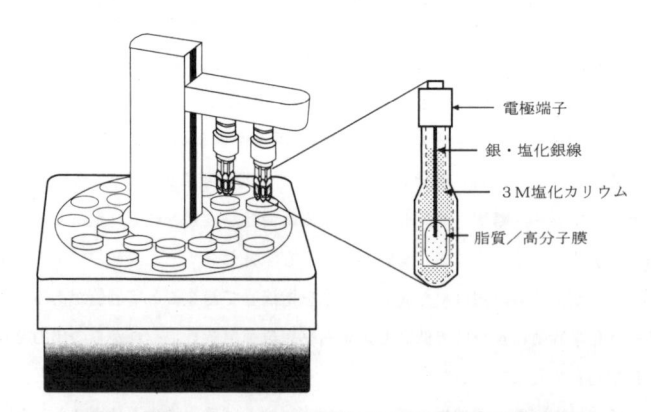

図1 味覚センサー（SA402B（株）インセント製）と脂質膜電極

第14章 味・匂いセンサー膜

表1 受容膜に用いる脂質

チャネル	脂質(略称)
1	デシルアルコール(DA)
2	オレイン酸(OA)
3	ジオクチルフォスフェート(CまたはDOP)
4	C:T = 9:1
5	C:T = 5:5
6	C:T = 3:7
7	トリオクチルメチルアンモニウムクロライド(TまたはTOMA)
8	オレイルアミン(OAmまたはN)

2.2 基本味応答

5つの味のうち,塩味とうま味に対する応答パターンを図2に示す。誤差は1％を切っているので,各味の識別が明瞭にできる。注目すべきは,5つの味に対しては異なる応答パターンを示すのに対し,似た味では似たパターンを示すことである。例えば塩味を呈するNaCl,KCl,KBrでは似たパターンを示し,うま味を呈するグルタミン酸ナトリウム (MSG) やイノシン酸ナトリウム (IMP),グアニル酸ナトリウム (GMP) でも同様に似たパターンを出す。この事実は,味覚センサーに必須の条件を満たしていること,すなわち「個々の味物質ではなく味そのものに応答」していることを意味する。

味覚センサーの応答閾値は,キニーネ(苦味)で数μM,HCl(酸味)で約10μM,NaCl(塩味)で数mM,MSG(うま味)では約0.1mM,ショ糖(甘味)で約100mMであり,ヒトの検知閾値と同程度か1桁程度低い。またキニーネやHClに対して,ヒトも味覚センサーも同様に高い感度を示すことは注目すべき事実である。実はこれは極めて合目的なことである。というのも,苦味を生じる物質は本来毒であり,避けるべきものであるからであり,酸味も通常は腐敗のシグ

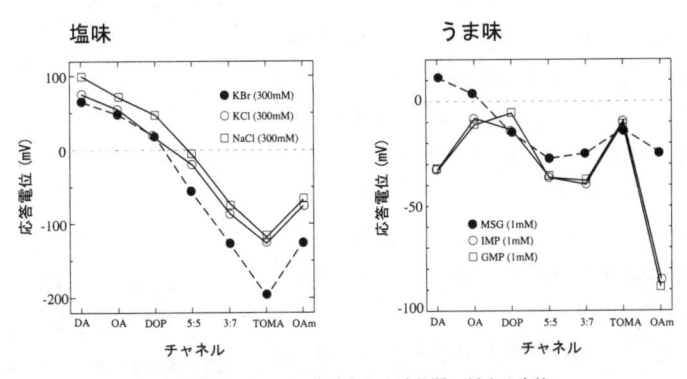

図2 味覚センサーの塩味とうま味物質に対する応答

ナルであるからである。味覚とは本来口に入るものが安全か毒かを判定するために備わった感覚であるため,迅速に化学物質を検出,分類する必要がある。味覚センサーはその主旨に沿って開発された感性バイオセンサである。

2.3 応答メカニズム

次に味覚センサー受容膜の応答のメカニズムに言及しよう。酸味では,水素イオンが膜の親水基に結合した結果,膜の表面荷電密度が変わる。その結果,膜と水溶液の界面の電位が変化し,それが応答電位として計測される。塩味物質NaClでは,溶液中の電気2重層の電位分布が変わる効果(遮蔽効果)が主である。苦味物質キニーネは膜の疎水鎖の部分に入り込み,その表面電荷密度を変える。うま味物質では,グルタミン酸本体の吸着効果とNa^+イオンによる遮蔽効果が同時に現れる。甘味物質はそれ自体電荷をもたないものの,膜の表面荷電密度を変えたり,他の共存イオンに影響を与えたりすることで膜電位が変わる。

味物質に対する味センサーの脂質膜の応答は,表面荷電密度,表面電位,H^+結合率などが変化した結果生じるものであり,種々の味物質に対する膜電位の振舞は,これら全てを考慮して説明する必要がある。

まずPoisson-Boltzmann方程式から膜の表面電位と表面荷電密度の関係を得,さらに表面荷電密度はH^+結合率で表すことができ,Gibbs自由エネルギーからH^+結合率と表面電位の関係式を導くことができる。以上3つの式を連立して解くことにより,上記3つの量の振舞を所定の味物質濃度に対して記述することが可能となる[7,8]。

測定電位である膜電位は,電極内液と膜界面での表面電位,膜内部で発生する拡散電位,味物質が入った外液と膜界面での表面電位の3つで表すことができる。味物質で影響を受けるのは,外液側の表面電位と膜内部の拡散電位であると考えられる。負に荷電した膜であるDOP膜について,上述の式を解くことで得られたキニーネとNaClに対する応答を図3に示す。観測値と理論値との一致はかなり良いことがわかる。またこの膜での観測値は表面電位のみの変化で説明できることも判明した。これは実際DOP膜の高い抵抗値(>数$MΩ\ cm^2$)からもうなずけるものである。他方,TOMA膜ではその膜抵抗はかなり低く,膜内部の拡散電位の変化も考慮にいれなければならない。

以上のように,現時点で脂質/高分子ブレンド膜の応答特性を理論的に説明することが可能である。また可塑

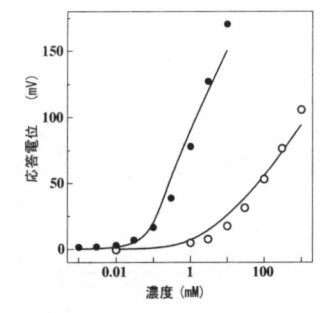

図3 DOP膜のキニーネ(●)とNaCl(○)に対する応答・実線は理論値

第14章 味・匂いセンサー膜

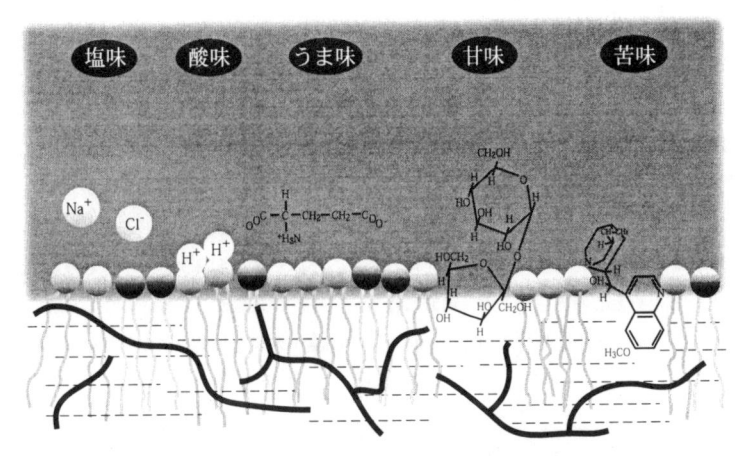

図4 5つの味物質と脂質/高分子膜との相互作用の模式図

剤であるDOPPの市販品に荷電性不純物であるモノエステル体が含まれていることがLC/MSを用いて検出され，それが膜の応答特性に影響していることも示されている[9]。これは観測値を説明するための理論的予測にもとづいて，実験的に確かめられたものである。これらの結果からわかるように，任意の応答特性をもつ味センサー用受容膜の設計指針を理論的に与えることが可能になりつつある。

従来の化学分析機器は主として，化学構造の違いの高感度検出を追い求めてきた。もちろんこれは重要なことであり，数多くの成果を生み出している。しかしながら，味覚センサーはこれとは異なる立場に立っている。つまり，化学物質と生体膜の相互作用を測定するというものである。事実，私たちはMSG（アミノ酸系列）とIMP（遺伝子を作るヌクレオチド系列）のその大きな構造の違いにも拘わらず，同じ「うま味」を感じる。ショ糖もサッカリンもまったく構造が違うが，やはり甘く感じる。5つの味とは，化学物質と生体膜の相互作用の違いを反映しており，脂質/高分子膜を用いる味覚センサーはその相互作用をかなり再現しているものと考えられる。

図4に，受容膜である脂質/高分子膜と化学物質との相互作用を，各味質に分けて示している。塩味を生じる物質は，膜の近傍にて静電相互作用を行う。苦味を生じる物質はその疎水性で膜の内部に侵入するといったように，各味質と脂質/高分子膜との相互作用が異なる。その相互作用の違いが（人の感じる）味質に他ならないというわけである。

また，たとえ化学物質の構造が異なっていても，同じ味を生じることがある。植物由来のアルカロイドであるキニーネは中世にはインカの秘宝と重宝され，今でもマラリアの治療薬として使

われているが，これは苦味を呈する。またアミノ酸であるトリプトファンは，食欲，睡眠，学習，気分などに関連した神経伝達物質セロトニンの原料となるが，やはり苦味を呈する。このキニーネとトリプトファンは異なる化学構造をもっているにもかかわらず，同じ苦味を呈する。

　後述のように，味覚センサーは，双方の苦味を数値化することが可能である。それでは，人，そして味覚センサーはこれらの物質のどこを拾って（検出して）いるのであろうか。先の「相互作用」という言葉を使えば，双方は膜との相互作用という意味において，同じ相互作用をするため同じ味質を生じるといえる。構造に目を向ければ，キニーネもトリプトファンも複素環式構造をもっているためとも考えられるが，これにはさらに検討の余地があろう。しかし，味覚や嗅覚においては，このような化学物質の「部分構造」の認識が重要な役割を果たしていることは間違いない。

3　アミノ酸とジペプチド

3.1　アミノ酸

　タンパク質を構成するアミノ酸は20種類あり，アミノ酸はアミノ基（-NH$_2$）とカルボキシル基（-COOH）を共通に持っているが，R基部分の構造は多種多様である。このR基の違いで，異なる味を呈することが知られている。

　表2に様々なアミノ酸の構造と，その味を示している。アミノ酸は食品の味の形成や特徴づけに寄与しており，特に海産物ではアミノ酸の成分の違いでその味が特徴づけられる。例えば，ウニではアラニン，メチオニンが主で，アワビではアラニン，グリシン，バリンの味で決まる。表2からわかるように，R基の違いで甘味，うま味，苦味といった異なる味を呈しているが，メチオニンやバリンでは，苦味を示すと同時に甘味やうま味も持っている。つまり，単独の味ではなく，同時に幾つかの味を示すといった，いわゆる混合味を呈する。従来の化学分析機器を用いてアミノ酸の詳細な構造解析を行うことはもちろん可能である。しかしながら，人が感じる味はこれらの機器では再現できない。

　ここでの課題は，(1)味覚センサーを用いてアミノ酸の味の分類ができるか，(2)アミノ酸の味を定量化できるか，さらに進んで(3)ペプチドなどアミノ酸の結合からなる化学物質の味を測れるか，である。

　まず最初に，アミノ酸の苦味に着目しよう。

　図5にトリプトファンの3つの異なる濃度について規格化パターンを示す[10]。濃度に関係なくほぼ同一のパターンであることがわかる。また比較のためにHCl（酸味），MSG（うま味）そしてキニーネ（苦味）の規格化パターンを示す。ここでも濃度に関係なく各味質が特徴的パターン

第14章 味・匂いセンサー膜

表2 アミノ酸の構造と味

$$NH_2 - \underset{\underset{H}{|}}{\overset{\overset{R}{|}}{C}} - COOH$$

アミノ酸	R	塩味	酸味	甘味	苦味	うま味
グリシン	H			◎		
アラニン	CH₃			◎		
アスパラギン酸ナトリウム	NaOOC―CH₂	◎				◎
ヒスチジン	CH=C―CH₂ / N NH / CH	○	◎			
メチオニン	CH₃―S―CH₂―CH₂			○	◎	○
リジン	H₂N―(CH₂)₄ HCl			○	◎	
バリン	CH₃―CH / CH₃			◎	◎	
トリプトファン	(indole)―CH₂				◎	

を持つことがわかる。

ところで,これら4つのパターンを眺めると興味あることに気づく。それはトリプトファンのパターンがキニーネのパターンに極めて似通っていることである。実際トリプトファンとこれらの味物質のパターン間の相関をとると,キニーネ,MSG,NaCl,HCl,ショ糖の順に0.90, 0.58, 0.28, 0.79, 0.52となり,トリプトファンは確かにキニーネと高い相関を持つ。つまり,苦味を呈するトリプトファンは確かにキニーネなどの苦味物質に特有のパターンをしており,味覚センサーがアミノ酸の味を拾っていることがわかる。

さて,上述のように,トリプトファンの応答パターンはキニーネの応答パターンに最も近いという結論を得たわけであるが,次にトリプトファンの苦味を定量化しよう。それを行うのに,異なる濃度のキニーネの応答パターンに主成分分析を施し,その情報量の最も多い軸(PC1)を

205

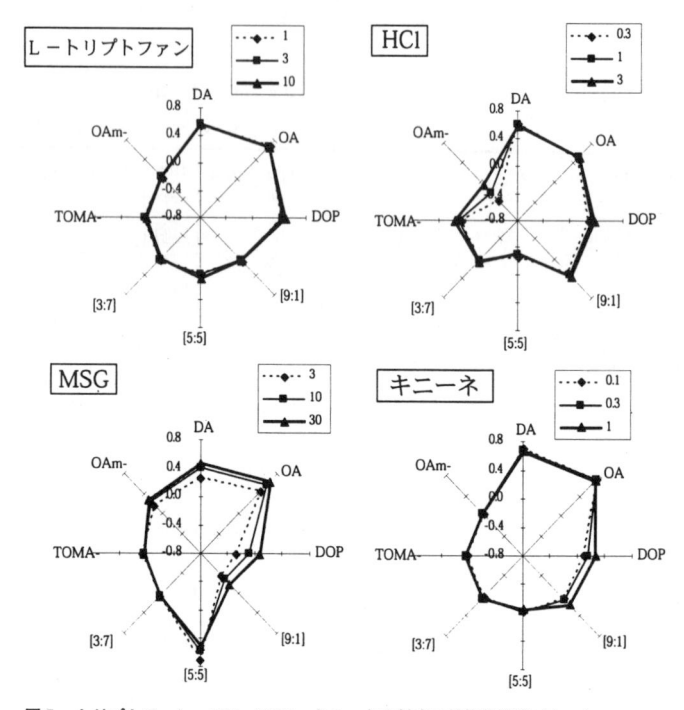

図5 トリプトファン，HCl, MSG，キニーネに対する規格化応答パターン
各図右上の数値は濃度（mM）。また5:5, 3:7, TOMA, OAm膜に対する応答は符号を逆にしている。自乗和面積が1になるように規格化。

生体系で知られている濃度と苦味強度の関係式に結びつける。ここで，主成分分析とは，多次元空間で表されたデータを，できるだけ情報を失うことなく，少数次元のデータとして表す方法である。情報量の多い軸から順に第1主成分（PC1），第2主成分（PC2），第3主成分（PC3）...という。

今はマルチチャネル味覚センサーの8チャネルの情報を1次元（PC1）で表そうというわけである。つまり，各主成分値は8つのセンサー出力の適当な和で表される。同時にPC1とキニーネ濃度の関係が得られる。その結果，PC1がキニーネ濃度の対数に比例して増加するという式を得る。

他方，生体系ではWeber-Fechnerの法則に見るごとく，刺激強度と応答感度（強度）の式が知られており，味覚ではτ（タウ）尺度が有名である。それは，応答感度（τ尺度）が濃度の対数に比例するという式である。結局，（センサー出力から求まる）PC1と対数濃度の線形関係

第14章 味・匂いセンサー膜

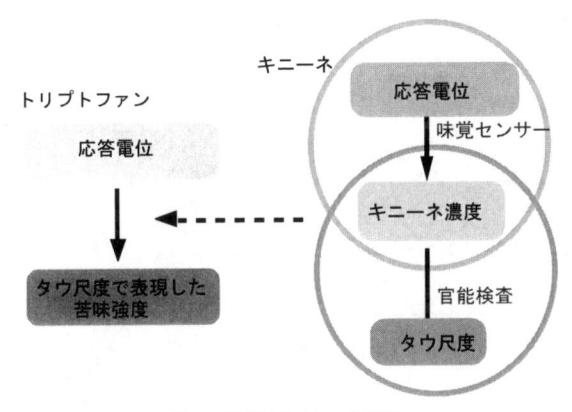

図6 味強度のスケール構築

式，ヒトの応答感度（τ尺度）と対数濃度の関係式の2つの式から，濃度を消去すると，ヒトの応答感度は（センサー出力から求まる）PC1で表せることになる。つまり，τ尺度は味覚センサー出力で表現できることになる（図6参照）。

さて，キニーネを用いて苦味強度を味覚センサー出力から定量化したわけであるが，この関係式にトリプトファンの応答パターンを代入することで，トリプトファンの苦味を定量化した。その結果，10mMトリプトファンはτ尺度で1.4となり，等価的キニーネ濃度で表現すると，20μMに相当するという結論が得られた。

実際に官能検査を行ってみた結果，20から30μMのキニーネと同じ苦味強度という結論が得られ，味覚センサーの結果を支持する。

3.2 ペプチドの味

味覚センサーを用いてペプチドの味も，先に述べたNaClやキニーネ等の基本味物質やアミノ酸と同様に議論ができるのであろうか。そこで，酸味を呈するジペプチドとして，グリシル・アスパラギン酸（Gly-Asp），セリル・グルタミン（Ser-Glu），アラニル・グルタミン（Ala-Glu），グリシル・グルタミン（Gly-Glu）が，また苦味を呈するジペプチドとして，グリシル・ロイシン（Gly-Leu），グリシル・フェニルアラニン（Gly-Phe），ロイシル・グリシン（Leu-Gly）を調べた。またグリシル・グリシン（Gly-Gly）やアラニル・グリシン（Ala-Gly）は味を呈さないことが知られており，これらへのセンサー応答も調べた。

まず，無味であるGly-Glyについては，濃度10mMから300mMまでの濃度増加でも応答パターンはほとんどのチャネルでゼロにとどまり，最も大きな応答をしたOA膜で最大20 mVしか変化

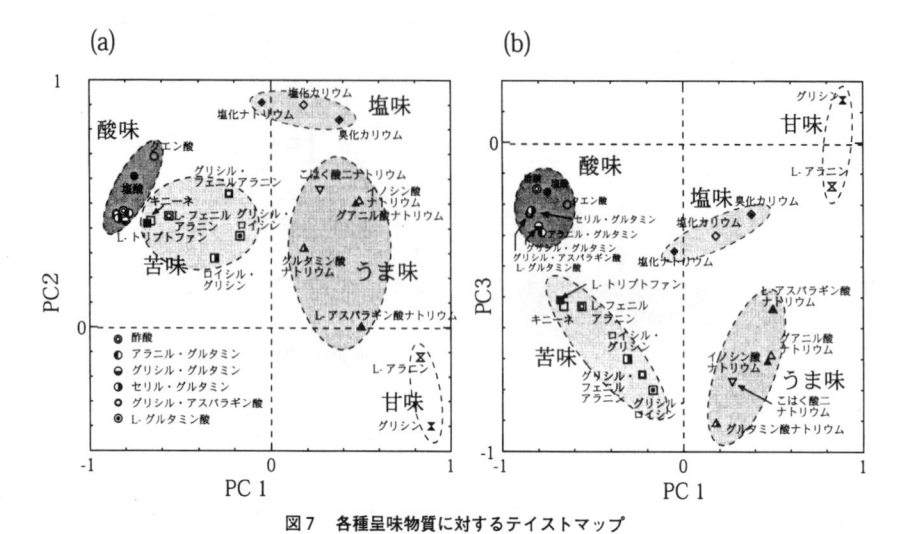

図7　各種呈味物質に対するテイストマップ
(a)PC1-PC2，(b)PC1-PC3

せず，呈味性は低いと結論された。

　酸味を呈するジペプチドや苦味を呈するジペプチドについても，応答パターンが得られたが，その結果，期待通りの結果，つまり酸味ジペプチドは酸味物質特有のパターン，苦味ジペプチドは苦味物質特有のパターンを示したのである。なお，これらの物質については100mV程度の応答パターンを得ることができ，パターンは濃度と共に単調に大きくなった。

　規格化した応答パターンに関する主成分分析の結果を図7に示す[4]。図はNaClやキニーネなどの基本味物質やアミノ酸も含んでいる。例えば，塩酸，酢酸，クエン酸，グルタミン酸，Gly-Asp，Ser-Glu，Ala-Glu，Gly-Gluは酸味のグループを形成している。他の苦味，うま味，塩味，甘味のグルーピング化も見事になされている。うま味グループは，MSG，IMP，GMP，コハク酸ナトリウム，アスパラギン酸ナトリウム（L-Asp）から構成されており，アミノ酸系列であるMSGとL-Aspがヌクレオチド系列であるIMPやGMPと似たパターンを示すことは注目に値する。図7は，化学物質の呈する味を定量的に表現するテイストマップ（味の地図）に他ならない。

4　コーヒー牛乳＝麦茶＋牛乳＋砂糖

　巷で「麦茶と牛乳と砂糖でコーヒー牛乳」というのがある。「プリンに醤油でウニ」というのもある。本当なのだろうか？

　「プリンに醤油でウニ」は科学的根拠がある。プリンもウニも，もとは卵だから，化学成分的

第14章 味・匂いセンサー膜

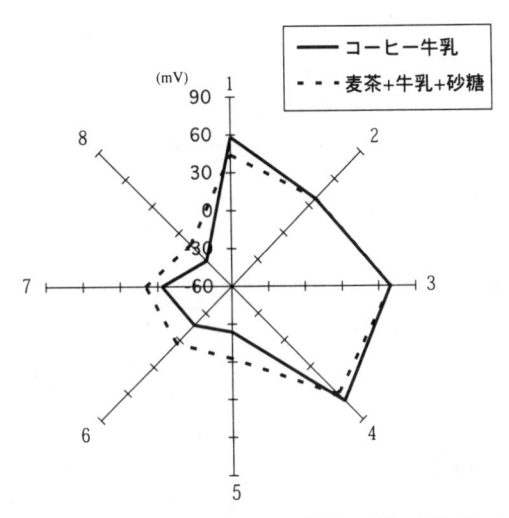

図8 コーヒー牛乳と「麦茶＋牛乳＋砂糖」に対する応答パターン

には似ている。醤油で少し塩分を加えて，甘いプリンがウニらしくなっているものと推察される。食感も似ている。

「コーヒー牛乳＝麦茶＋牛乳＋砂糖」には注意が必要である。それは，麦茶にはコーヒーの苦味のもとと考えられているカフェインが含まれていないからである。もし似ているとしたらなぜか？ また，それは何を意味するのか？

それは，必ずしもその化学物質が含まれていなくても，目的とする食品と同じ味を作ることができることを意味する。実際，化学物質は数十万種類ともいわれ，それらが味を示すとしたら，5種類の味質しかないことを考えると，異なる化学物質が同じ味を示さざるを得ないことが容易にわかる。

さて，味覚センサーで，コーヒー牛乳と「麦茶＋牛乳＋砂糖」を測った結果を図8に示す。よく似たパターンをしていることがわかる。実際，飲んでみると，ちょっと油断すると区別がつかないくらい両者は似た味をしている。

5 食品への適用

5.1 ビールの味

味覚センサーを用いてビールの味の数値化が可能である。ビールのテイストマップの横軸は「こく」と「さわやかな味」，縦軸は「シャープな味」と「まろやかな味」からなる（図9）。さ

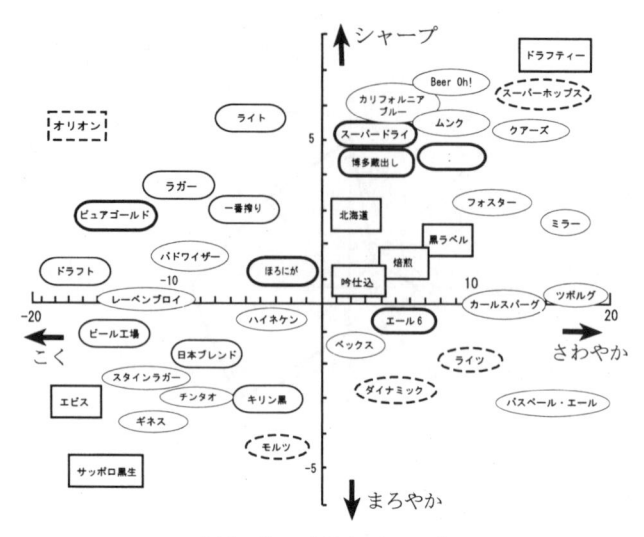

図9 ビールのテイストマップ

　らに，アルコール濃度やpH，Bitter（BUs）などの分析量とも高い相関を示した。味覚センサーはビールのロット（製造年月日，工場）の違いを容易に識別できるほどの高い識別能を持つが，このように種々の分析値の測定や官能表現の定量化が行えるわけである。

　なお，測定そのものは極めて短い時間で行え，電極をサンプルへ浸けると応答電位が直ちに定常値に達する。つまり，応答は最初の1秒以内ですでに定常値に達しており，現実には数秒の測定時間で測定を行うことが可能である。もちろん電極を数時間サンプルに浸けておくと，応答電位は極めてゆっくりと数時間にわたり変化するが，これはサンプルに含まれる化学物質の膜への吸脱着に起因する。実際の測定では，測定時間を10秒から20秒程度に設定しており，したがって今の測定は非常にゆっくりと変化する中での十分定常に近い状態での測定ということができる。もちろん，これは測定サンプルと測定方法に依存し，例えばミネラルウォーターのような電解質溶液では長時間でも応答に変化は見られず，完全に平衡値を測定しているといえる。

5.2　ミネラルウォーター

　図10は41種類のミネラルウォーターを味覚センサーで測り，主成分分析して得られたテイストマップである。横軸（第1主成分）がほぼ硬度を反映している。また図を上にいくほど1価イオン濃度が高く，下にいくと2価イオン濃度が高くなる。従って図の上方がソルティー，下方がビターといえる。

第14章 味・匂いセンサー膜

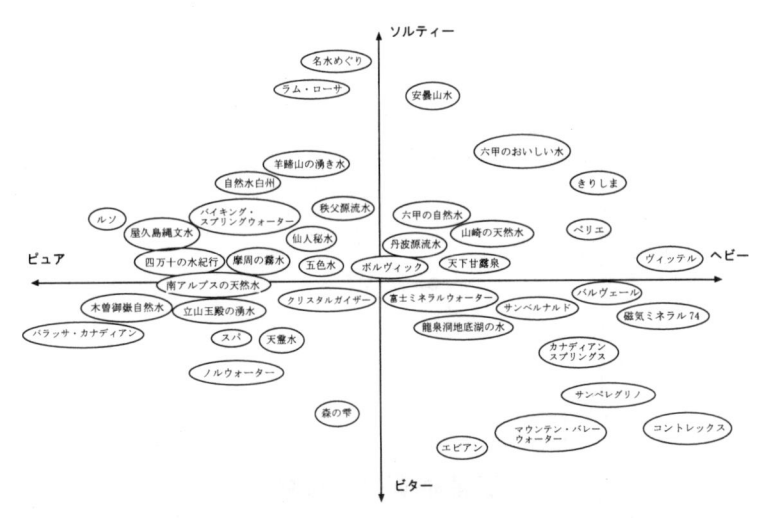

図10 ミネラルウォーターのテイストマップ

　同時に官能検査も試みられたが，硬度が低い左半平面では再現性のある味の表現ができず，たかだか図10の右と左の離れた位置にあるミネラルウォーター同士の識別がついた程度であった。これは実際，水の味の多くに含まれるカルキなどに起因する異臭によって決まるという報告とも一致する。その意味において味覚センサーは，人が再現性よく表現できない味を定量化でき，すでに人の舌の感度を超えている。

　この結果は，味覚センサーが水質モニター用センサーとして使えることを示唆している。これまでの水質検査は特定の汚染源に的を絞って，原因を探るという本質的に後追い検査であった。しかしながら，人が水を口にする前に水質の安全性を迅速に判断するセンサーは事故の未然防止のために必須のものである。味覚センサーは不特定多数の化学物質を検出できるため，本質的に簡易・迅速リアルタイム計測が可能である。

5.3 ブドウ果汁の劣化

　ブドウ果汁の劣化の検出を試みた[11]。ブドウジュースは信州産のブドウをビン詰めしたもので，室温で1週間(w)，3w，4w，35℃および45℃で2日間(d)，1w，2w，3w保存したものを用いた。

　まずジュースの官能検査を行った。実際に口で味わって劣化の程度を評点したところ，次の順であった。室温3w，室温1w，室温4w，45℃2d，35℃1w，35℃3w，35℃2d，45℃1w，45℃2w，45℃3w。最後の45℃3wは，誰もが劣化していると判断している。この結果の

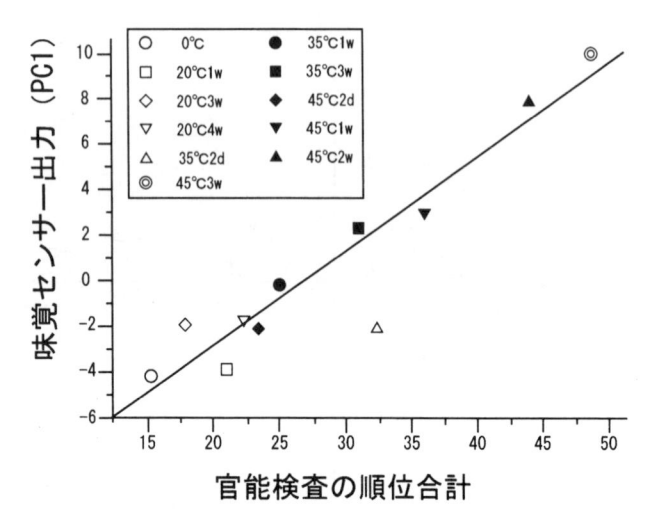

図11 ブドウ果汁に対する味覚センサー出力の主成分分析結果と官能検査との相関

中には，室温1wの方が室温3wより劣化が大きいという奇異なものもあり，必ずしも正しい判断がなされていないことがわかる。

図11に味覚センサーによる測定結果との相関を示す。味覚センサー出力に主成分分析を施し，その第1主成分（PC1）と官能検査の劣化に関する順位合計との間の相関をみたものである。図を横にいくほど劣化（官能検査），上にいくほど劣化（センサー出力）していることになる。相関係数は0.91であり，高い相関が得られている。また，官能検査では，室温1wの方が室温3wより劣化していると判断されているが，味覚センサーでは正しく判断できている点は注目に値する。

6 医薬品の苦味

味覚の世界では苦味を甘味物質が抑制するという抑制効果や，MSGとIMPではうま味を強め合う相乗効果等が知られている。医薬品業界では苦味をいかに軽減させるかは重大な課題であり，幾つかの方法が試みられている。最も一般的な方法は甘味物質を混入させることであり，小児用シロップがそうである。そこで，味覚センサーを用いて苦味抑制効果が調べられた[12～15]。

キニーネ濃度を増すにつれてセンサーのチャネル1～5では応答電位が増加し，チャネル6と7では逆に減少する。この結果に主成分分析を施し，官能検査で知られているキニーネ濃度と苦味強度の関係式を適用することで，味覚センサーの出力から人の感じる苦味を定量化できる（図

第14章　味・匂いセンサー膜

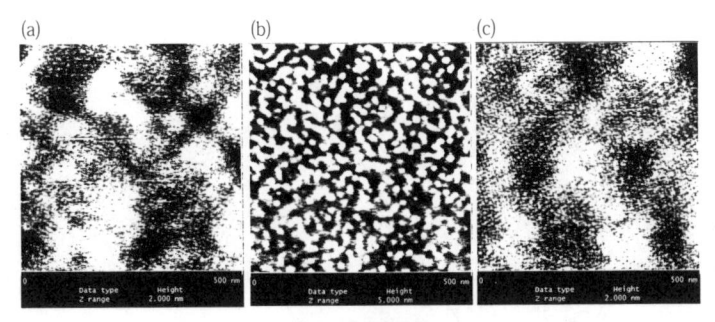

図12　膜の表面像
(a) 通常の膜, (b) キニーネを作用, (c) 苦味抑制剤を作用

6参照)。

　さて甘味物質による苦味の抑制効果であるが，ショ糖をキニーネ溶液に入れると興味ある応答パターンが得られる。ショ糖濃度増加とともにチャネル1～3では応答電位は減少，チャネル6と7では増加するのである。これは前述のキニーネ濃度増加の際の振る舞い（つまり，チャネル1～5では増加，チャネル6と7では減少）と逆である。しかもキニーネに対する応答パターンの形はほぼ保持される。この事実はショ糖の添加により等価的にキニーネ濃度が減少したこと，つまり苦味が減少したことを意味する。このように味覚センサーは苦味抑制効果を検出し，さらに苦味を数値化することができる。

　本方法を実際の市販の医薬品に適用したところ，医薬品の生じる苦味のショ糖による抑制効果を定量化することもできた。

　またリン脂質を主成分とする苦味マスキング剤が発売されているが，実際味覚センサーを用いてキニーネなどの苦味が抑制されることを確認することができた。

　図12にAFMを用いた膜の表面像を示す[6]。苦味物質の膜への結合で膜の表面構造がかなり変わっているが，苦味抑制剤の作用で膜が元へ戻っているのが見てとれる。つまり，生体系でみられる苦味抑制効果を味覚センサーの電位応答で再現でき，さらに表面構造解析の結果もそれを支持する。

7　味覚センサーで香りを測る

　鼻をつまんでリンゴジュースとオレンジジュースを飲み比べると，区別がつかない，という話をよく聞く。食品の認識・識別にそれぐらい匂い（香り）の占めるウエイトが高いということである。有機膜を被膜した水晶振動子型匂いセンサー，酸化物半導体を用いた匂いセンサーと，い

最先端の機能膜技術

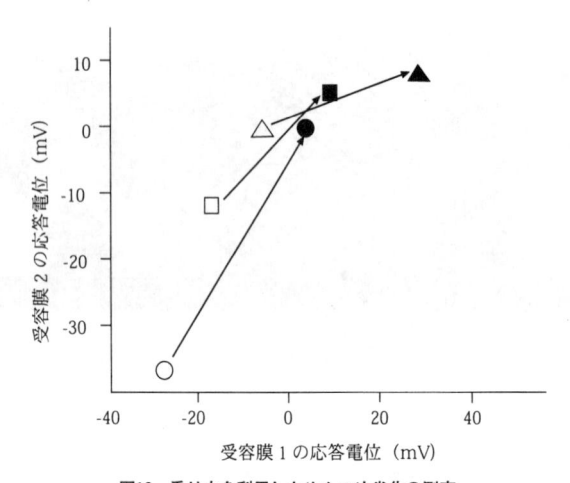

図13 香り水を利用しためんつゆ劣化の測定
記号の違いはメーカーの違い。白記号は劣化前，黒記号は劣化サンプルを表す。
データ提供：（株）インセント

くつかの種類の匂いセンサーが開発されている。ここでは，味覚センサーを用いて食品の香りを測る試みを紹介しよう。

　方法は，食品から強制的に香りを飛ばし，水に再吸収し，それを味覚センサーで測るというものである。（株）インセントの池崎氏にならい，この香りを含んだ水を「香り水」と呼ぶことにしよう。一般に，ワインやビールの劣化は，味覚センサーでそのまま測ることができる。しかし，めんつゆの劣化は匂い成分に反映され，味覚センサーの通常の方法では測ることができない。実際，鼻をつまむと，劣化を感じることができない。めんつゆの劣化は，味でなく匂いに現れるのである。

　そこで，香り水を測る方法が考案された。また，匂い物質に多くみられる非電解質を高感度で検出するように，センサー受容膜にも改良が施された。なお，めんつゆを60℃の温度で2日間保管することで劣化サンプルを得た。図13に3社のめんつゆの劣化の計測結果を示す。図の縦軸と横軸は，2種類のセンサー受容膜の出力を示している。図からわかるとおり，劣化につれて，データが右上方に移動することがわかる。このように，香り水を作ることで，味覚センサーを用いて匂いを検出することが可能である。

8　匂いセンサー

　最後に，従来からよく研究されている匂いセンサーについても軽く触れておこう。最もポピュ

第14章 味・匂いセンサー膜

ラーなものの一つは,東工大の森泉,中本らにより研究されている水晶振動子を利用したセンサーである。原理は,膜を水晶振動子に貼り付けて,匂い分子が膜にくっつくことで生じる質量変化を振動数変化として捕らえるというものである。さらにニューラルネットワークを利用して,その識別能を上げている[3]。

ここでもセンサーはマルチチャネル化の方向へ走っている。現時点ですでに,ウィスキーや日本酒の香りの識別,何年もののウィスキーなのか,などの識別も可能となっている。またエポキシ樹脂膜や酢酸ビニル樹脂膜を水晶振動子の吸着膜に採用し,センサーの過渡応答特性を利用することでコーヒーの識別に成功している。

また酸化物半導体センサーは微量の還元性ガスに対して高感度検出が可能であり,長期安定性も優れているため,これを用いたガスセンサーは広く使われている。そこで,このガスセンサーに改良を施すことで匂いセンサーの開発が試みられている。目標は,水素やメタンなど無臭の可燃性ガスに対する感度を抑え,匂いへの選択性をもたせることである。その結果,酸化スズ,酸化亜鉛を利用し,匂い一般用,硫化物臭用,アンモニア臭用の3種類の匂いセンサーが開発されている。実際に,下水臭気対策用の脱臭装置の性能管理や電気品の異常過熱検知に使われつつある。

また匂いセンサーの小型化・高性能化も匂い認識チップという形で試みられており,食品,飲料品用フレーバー,化粧品のみならず,フィールド計測可能なシステムへの応用も検討されている。さらに匂い源探知システムも開発されつつあり,悪臭源,薬物,危険物,ガス漏れ,有毒ガス発生場所の探知,災害救助時の人間の位置の探索等,多くの用途への応用が期待されている。このような能動型匂いセンシングシステムは,東工大の森泉,中本らにより提案されたものであり,今後のセンサー開発の一つの方向を示している。今後,品質管理,生産管理及び環境衛生などの分野において匂いセンサーの必要性はますます増大するであろう。

このように匂いセンサーもかなり人の識別能に近い段階にきているが,まだ人の感覚そのものを再現するところまでには達していない。これは一つには,匂いが味と異なり,5つの基本味といった具合に単純には分解できないという事情も関係しているのであろう。

ここで,匂いには種々の性格があることを指摘しておきたい。コーヒーの匂い,ワインの香り,リンゴの匂い,というとき,これらは必ずしも一つの化学物質からは構成されていない。たとえば,リンゴの匂いは,トランス二酢酸ヘキセニル(木の葉や森の香り),青葉アルデヒド(青臭い匂い),イソ酪酸(甘酸っぱい匂い),吉草酸エチル(フルーティーな果実感)の四つの化学物質のもつ匂いから主に構成されている。

匂いにはもう一つの側面がある。それは,1つの匂いが重要となる場合もあるという点である。それは麻薬の匂いであるし,爆発物の匂いである。地雷はもちろん地面に埋められている。

最先端の機能膜技術

しかし，地雷から空気中へ漏れ出る微量の爆薬物質TNT（トリニトロトルエン）やDNT（ジニトロトルエン）を，訓練されたイヌは嗅ぎつけるのである。その感度はおよそサブppb以下。サブppbとは100億分の1であり，地球上の人口は約60億人であるから，たとえていえば，この感度は地球上の特定の一人を探し当てることができることに対応する。

このような超高感度なセンサーを作ることができるのであろうか。ここ数年にわたる研究はイヌに代わるセンサー，つまり電子のイヌの鼻を作ることを可能としている[17, 18]。それは抗原抗体反応を利用するものである。界面に吸着させた抗体への抗原（TNT，DNT）の結合による界面の屈折率変化を（または溶液中の抗原と抗体の共存下における界面の抗原への抗体の競合的結合），表面プラズモン共鳴により計測するという方法である。現在，数pptという超高感度の検出に成功している。電子のイヌの鼻（electronic dog nose）の創製である。

生物は38億年もの進化の過程で，嗅覚，視覚をはじめとする五感を生み出した。現代科学技術は，今度はそれらを模倣する形で，その機能を再現しようとしている。

9 展　望

味覚センサーは，世界中で開発，研究されている。例えば，埼玉大学では，表面光電圧法を用いることで，集積化味覚センサーの開発に成功している。金沢工大では，表面プラズモン共鳴法を利用したセンサーが開発され，日本酒の醸造プロセスの管理に用いられようとしている。また，イタリアのローマ大学では，イオンセンサーを複数種そろえたセンサーアレイを食品の識別，品質評価に用いようとしている。スウェーデンのリンシェーピン大学では，金属電極と味物質との相互作用を電圧として取り出すことで，味覚センサーの開発に成功している。さらに，アメリカでも半導体を用いたマイクロ味覚センサーが報告されている。

10年前までは「味を測る」という概念はなかった。このような世界での味覚センサー研究の興隆は，日本の味覚センサー開発に端を発することは言うまでもない。

また，昨今の日本のロボットブームには目を見張るものがある。家庭にロボットが入った場合，人と共存するロボットということになるわけだが，その場合に要求される性能は何であろうか。労働するロボットでは，人に代わり，掃除洗濯をしたり，料理を作ったりする性能が要求される。介護ロボットだと，人の行動の手助けができるなどの性能，または癒し系ロボットの場合，話し相手をするといった性能が要求されよう。

セキュリティーロボットでは，火災の際の匂いをかぐ，ガス漏れを迅速に検出する，食品の安全性を事前にチェックできるなどの性能が必要である。この例からわかるとおり，嗅覚や味覚は本来，環境や口に入れるものの安全性を事前にチェックする感覚である。

第14章 味・匂いセンサー膜

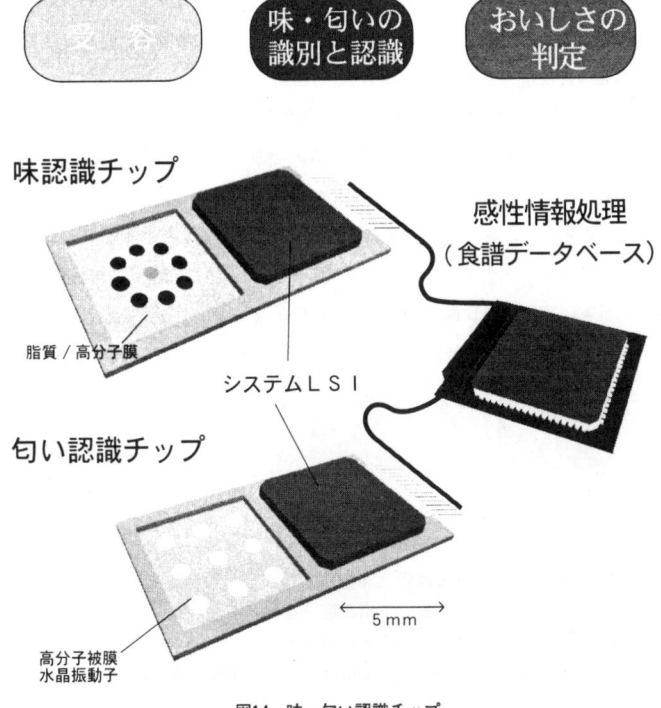

図14 味・匂い認識チップ

　さて，ロボットに味覚や嗅覚を持たせることは可能であろうか。これまでの話からわかるとおり，答えはイエスである。

　近い将来，調理器に希望の料理を告げると，食品センターから必要なデータベースがインターネットで届き，望む味の料理をしてくれる日が来るであろう。情報家電の普及である。人類が宇宙に飛び出そうという現代，月基地や火星基地，宇宙に浮かぶスペースコロニーと食譜を共有することで，地球上と同じ食を楽しむこともできる。味覚情報を含む五感情報通信の時代の到来である。また，民族や文化的側面を考慮したデータベース化を行うことで，互いの民族や文化の違いを明らかにし，互いによく理解し合えるための知見や方法を探ることもできるであろう。食譜があれば，今の食文化を後世につなぐことも可能となる。お袋の味，伝統の味の伝承である。

　味覚や嗅覚のセンサーのさらなる発展は，味覚や嗅覚の障害者への大きな福音ともなるであろう。例えば，お箸にセンサーを装着することで，その味を色で表示するようにすれば，一目で味がわかる。酸味が少し，甘味が強い，こくがある，などといったことが見てわかることになる。

最先端の機能膜技術

　さらに進めば，耳でなされているように，舌にセンサーをインプラント（埋め込み）することも夢ではない。インプラント型味覚センサーである。センサー出力を神経に接続させることで，健常人と同様な味覚の再現ができる。

　21世紀はバイオ，ナノテクとIT（情報技術）の時代といわれる。味覚センサーはこれまで未踏の地であった，人の味覚という感性を再現したものである。私たちは今や，長さや時間の尺度が発明されたあのエジプト時代に相当する食文化の黎明期に入ろうとしている。

　今後，食の感性を表現し，食の安全・安心をチェックするための融合センサーシステム，使い捨てセンサー，小型センサーチップ，電子タグが開発され，さらに食の品質記述ツール（食譜）の普及により，日本は高品質な食糧生産のための国際的リーダーシップを形成し，世界をリードする食の品質に関する知識集約型社会を作り上げることができるであろう。

文　　献

1) 都甲 潔，味覚を科学する，角川書店（2002）
2) 都甲 潔，旨いメシには理由がある，角川書店（2001）
3) 都甲 潔編著，感性バイオセンサ，朝倉書店（2001）
4) K. Toko, *Biomimetic Sensor Technology*, Cambridge University Press（2000）
5) 都甲 潔編著，食と感性，光琳（1999）
6) K. Hayashi, T. Yamanaka, K. Toko and K. Yamafuji, *Sens. Actuators*, **B2**, 205（1990）
7) K. Oohira, K. Toko, H. Akiyama, H. Yoshihara and K. Yamafuji, *J. Phys. Soc. Jpn.*, **64**, 3554（1995）
8) K. Oohira and K. Toko, *Biophys. Chem.*, **61**, 29（1996）
9) M. Watanabe, K. Toko, K. Sato, K. Kina, Y. Takahashi and S. Iiyama, *Sens. Materials*, **10**, 103（1998）
10) K. Toko and T. Nagamori, *Trans. IEE Japan*, **119-E**, 528（1999）
11) 駒井 寛，谷口 晃，都甲 潔，電気学会資料，**CS-98-62**, 81（1998）
12) S. Takagi, K. Toko, K. Wada, H. Yamada and K. Toyoshima, *J. Pharm. Sci.*, **87**, 552（1998）
13) S. Takagi, K. Toko, K. Wada and T. Ohki, *J. Pharm. Sci.*, **90**, 2042（2001）
14) R. Takamatsu, K. Toko, H. Takeguchi and A. Kawabata, *Sens. Materials*, **13**, 179（2001）
15) Y. Miyanaga, Y. Kobayashi, H. Ikezaki, A. Taniguchi and T. Uchida, *Sens. Materials*, **14**, 455（2002）
16) H. Shimakawa, M. Habara and K. Toko, *Sens. Materials*, **16**, 301（2004）
17) T. Onodera *et al.*, *Proc. SSR2003*, Osaka, 329（2003）
18) D. Ravi Shankaran *et al.*, *Sens. Actuators*, **B100**, 450（2004）

第15章　環境保全膜

樋口亜紺[*1]，尹　富玉[*2]

1　緒　言

　環境保全膜として，上下水道における水処理膜がすでに実用化されている。この水処理膜は，本書の第10章に記載されているので，ここでは，最近，研究開発が行われてきている外因性内分泌攪乱物質（環境ホルモン）除去膜の研究動向について記述する。

　近年，外因性内分泌攪乱物質（環境ホルモン）が野生動物並びに人の生殖機能を攪乱させていることが明らかとなってきた。内分泌攪乱物質は微量であっても生体内で作用する。環境中の濃度が極微量（pptレベル）であっても，食物連鎖の過程で生体内中に濃縮されていき，人の健康への影響が心配されている[1,2]。

　内分泌攪乱物質は，図1に示すように，一般に芳香環を有し，かつハロゲン原子が付加されて

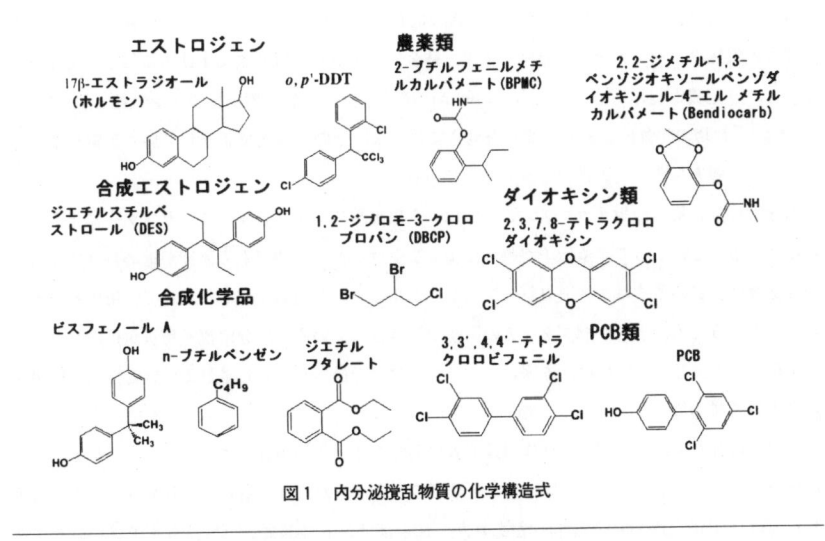

図1　内分泌攪乱物質の化学構造式

---

* 1　Akon Higuchi　成蹊大学　工学部　応用化学科　教授
* 2　Boo Ok Yoon　成蹊大学　工学研究科　応用化学専攻

いる。通常の内分泌撹乱物質は極めて疎水性であり，不揮発性である。このために，脂質や脂肪中に溶解しやすく，生体内に長期に残留する。すなわち，内分泌撹乱物質の生物濃縮が生じてしまうことが知られている。一方，内分泌撹乱物質の毒性（半数致死量）を見てみると，ダイオキシン類中最も有毒である2,3,7,8-四塩化ジベンゾダイオキシンの毒性は赤痢菌毒素程度であり，ボツリヌス菌毒素の約1/1000の毒性である（余談であるが，タバコに含まれているニコチンの毒性は，DDT（ジクロロジフェニルトリクロロエタン）と青酸カリの間の毒性である）[3]。致死量から見た内分泌撹乱物質の毒性は，それほど高くないが，次節で記載するように，生体内のエストロゲンレセプターあるいはアドレナリンレセプターに内分泌撹乱物質が結合して，生体内の内分泌系を撹乱させてしまい，子孫を作ることを抑制してしまう効果が指摘されている。このために，内分泌撹乱物質を何らかの形で，環境中から分解あるいは除去する必要が生じてくるのである。

2 内分泌撹乱物質の定義および作用メカニズム

内分泌撹乱物質の定義は，そのメカニズムが必ずしも明らかになっていないため，まだ国際的に統一されていないのが現状である。1997年に出されたアメリカの環境保護庁（EPA）の特別報告においては，「内分泌撹乱物質は，生物の恒常性，生殖・発生，もしくは行動を伺っている生体内の天然ホルモンの合成，分泌，輸送，結合，作用あるいは除去に干渉する外因性物質である」という定義が提示された。一方，1998年に環境庁が公表した環境ホルモン戦略計画SPEED '98では，「動物の生体内に取り込まれた場合に，本来，その生体内で営まれている正常なホルモン作用に影響を与える外因性の物質」としている。

内分泌撹乱物質の作用メカニズムとしては，本来ホルモンが結合すべきレセプターに化学物質が結合することによって，遺伝子が誤った指令を受けるという観点から研究が進められてきた。内分泌撹乱物質の多くはエストロジェン（女性ホルモン）と同じような仕組みで作用することが知られているため，核内レセプターとの関連が注目されている。内分泌撹乱物質が核内レセプターに結合して生じる反応には，本来のホルモンと類似の作用がもたらされる場合と，逆に作用が阻害される場合がある（図2[4,5]参照）。PCBやDDT，ノニルフェノール，ビスフェノールAなどの化学物質のエストロジェン様作用は前者の例であり，化学物質がエストロジェンレセプターに結合することによってエストロジェンと類似の反応がもたらされるといわれている。後者の例としては，DDE（DDTの代謝物）があり，これらはアンドロジェン（男性ホルモン）レセプターに結合し，アンドロジェンの作用を阻害する（抗アンドロジェン様作用）といわれている。

第15章　環境保全膜

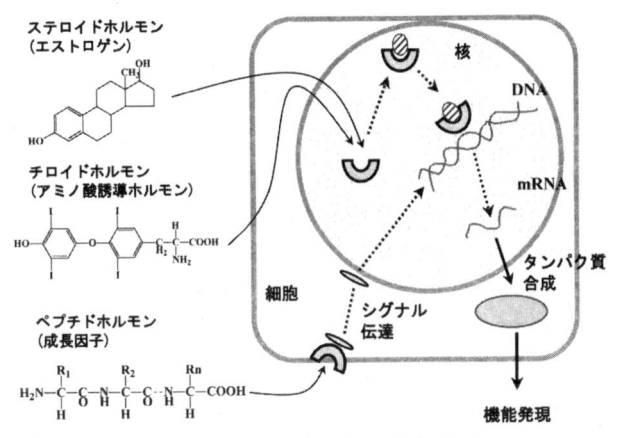

図2　典型的なホルモンの構造と活性機構[4,5]

3　環境中からの内分泌攪乱物質の除去法

ダイオキシンを主とした内分泌攪乱物質の環境中からの除去，分解法[3]としては，(1)ゴミ焼却炉の排ガス処理における触媒を用いた内分泌攪乱物質の熱分解法，(2)排気ガス中の内分泌攪乱物質をプラズマ分解させるプラズマ分解法，(3)オゾンガスを用いた内分泌攪乱物質のオゾン分解法，(4)超臨界水を用いた内分泌攪乱物質の超臨界水法，(5)微生物（木材腐朽菌等）を用いたダイオキシンの生分解法，(6)機能膜を用いた内分泌攪乱物質の濃縮分離法[6〜9]，が報告されている。ゴミ焼却炉の排ガス処理においては，触媒を用いた内分泌攪乱物質の熱分解法がすでに実用化されている。しかしながら，水環境や生体環境からの内分泌攪乱物質の除去，分解法は，いまだ決定的な方法が確立されていない。

母乳中には，15〜33pgTEQ/g-脂肪のダイオキシンが含まれており，乳児のダイオキシン類摂取量は67〜150pgTEQ/kg/dayと報告されている[3]。しかしながら，ダイオキシン類の耐容1日摂取量は4 pgTEQ/kg/dayと定まっており，母乳を通して，乳児が摂取するダイオキシン類は耐容1日摂取量の数十倍となっている。

なお，ダイオキシン類というのは，210種類の有機塩素化合物の総称であり，正確には75種類のポリ塩化ジベンゾ-パラ-ダイオキシン（PCDD）と，135種類のポリ塩化ジベンゾフラン（PCDF）の総称である。これらの中で2,3,7,8-テトラクロロジベンゾパラダイオキシン（2,3,7,8-TCDD）が最も強力な毒性を示す。ダイオキシンの毒性を評価する際には，この2,3,7,8-TCDDの毒性に換算して表される（TEQ）。その強力な毒性は，青酸カリの一万

倍，サリンの2倍といわれ，85グラムでニューヨーク市の全人口を死滅させることができると報告されている[10]。また，体重1キログラムあたり0.0006mgでモルモットが死亡する。ダイオキシンの急性毒性としては，ヒトでは，即座に塩素座瘡になり，動物実験では，毛並の乱れ，動作緩慢，体重低下，胸腺萎縮，肝臓肥大などの症状が現れることが分かっている。免疫毒性としては，マウスに体重一キログラムあたり100ナノグラムの2,3,7,8-TCDDを，毎日与え続けると，胸腺細胞の減少が観察され，細胞性免疫の強い抑制が起こることが分かっている[10]。マウスでは，ウイルス，細菌，寄生虫などに対する防御機構もダイオキシンの投与によって弱くなり，致死率の増加や寄生虫排除の遅れが見られることも明らかとなっている。胎児への影響としては，極低濃度で異常出産を起こすことが，動物実験で明らかにされている。またTCDDは脳下垂体に影響を及ぼすことから，ほとんど全てのホルモンに影響を与える内分泌障害性物質でもある。雌では血清のエストラジオールレベルの減少，妊娠維持困難などを招き，例えば，赤毛ザルに極低濃度のTCDDを投与した実験で，子宮内膜症の増加が認められている。雄では性行動，精子形成，生殖能力の異常を引き起こすことが報告されている[10]。

　母乳中には，ダイオキシン類のみならずに，ヘキサクロロヘキサン（リンデン，130ng/g-脂肪），ヘキサクロロベンゼン（殺菌剤，130ng/g-脂肪），DDT（殺虫剤，200ng/g-脂肪），ジエルドリン（5ng/g-脂肪），ヘプタクロロエポキシド（6ng/g-脂肪），クロルデン（殺虫剤，70ng/g-脂肪）等の農薬，殺虫剤も含まれていることが明らかとなっている。ヘキサクロロヘキサンは長らくシロアリ殺虫剤として使用されてきた。

　DDTは1877年に初めて合成されたが，農薬として使われ始めたのは，1942年である。第二次世界大戦中に米国陸軍がイタリアで発生したチフスの流行を抑えるためとさらに，地中海沿岸のマラリア防疫のために大量に散布された。DDTを大量に人が接した場合，急性毒性として，振戦，痙攣，頭痛，吐き気，意識喪失，嘔吐を引き起こす。DDTが，環境ホルモンとされるのは，その代謝物である，p,p'-DDEがエストロゲン受容体とは結合しないが，アンドロゲン受容体と結合して雄の成熟遅延，性嚢萎縮などの抗アンドロゲン作用を示すことによると考えられている[10]。

4　機能膜を用いた内分泌撹乱物質の除去

　母乳中からの内分泌撹乱物質の除去，あるいは海水，地下水，河川水，湖水からの内分泌撹乱物質の分解，除去法は，現在のところ，有効なてだてがない。しかしながら，最近筆者らのグループは疎水性の機能膜を用いることにより，母乳中並びに水溶液系から手軽に内分泌撹乱物質を濃縮，除去できることを明らかにしている[6〜9]。

第15章 環境保全膜

　また，海水からの浸透圧に逆らって，高圧をかけて海水を半透膜中に透過させて真水を得る逆浸透膜は，海水の淡水化に大いに役立っている。この逆浸透膜を用いることにより，淡水化された水中には，海水に含まれている内分泌攪乱物質は除去されていることが報告されている[11]。
　さらに，ダイオキシン類並びにPCBは平面上の芳香環を有することから，DNAを吸着剤として用いて，水溶液中からのダイオキシン類並びにPCBの除去を行うことも報告されている[12]。
　以上のように，機能膜を用いることにより，これまで困難と考えられてきた母乳中，水溶液中の内分泌攪乱物質の除去を行えることが明らかとなってきた。以下に，筆者らのグループが行っている[6〜9]，疎水性機能膜を用いた水溶液中からの吸着法並びにパーベーパレーション（浸透気化法，本書の吉川正和先生執筆の第5章参照）法を用いた内分泌攪乱物質の濃縮，除去法を記述する。

5　疎水性機能膜を用いた内分泌攪乱物質の吸着法による除去

5.1　様々な膜を用いた内分泌攪乱物質の吸着法による除去

　パーベーパレーション法は，供給液温度を高温にしないと，内分泌攪乱物質を水溶液中から除去できないために，DDT，PCB等蒸気圧が非常に低い内分泌攪乱物質の除去には不適切であり，また，浸透気化法の工程を行う際に高価で複雑な装置が必要である。そのために，パーベーパレーション法は母乳中の内分泌攪乱物質を家庭で手軽に除去し難い。そこで，疎水性膜を用いて，図3に示した吸着法の手順により様々な内分泌攪乱物質の水溶液系からの除去を，我々は報告している[8]。

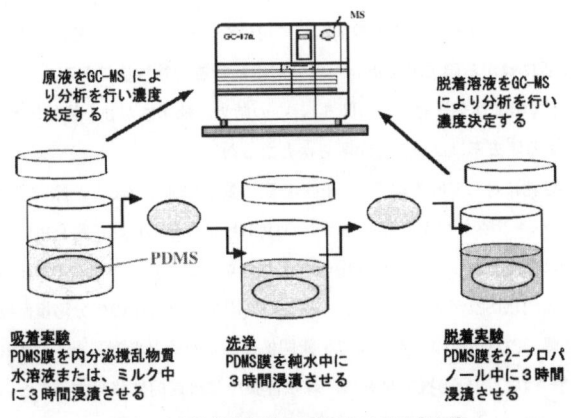

図3　内分泌攪乱物質の吸着法による除去実験

223

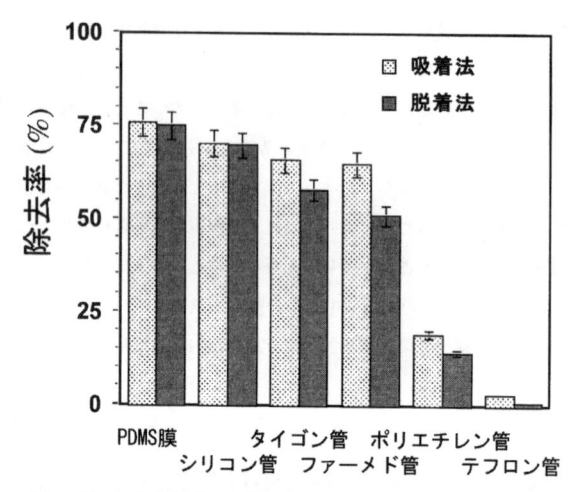

図4 様々な疎水性膜並びに管を用いた吸着法並びに脱着法による，水溶液中からの内分泌攪乱物質の除去[8]

様々な材質の疎水性膜並びに管を用いて，1,2-ジブロモ-3-クロロプロパン（DBCP，農薬）の水溶液中からの除去率を測定して，最適な内分泌攪乱物質除去剤を検討した（図4）。その結果，ポリジメチルシロキサン（PDMS）膜を吸着剤として用いたときが，最も内分泌攪乱物質の除去率は高く，さらに吸着法と脱着法で求めた除去率は一致していた。すなわち，疎水性である内分泌攪乱物質は可逆的に疎水性高分子膜中に選択的に溶解・拡散して，水溶液中から内分泌攪乱物質を除去することが可能であることが明らかとなった。様々な内分泌攪乱物質水溶液中における，ポリジメチルシロキサン膜を吸着剤として用いたときの除去率を検討した。また，これらの内分泌攪乱物質に対する除去率を用いた内分泌攪乱物質の物性値であるオクタノール-水分配係数（$\log P_{ow}$）との相関性を検討した（図5）。この結果，疎水性が強い物質ほど（$\log P_{ow}$値が高い）PDMS膜による除去率は高いことが明らかとなった。

水溶液並びに母乳に対して吸着剤であるPDMS膜の量を増加させると，除去率は上昇した（図6）。水溶液中のヘキサクロロシクロヘキサン（HCH）は少量のPDMS膜を用いることにより，90～95%の除去は可能であったが，母乳中のヘキサクロロシクロヘキサンの除去は，水溶液系と比較すると多量のPDMS膜が必要であった[8]。この原因は，母乳中の内分泌攪乱物質は，脂質ミセル，フリー状態，PDMS膜の3者の間で平衡関係にあるためと考察した。いずれにせよ，脂質（体内）中に溶解された内分泌攪乱物質は，疎水性膜中に可逆的に移行すること（内分泌攪乱物質を除去可能）が明らかとなった。

第15章　環境保全膜

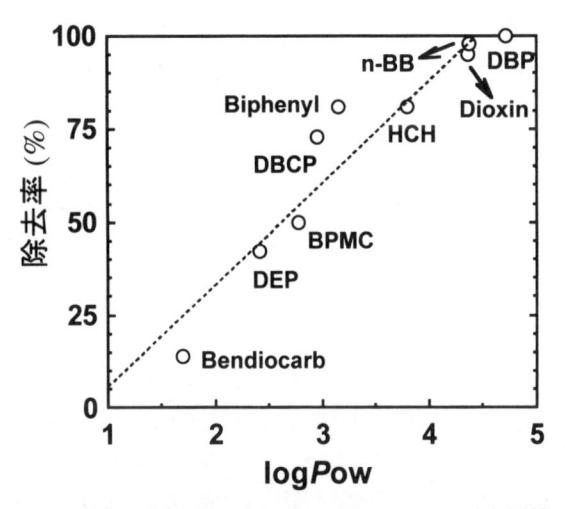

図5　様々な内分泌撹乱物質の除去率とそのオクタノール-水分配係数
　　　（log P_{ow}）との関係
　　　（図中の略記は表1を参照）

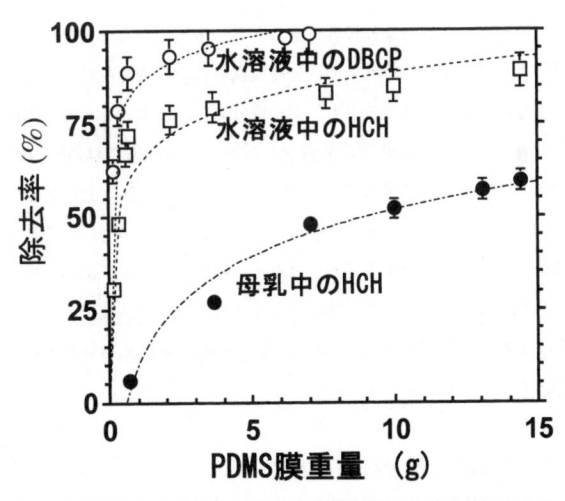

図6　水溶液中並びに母乳中における内分泌撹乱物質の除去率の吸着剤
　　　（PDMS膜）重量依存性[8]

表1 PDMS膜（0.7g）並びに活性炭（ダイオキシン除去用）を用いた時の
タンパク質並びにビタミン水溶液（25ml）中からの除去率[8,9]

水溶液	濃度（ppm）	栄養物の吸着率（%）	
		PDMS膜	活性炭
γ-グロブリン	1000	0.2	1.1
カゼイン	1000	2.1	1.9
ニコチン酸	50	2.7	98.8
ビタミンB2	10	0.0	98.4
ビタミンB12	100	0.8	42.3

5.2 活性炭とPDMS膜の吸着性の比較

　活性炭を用いた吸着法により水溶液からの様々な内分泌攪乱物質の除去についての基礎的な研究を行い，その活性炭による内分泌攪乱物質の除去性をPDMS膜による除去性と比較検討した[9]。活性炭を用いた場合，PDMS膜より1桁，2桁くらい高い内分泌攪乱物質の除去性を示した。また，活性炭を用いた内分泌攪乱物質水溶液からの除去率は，用いた内分泌攪乱物質の物性値であるオクタノール-水分配係数（$\log P_{ow}$）と比例関係を検討したところ，$\log P_{ow}$が3.5以上である場合，0.05gの活性炭を用いて水溶液からの内分泌攪乱物質の除去率がほぼ85%以上を現した[9]。

　しかしながら，飲料水，牛乳および母乳を含んだ，水溶液中からの内分泌攪乱物質を選択的に吸着・除去を目的として，牛乳，母乳中の内分泌攪乱物質の除去を標的にすると，吸着法により内分泌攪乱物質を母乳中から除去できても，栄養成分も一緒に除去されては本研究の意味をなさない。そこで，栄養分がPDMS膜並びに活性炭に吸着する（除去される）のかどうかを検討した。栄養分として，免疫タンパク質であるγ-グロブリンと母乳中の主タンパク質であるカゼイン，さらに水溶性ビタミン類（ニコチン酸，ビタミンB_2，ビタミンB_{12}）を選択した。これらの除去率を表1に示す。免疫タンパク質並びにカゼインはPDMS膜並びに活性炭に吸着されなかった。これは，タンパク質の形状が大きいためであると考察した。活性炭は水溶性ビタミンに対して高い除去性を示すために（表1参照），母乳中からの内分泌攪乱物質除去は，PDMS膜を用いたほうが有効であることが明らかとなった[9]。

5.3 母乳中の内分泌攪乱物質の除去および分析

　前節の結果より，PDMS膜を用いて実際の母乳（33才，東京在住）よりその膜に吸着された化学物質を脱着法を用いて分析した。その結果を図7に示す。NCI法を用いたGC-MS分析を行なったところ，ヘキサクロロシクロヘキサンとヘキサクロロベンゼン（HCB）が13.3分と13分の位置に観察された。通常のEI法を用いた場合にも，ヘキサクロロシクロヘキサンは観察された。

第15章　環境保全膜

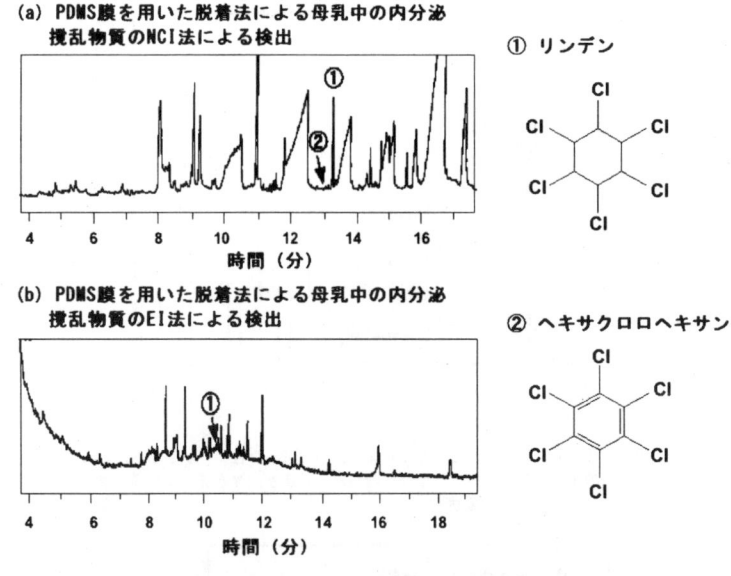

図7　PDMS膜を用いた脱着法による母乳中の内分泌撹乱物質のNCI法
(a) 並びにNCI法 (b) による検出[8]

ヘキサクロロシクロヘキサンの検量線と希釈倍率さらに図6で得られたヘキサクロロシクロヘキサンの除去率（14.5gPDMS膜を用いて2回内分泌撹乱物質の吸着除去を行なった。この場合のHCH除去率は84%）より，母乳中には20ppb（570ng/g-脂肪）のヘキサクロロシクロヘキサンが含有していることが明らかとなった。この値は，全国平均（個人差並びに地域差が大きい）と比べてやや高めのリーズナブルな値と考えられる[8]。

5.4　ミネラルウォーター中からの内分泌撹乱物質の除去

上記牛乳，母乳中の栄養成分の吸着についての検討より，活性炭は内分泌撹乱物質と一緒に水溶性ビタミンの栄養成分も除去してしまうので，ミネラルウォーターに本方法を適用した。まず，市販されている様々なミネラルウォーターを用いてGC-MSによる分析を行った。また，コントロールテストとして超純水，水道水，および活性炭で浄水した水道水を用いた際の結果を上記の様々なミネラルウォーターの結果とともに図8に示す。市販されている輸入品のミネラルウォーターからは0.45ppb以上の高いジオクチルフタレート（可塑剤）が検出された[13]。

ジオクチルフタレート（DOP（dioctylphthalate））は，ジエチルヘキシルフタレート（diethylhexylphthalate，DEHP）を意味しており，塩ビ（PVC）に柔軟性を与える添加剤とし

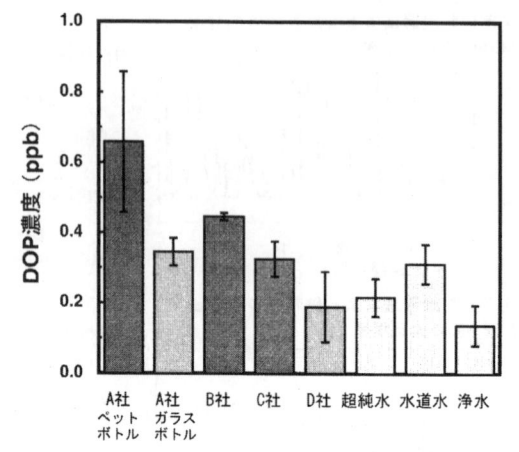

図8 輸入品（A社，B社）並びに国産品（C社，D社：ペットボトル）のミネラルウォーター並びに超純水，水道水，浄水器により浄化された水中のDOP濃度[13]

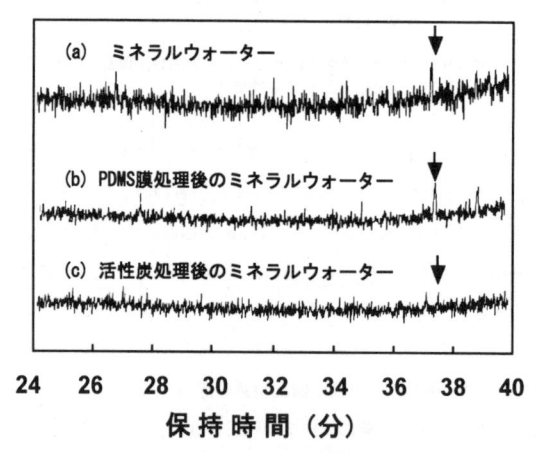

図9 市販のミネラルウォーター（a），0.7gのPDMS膜で処理されたミネラルウォーター（b）並びに0.7gの活性炭で処理されたミネラルウォーター（c）の質量分析計により解析されたクロマトグラム
（矢印の位置は，DOPのピークを示す）

て使われている。DEHPで可塑化された塩ビ（PVC）は，血液と血漿の輸血用品用途で，欧州薬局方により承認されている唯一の軟質材料である。このDEHPは環境庁により内分泌撹乱物質の疑いがある物質に分類されているが，日本ではまだ規制はない状況である。欧州連合（EU）は体重50Kgで耐用1日摂取量（TDI＝生涯食べ続けても影響がない量）1850μgと決められてい

第15章 環境保全膜

る。

そこで，本研究では市販のミネラルウォーター（国産品）を用いて活性炭およびPDMS膜によりミネラルウォーターからのDOPの除去について検討した。図9には市販のミネラルウォーターの抽出液のGC-MSによるクロマトグラム（a）を示す。ミネラルウォーターでは37.2分にDOPの存在が観察された。この図には示していないが，blankとして超純水を用いてGC-MS分析を行った際，その超純水の抽出液からはDOPが検出されなかったことが確認された。

ミネラルウォーターからDOPの除去性を本吸着法により確認するために，活性炭並びにPDMS膜0.7gをミネラルウォーター25mlに入れて吸着実験を3時間行った。その時のGC-MSによる分析結果を図9（b）と（c）に示す。GC-MSのSIM法による定量分析の結果，ミネラルウォーター中の初期DOP濃度が0.51ppbであったが，活性炭およびPDMS膜を用いた吸着法によりその濃度がそれぞれ，0.05ppbと0.33ppbに減少し，活性炭による除去率が89％，PDMS膜による除去率が36％であった。そこで，活性炭並びにPDMS膜を用いた吸着法により，ペットボトル中のミネラルウォーターから可塑剤であるDOPを除去することが可能であることが明らかとなった。

6 疎水性機能膜を用いた内分泌撹乱物質のパーベーパレーション法による除去

6.1 パーベーパレーション法の原理と装置

パーベーパレーション（PV）法の原理図を図10に示す。パーベーパレーション法は，液相と

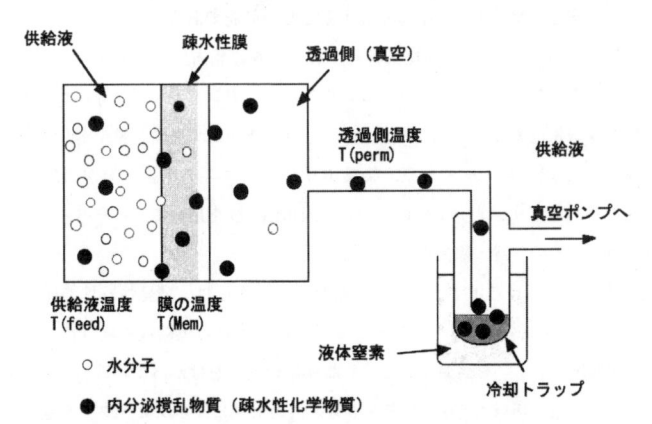

図10 パーベーパレーション法の原理
内分泌撹乱物質は，疎水性のために，疎水性膜中を水よりも優先的に透過して，透過側に濃縮・分離される。

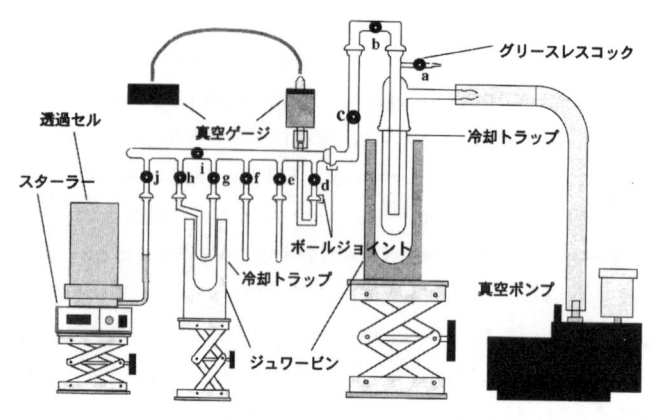

図11 パーベーパレーション装置概略図

気相（通常真空）が高分子膜により隔てられており，溶質の蒸気圧を駆動力として有機物質を高分子膜に透過させる方法である。通常の膜分離では，分子ふるい機構により物質を分離しているために，今回のような水と内分泌攪乱物質系では，内分泌攪乱物質の方が水より分子径が大きいため水が選択的に膜を透過する。従って，通常の膜分離法では内分泌攪乱物質を濃縮分離することは不可能である。一方，疎水性の高分子膜を用いたパーベーパレーション法では，内分泌攪乱物質は疎水性のために，疎水性の高分子膜に水より数万倍選択的に溶解するために，内分泌攪乱物質が選択的に膜を透過する。従って，疎水性の高分子膜を用いたパーベーパレーション法を用いることにより，内分泌攪乱物質を濃縮分離することが可能である。

水-有機溶媒系（本研究では内分泌攪乱物質が有機溶媒に相当）のパーベーパレーション実験において，有機溶媒（アルコール，トリハロメタン，ベンゼン，トルエン等）が水より優先的に透過する有機溶媒選択性膜として，これまで，ポリジメチルシロキサン膜，ポリトリメチルシリルプロピン膜，ポリビニルエーテル膜，架橋ポリビニルエステル膜[1]等が報告されてきた。我々は，汎用性があるポリジメチルシロキサン（PDMS）膜を用いて，パーベーパレーション法による内分泌攪乱物質の分離・除去性を検討した。

使用した装置概略を図11に示す。内分泌攪乱物質の蒸気圧は，揮発性有機溶媒（VOC）に比べて，極度に低いために，パーベーパレーション装置における供給液温度（T_{feed}），膜近傍温度（T_{mem}），透過側温度（T_{perm}）を高温にして，分離係数の向上をはかっている。このために，透過セル出口からバルブg，hまでのPV真空ライン，供給セルにリボンヒーターを巻いて温度を制御している。

モデル内分泌攪乱物質（環境ホルモン）として，n-ブチルベンゼン（ディスプレイ用液晶物

第15章　環境保全膜

表2　実験で使用した内分泌撹乱物質の物性値[7]

番号	内分泌撹乱物質または化学物質	分子量	用途	蒸気圧(トール)	水への溶解度 (mg/l)	オクタノール -水分配係数 ($\log P_{ow}$)
1	ジベンゾ-p-ダイオキシン	184.2		4.125×10^{-4}	1	4.37
2	ビフェニル	154.2	殺虫剤	0.0089	7.5	4.01
3	1,2-ジブロモ-3-クロロプロパン (DBCP)	236.3	殺虫剤	0.58	1230	2.96
4	2-sec-ブチルフェニル-メチルカルバメート (BPMC)	207.3	農薬	1.425×10^{-4}	420	2.78
5	2,2-ジメチル-1,3-ベンゾジオキソール-4-エル　メチルカルバメート (Bendiocarb)	223.2	農薬	5×10^{-6}	260	1.70
6	n-ブチルベンゼン	134.2	液晶	1.064	11.8	4.38
7	ジエチルフタレート (DEP)	222.2	可塑剤	2.1×10^{-3}	1080	2.42
8	ジブチルフタレート (DBP)	278.3	可塑剤	2.01×10^{-5}	13	4.50
9	3,3',4,4'-テトラクロロビフェニル (TCB)	292.0	殺虫剤	1.64×10^{-5}	5.69×10^{-4}	6.63

質)，1,2-ジブロモ-3-クロロプロパン（農薬），2-ブチルフェニルメチルカルバメート（カルバメート系農薬），ジエチルフタレート（可塑剤），ベンダイオカルブ（カルバメート系農薬），フタル酸ジブチル，ジフェニル（PCBモデル物質），コプラナーPCB，ジベンゾ-p-ダイオキシンを選択した（図1並びに表2参照）。これらを透過物質として用いて，パーベーパレーション法により濃縮・分離できるかを検討した[6,7]。

膜を透過してきた透過蒸気をコールドトラップにて補集することにより透過液を得た。単位透過時間当たりの透過溶液の重量を測定して透過流量（Flux, J）を式（1）より求めた。

$$J \text{ (g/m}^2\text{hr)} = Q / (A \cdot \Delta t) \tag{1}$$

ここで，Δt は透過時間，Q は Δt 時間中に採取された透過溶液重量，A は，パーベーパレーション装置中の膜面積（本実験では15.2cm^2）である。

透過溶液，供給溶液の内分泌撹乱物質濃度の経時変化をガスクロマトグラフィー，あるいはガスクロマトグラフィー/質量分析計により測定して，分離係数（α）を式（2）より測定した。

$$\alpha = (C_{\text{permeate}}(2)/C_{\text{permeate}}(1))/(C_{\text{feed}}(2)/C_{\text{feed}}(1)) \tag{2}$$

ここで，$C_{\text{feed}}(1)$，$C_{\text{permeate}}(1)$ は，供給液，透過液中の透過物質のモル分率であり，1は水，2は内分泌撹乱物質を表す。本研究では，内分泌撹乱物質は，水に対して難溶性であるため，

C_{feed}(1)=C_{permeate}(1)=1と近似できるため,(2)式は,(3)式に簡略化されることが可能である。

$$\alpha = C_{\text{permeate}}(2)/C_{\text{feed}}(2) \qquad (3)$$

6.2　加温下におけるパーベーパレーション法によるDBCPの濃縮と除去

　室温におけるパーベーパレーション実験では，1,2-ジブロモ-3-クロロプロパン（DBCP）水溶液を濃縮・除去することが困難であったため，透過側真空ラインの温度（T_{permeate}），供給液温度（T_{feed}）を昇温させてDBCP水溶液のパーベーパレーションを試みた[6,7]。透過側真空ラインを100℃に昇温させたところ，供給液濃度は透過時間の経過とともに減少することが観察された。さらに，透過側真空ライン温度を150℃，供給液を43℃に昇温させたところ，より顕著な供給液中のDBCP濃度の減少が観察された。これは，高温下では，沸点の高いDBCPはPDMS膜を透過した後も蒸気の状態におり，効率良く冷却トラップ内に捕集されたこと，さらに膜内並びに供給側のDBCPの駆動力が温度の上昇と共に増加したためであると考察した。

　さらに，透過側真空ラインを150℃に固定してパーベーパレーション測定における供給液温度依存性を検討した。供給液の温度に対する透過流量と分離係数の関係を図12と図13に示す。供給液の温度を上げることにより透過流量の増加が観察され，供給液の温度が透過流量の律速であると考察した。しかし，DBCPの分離係数では60℃近辺が最適温度であることが明らかとなった。60℃までは，供給液の温度の上昇でDBCPの蒸気圧が上がり，その駆動力でDBCPの分離性が増加するが，60℃を越えると，DBCPの蒸気圧より水の蒸気圧が上昇したため分離性が低下したと考察した。パーベーパレーション実験において供給液の温度は分離性の向上の為に重要な因子の

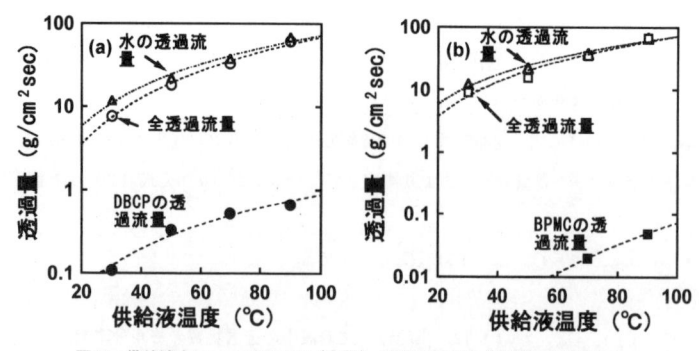

図12　供給液を10ppmのDBCP（左図）並びにBPMC（右図）水溶液としてパーベーパレーションを行った時の透過流量の供給液温度依存性

第15章　環境保全膜

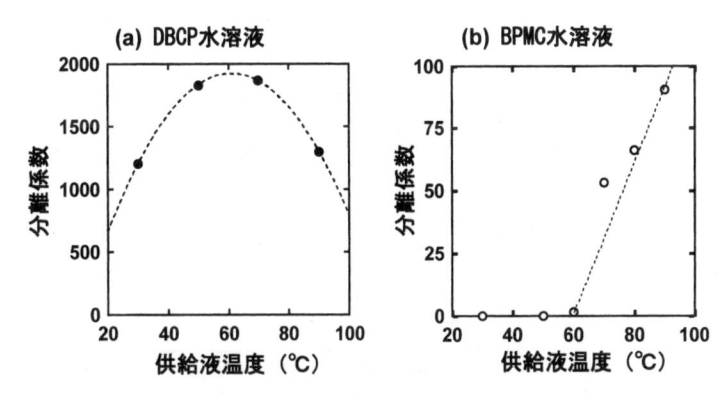

(a) DBCP水溶液　　**(b) BPMC水溶液**

図13　供給液を10ppmのDBCP（左図）並びにBPMC（右図）水溶液としてパーベーパレーションを行った時の分離係数の供給液温度依存性

1つであると考えられる。蒸気圧が極度に低い0.0001425mmHg（25℃）の2-sec-butylphenyl methylcarbamate（BPMC），0.000005mmHg（25℃）の2,2-dimethyl-1,3-benzodioxol-4-yl methylcarbamate（Bendiocarb），また蒸気圧0.0021 mmHg（25℃）のdiethyl phthalate（DEP）など様々な内分泌撹乱物質を用いて透過実験を行った。前述のように，透過側真空ライン温度を150℃に固定して，供給液の温度を30℃から50℃，70℃および90℃に変化させて測定を行った。10ppmのBPMCを供給液として用いた時の温度に対する透過流量と分離係数の関係を図12（b）と図13（b）に示す。透過物質の多くが水であるために，透過流量についてはDBCPの場合と同様であった。しかしながら，分離係数はDBCPの場合と異なり，供給液の温度50℃以下ではBPMCが透過せず，さらに温度を上昇させることにより分離性の向上が観測された。この結果より，極度に低い蒸気圧を有する不揮発性の有機物質でも供給液を高温にすることにより分離が可能であることが明らかとなった[6,7]。

6.3　分離係数と透過流量の膜厚依存性

10ppmの1,2-ジブロモ-3-クロロプロパン（DBCP）水溶液を供給溶液として，室温（T_{feed} = 25℃）にてポリジメチルシロキサン（PDMS）膜の膜厚を変化させた時の透過流量並びに分離係数に及ぼす影響について検討した。膜厚に対する分離係数の関係を図14に示す。PDMS膜としてはMTR社製の2, 20μm, Dow Corning社製の膜厚150μm, 270μm, 520μm, 1020μmとTigers社製の膜厚300μm, 470μmの膜を用いた。膜厚が厚くなるほど分離係数は増加するが，分離性の向上には限界が有り，その限界値に達すると膜厚を厚くしても分離係数は一定であることが観察された。分離性の膜厚依存性は膜の界面に存在する境膜抵抗に起因すると推定される。

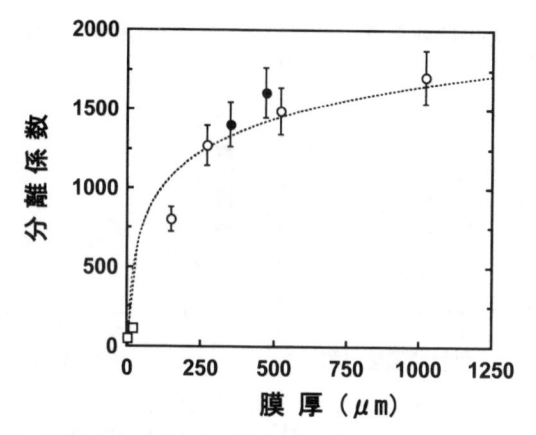

図14 供給液を10ppmのDBCP水溶液としてパーベーパレーションを行った時の分離係数の膜厚依存性[6]

すなわち，DBCPは膜厚が薄くなるにつれて境膜抵抗を受けやすくなるので，分離性が減少するという結果になったと考察される。膜内における水と内分泌撹乱物質の拡散および溶解度（分配係数）が定常状態で一定であれば，パーベーパレーションにおける透過流量は抵抗式（4）で求めることが可能である[6]。

$$\Delta p_i / J_i = R_i + L / P_i \tag{4}$$

ここで，J_iは成分 i の透過流量，R_iは成分 i の境膜抵抗，P_iは成分 i の透過係数，Δp_iは供給側並びに透過側での膜間の蒸気圧差を表わす。供給側並びに透過側に対する水と内分泌撹乱物質の蒸気圧が一定であれば（$\Delta p_i =$ 一定），$1/J_i$対Lは直線関係であるので，境膜抵抗を見積もることができる。この関係式に基づき，PDMS膜厚に対する水並びにDBCPの透過流量の逆数の関係を検討した。その結果を図15に示す。水成分の透過についてはy切片が存在しない原点を通る直線であるのに対して，DBCPではy切片が存在し，境膜抵抗が存在することが明らかとなった。

6.4 分離係数と内分泌撹乱物質の分子量との関係

有機物質選択性である疎水性高分子膜を用いたパーベーパレーション法は，これまで，分子量が比較的低く，揮発性な有機化学物質の水溶液からの除去が検討されてきた。例えば，メタノール，エタノール等アルコール類，フェノール，ピリジン，クロロホルム，テトラクロロエチレン等である。テトラクロロエチレンの分子量は166であるが，蒸気圧は20mmHgと今回用いた内分

第15章　環境保全膜

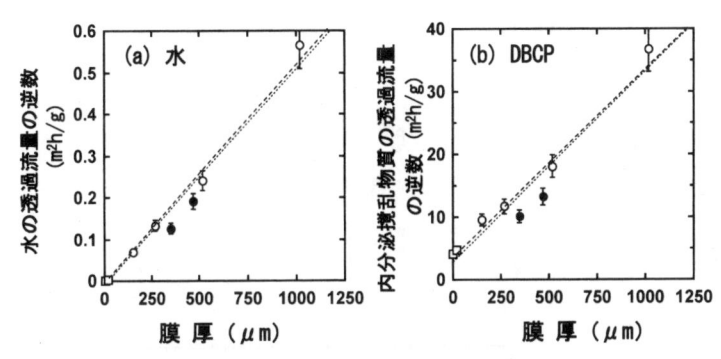

図15　10ppmのDBCP水溶液のパーベーパレーション実験[6]
　　　水（左図）並びにDBCP（右図）の透過流量の逆数と膜厚との関係。

泌撹乱物質に比べて極端に高い蒸気圧を有しているため，テトラクロロエチレンの分離係数は905と高い値が報告されている[11]。これは，テトラクロロエチレンの蒸気圧が高いために，膜を透過する駆動力も高かったためと考察される。今回の実験においては，蒸気圧0.58mmHg（25℃）の1,2-ジブロモ-3-クロロプロパン（DBCP，分子量236）から蒸気圧が極度に低い0.0001425 mmHg（25℃）の 2-*sec*-butylphenyl methylcarbamate（BPMC），0.000005mmHg（25℃）の2,2-dimethyl-1,3-benzodioxol-4-yl methylcarbamate（Bendiocarb），また蒸気圧0.0021 mmHg（25℃）のジエチルフタレート（DEP）など様々な内分泌撹乱物質を用いて透過実験を行った（図16参照）[7]。前述のように，供給液を高温にすることにより分離性が向上し

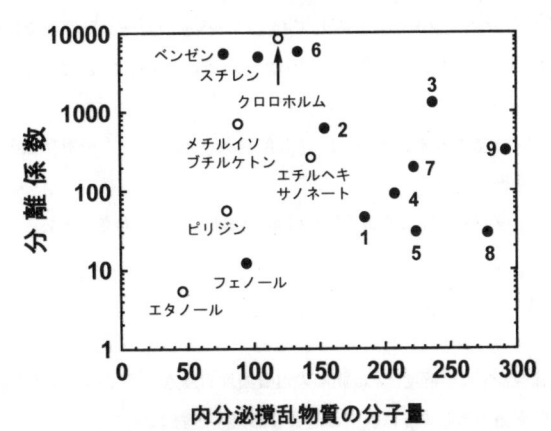

図16　内分泌撹乱物質水溶液を用いたパーベーパレーション実験
　　　内分泌撹乱物質の分離係数とその分子量との関係[7]。
　　　（図中の番号は表2を参照）

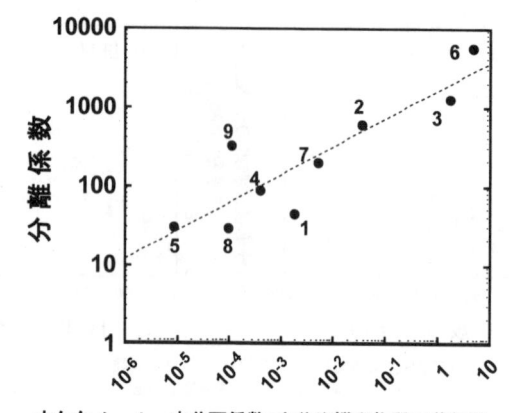

図17 内分泌撹乱物質水溶液を用いたパーベーパレーション実験
内分泌撹乱物質の分離係数とその蒸気圧とオクタノール-水
分配係数との積との関係[71]。(図中の番号は表2を参照)

ていた。これは駆動力である蒸気圧を上げることが可能になったために分離性が向上したと考察した。そこで，PDMS膜を用いたパーベーパレーション法により得られた様々な内分泌撹乱物質の分離係数とその蒸気圧とオクタノール-水分配係数 ($\log P_{ow}$) との積の関係を検討した。その結果を図17に示す。分子量に関係なく（図16参照），駆動力である蒸気圧が高くなるにつれて分離性が向上していくことが明らかとなった。また，ダイオキシンやPCBsのモデル物質であるジベンゾ-p-ダイオキシンやビフェニルに関しても，パーベーパレーション法を用いることにより分離することが可能であった。さらに，コプラナーPCBに関しても326という高い分離係数を得ることが可能であった。

物理パラメータ（蒸気圧とオクタノール-水分配係数（$\log P_{ow}$））と分離係数との間の理論的関係は以下のように考察した[71]。

（a）透過流量は溶解拡散理論に基づくFickの第一法則により表わされる。

$$J = -D \cdot dc/dx = -D \cdot S \cdot dp/dx \tag{5}$$

ここでDは拡散係数，Sは溶解度，cは膜中の溶質濃度（水もしくは内分泌撹乱物質），xは拡散方向における空間座標，そしてpは膜中の溶質の蒸気圧を表す。

（b）分離係数αは以下の式で表わされる。

第15章　環境保全膜

$$\alpha = [J(ED)/J(H_2O)]/[X_f/Y_f] \tag{6}$$

ここで$J(ED)$並びに$J(H_2O)$はパーベーパレーション法における内分泌攪乱物質の透過流量並びに水の透過流量である。X_f, Y_fは，供給液中の内分泌攪乱物質並びに水のモル分率である。供給液中の内分泌攪乱物質濃度は希薄であるため，式（6）は以下の式に変形される。

$$\alpha = [J(ED)/J(H_2O)]/X_f \tag{7}$$

（c）パーベーパレーション法において透過側における溶質の蒸気圧はゼロであると仮定すると，膜を透過する溶質の駆動力はRaoult'sの法則から式（8），式（9）と表わされる。

$$dp/dx = -X_f \cdot p_{vap}(ED)/L \quad :内分泌攪乱物質 \tag{8}$$
$$dp/dx = -Y_f \cdot p_{vap}(H_2O)/L \quad :水 \tag{9}$$

ここでLは膜厚，$p_{vap}(ED)$並びに$p_{vap}(H_2O)$は内分泌攪乱物質並びに水の飽和蒸気圧である。$X_f \ll 1$なので$Y_f \cong 1$であるため，式（9）は式（10）のように変形される。

$$dp/dx = -p_{vap}(H_2O)/L \quad :水 \tag{10}$$

（d）内分泌攪乱物質の希薄水溶液において，PDMS膜中の内分泌攪乱物質の溶解度は式（11）のようなオクタノール-水分配係数と関係がある[7]。なぜならば疎水性PDMS膜中における内分泌攪乱物質の溶解度（$S(ED)$）は，内分泌攪乱物質の疎水性が増加するにつれて増加する為である。すなわち内分泌攪乱物質等の溶質の疎水性は内分泌攪乱物質の$\log P_{ow}$が増加するにつれて増加する。本研究においては$S(ED)$は内分泌攪乱物質の$\log P_{ow}$と直線関係があると仮定する。

$$S(ED) = \gamma \cdot \log P_{ow} \tag{11}$$

ここでγは定数である。

（e）式（7），（8），（10），（11）を結びつけることにより分離係数は式（12）で与えられる。

$$\alpha = [D(ED) \cdot S(ED) \, p_{vap}(ED)]/[D(H_2O) \cdot S(H_2O) \, p_{vap}(H_2O)]$$
$$= \beta \cdot D(ED) \cdot \log P_{ow} \cdot p_{vap}(ED) \tag{12}$$

ここで$\beta = \gamma / [D(H_2O) \cdot S(H_2O) \, p_{vap}(H_2O)]$，$D$（ED）はPDMS膜中における内分泌攪乱物質の拡散係数，$D(H_2O)$はPDMS膜中における水の拡散係数，そして$S(H_2O)$はPDMS膜中における水の溶解度を表わす。

（f）βは定数であるため，分離係数は式（12）より式（13）として得られる。

$$\alpha \propto D(\text{ED}) \cdot \log P_{ow} \cdot p_{vap}(\text{ED}) \tag{13}$$

もしPDMS膜中の内分泌攪乱物質の拡散係数が本研究において使用した内分泌攪乱物質中ではほぼ一定であると仮定する（なぜなら本研究における内分泌攪乱物質の分子量は134-282 Daと類似しているため）ならば，式（14）が導かれる。

$$\alpha \propto \log P_{ow} \cdot p_{vap}(\text{ED}) \tag{14}$$

以上の結果並びに理論式より，今後新規の内分泌攪乱物質を用いてパーベーパレーション法により透過実験を行う際には，その物質の持つ飽和蒸気圧とオクタノール-水分配係数（$\log P_{ow}$）が分かれば，分離性を予想することが可能であることが明らかとなった[7]。

また，様々な内分泌攪乱物質のオクタノール-水分配係数は1.7（ベンダイオカルブ）から7.1（コプラナー PCB）の値を取るのに対して，飽和蒸気圧は，10^{-9}から1 torrと9桁変化する。従って，式（14）中の$p_{vap}(\text{ED})$が優先的に作用するために

$$\alpha \propto p_{vap}(\text{ED}) \tag{15}$$

となり，分離係数は近似的に飽和蒸気圧と直線的相関関係があることが明らかとなった（図18参照）。

6.5　塩水溶液中における内分泌攪乱物質のPV法による濃縮・除去

海水中における内分泌攪乱物質の濃縮・除去・モニタリングを目的として，10ppmの2-sec-butylphenyl methylcarbamate（BPMC，カルバメート系農薬）含有供給溶液にNaClを添加して海水と同濃度の条件（3.5%）で透過実験を行った[15]。非塩存在下での平均透過流量は77g/m^{2}hであり，塩存在下での平均透過流量は85g/m^{2}hと，塩存在下の方が10%ほど透過量は多かった。さらに，非塩存在下での分離係数は15～40であり，塩存在下での分離係数は50～75と，塩存在下

第15章　環境保全膜

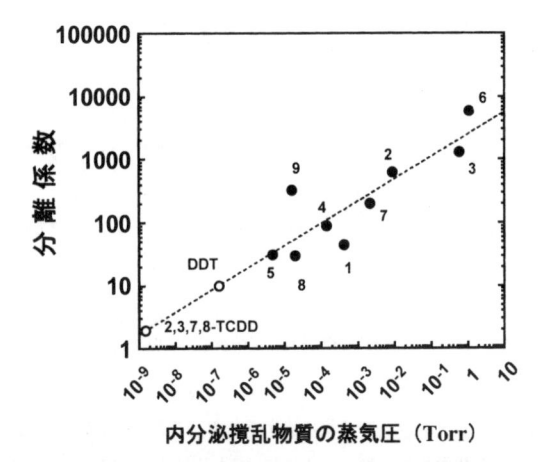

図18　内分泌撹乱物質水溶液を用いたパーベーパレーション実験[7]
内分泌撹乱物質の分離係数とその蒸気圧との関係。
（図中の番号は表2を参照）

の方が格段に分離性が優れていた。以上より，塩含有溶液（すなわち海水）からの内分泌撹乱物質のパーベーパレーション法による除去は非塩含有溶液よりも容易であることが明らかとなった[15]。

6.6　海水中における有機物質並びに内分泌撹乱物質のPV法による分析

　環境中に存在するサンプルを用いて，実際にパーベーパレーション法が有効であるかを検討した。今回選定した場所は神奈川県藤沢市にある引地川河口で採取した。ここは以前，荏原製作所よりダイオキシンが流出されて高濃度のダイオキシンが検出された川であることに着目して選定した。海水の採集は，プラスチックからの汚染がないようにガラス製のすりがついた試料びんを用いて，3L採集した。この時，試料びんは海水で何度も共洗いして，試料を採集する際には試料びんに空気が入らないように注意した。供給液を今回採集した海水を用いて，供給液側の温度を90℃，透過側の温度を150℃に設定して，パーベーパレーション法による透過実験を行った。パーベーパレーション法により得られたサンプル並びに海水の抽出液のGC/MS分析の結果を図19に示す。パーベーパレーション法により得られたサンプルから検出された化学物質（図中，ピーク番号1-5）は各々5.1，5.5，6.1，9.5，12.7分に検出された。これらは香料類，石鹸や洗剤等の芳香，可塑剤等に使用されている化学物質（オクタナール，2-エチル-1-ヘキサノール，ノナナール，2-(1-メチルプロピル)-フェノール，1-ドデカノール）であった。海水の抽出液をGC/MSで分析した結果，フタル酸ジブチル（ピーク番号6）並びにフタル酸ジエチルヘキシ

最先端の機能膜技術

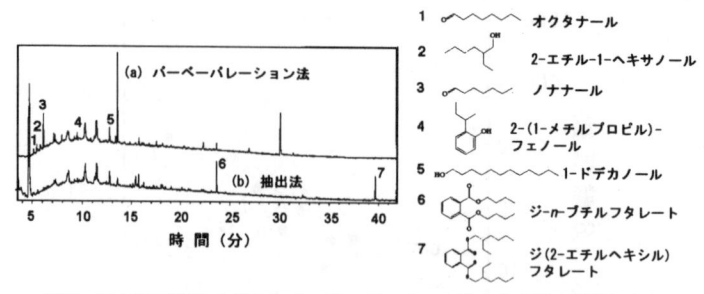

図19 江ノ島で採取した海水をパーベーパレーション法（a）並びに抽出法（b）を用いて濃縮して質量分析計を用いて分析したクロマトグラフ

ル（ピーク番号7）が，各々23.7，39.7分に検出された。これらは環境省が定める『内分泌攪乱作用を有すると疑われる化学物質』群に含まれている。しかしながらこれらの物質はパーベーパレーション法を用いて透過実験を行った際に得られる透過液サンプルから検出することは困難であった。少量ではあるがフタル酸ジブチルに関してはパーベーパレーション法により得られたサンプルから検出されたが，フタル酸ジエチルヘキシルは透過液中に検出されなかった。これらの違いは化学物質が有する低い蒸気圧の為であると考察した。すなわち，フタル酸ジブチルの蒸気圧は2.01E-5 mmHg，フタル酸ジエチルヘキシルの蒸気圧は7.23E-8 mmHgであることに起因している。

　以上より原液である海水を定性分析することで，パーベーパレーション法により如何なる化学物質が分離除去できるかを検討することが可能となった。そこで，1ヵ月ごとの江ノ島における海水の分析を行った。結果として，DOP，ジブチルフタレート（DBP），そして抗酸化剤として用いられているジブチルヒドロキシトルエン（BHT）が検出された。BHTは酸化防止剤として，プラスチックその他の石油化学製品の製造に使われている。海水を採取した周辺は多くの工場並びに焼却施設があり，ここからのプラスチックの焼却による大気中への放出または，塩化ビニールや酢酸ビニールなどの樹脂製品の製造の際に排出されたものではないかと考察した。検出された可塑剤や抗酸化剤のパーベーパレーション法による分離性を検討するために，海水の透過実験を行った。これにより，パーベーパレーション法を用いることによってDOPを90倍濃度，DBPを165倍濃度に，またBHTにおいては250倍濃度までに濃縮できることを確認した[16]。

第15章　環境保全膜

文　献

1) シーア・コルボーンら，奪われし未来（長尾 力ら訳），翔泳社（2001）
2) デボラ・キャドバリー，メス化する自然－環境ホルモン汚染の恐怖（古草秀子訳），集英社（1998）
3) 露本伊佐男，ダイオキシン，ナツメ社（1999）
4) 左巻健男（編集），ダイオキシン100の知識，東京書籍（1998）
5) http://www.nicol.ac.jp/~honma/env/eh_home.html等
6) A. Higuchi et al., *J. Membrane Sci.*, **198**, 311（2002）
7) B. O. Yoon et al., *ACS Symposium Series 876*, chp. 27（2004）
8) B. O. Yoon et al., *J. Membrane Sci.*, **213**, 137（2003）
9) B. O. Yoon et al., *J. Mass Spectro. Jpn.*, **51**, 168（2003）
10) http://matsuda.c.u-tokyo.ac.jp/~ctakasi/osf/resume/shousai2.html
11) 栗原優，繊維学会予稿集，**59**, 38（2004）
12) http://www.nebuta.co.jp/tengu/hot/2.htm
13) A. Higuchi et al., *J. Appl. Polym. Sci.*, in press.
14) M. Hoshi, *Sen-i Gakkaishi*, **47**, 644（1991）
15) 樋口亜紺，尹富玉，日本海水学会誌，**58**, 3（2004）
16) 樋口亜紺ら，未発表データ

《CMC テクニカルライブラリー》発行にあたって

　弊社は、1961年創立以来、多くの技術レポートを発行してまいりました。これらの多くは、その時代の最先端情報を企業や研究機関などの法人に提供することを目的としたもので、価格も一般の理工書に比べて遙かに高価なものでした。

　一方、ある時代に最先端であった技術も、実用化され、応用展開されるにあたって普及期、成熟期を迎えていきます。ところが、最先端の時代に一流の研究者によって書かれたレポートの内容は、時代を経ても当該技術を学ぶ技術書、理工書としていささかも遜色のないことを、多くの方々が指摘されています。

　弊社では過去に発行した技術レポートを個人向けの廉価な普及版《CMC テクニカルライブラリー》として発行することとしました。このシリーズが、21世紀の科学技術の発展にいささかでも貢献できれば幸いです。

2000年12月

株式会社　シーエムシー出版

機能膜技術の応用展開　　(B0962)

2005年 3月18日　初　版　第1刷発行
2011年 5月10日　普及版　第1刷発行

監　修　吉川　正和　　　　　　　　　Printed in Japan
発行者　辻　　賢司
発行所　株式会社　シーエムシー出版
　　　　東京都千代田区内神田 1-13-1
　　　　電話 03 (3293) 2061
　　　　http://www.cmcbooks.co.jp/

〔印刷〕日本ハイコム株式会社　　　　　© M. Yoshikawa, 2011

定価はカバーに表示してあります。
落丁・乱丁本はお取替えいたします。

ISBN978-4-7813-0331-4 C3058 ¥3600E

本書の内容の一部あるいは全部を無断で複写（コピー）することは，法律で認められた場合を除き，著作者および出版社の権利の侵害になります。

CMCテクニカルライブラリーのご案内

環境保全のための分析・測定技術
監修／酒井忠雄／小熊幸一／本水昌二
ISBN978-4-7813-0298-0　　B950
A5判・315頁　本体4,800円＋税（〒380円）
初版2005年6月　普及版2011年1月

構成および内容：【総論】環境汚染と公定分析法／測定規格の国際標準／欧州規制と分析法【試料の取り扱い】試料の採取／試料の前処理【機器分析】原理・構成・特徴／環境計測のための自動計測法／データ解析のための技術【新しい技術・装置】オンライン前処理デバイス／誘導体化法／オンラインおよびオンサイトモニタリングシステム　他
執筆者：野々村　誠／中村　進／恩田宣彦　他22名

ヨウ素化合物の機能と応用展開
監修／横山正孝
ISBN978-4-7813-0297-3　　B949
A5判・266頁　本体4,000円＋税（〒380円）
初版2005年10月　普及版2011年1月

構成および内容：ヨウ素とヨウ素化合物（製造とリサイクル／化学反応　他）／超原子価ヨウ素化合物／分析／材料（ガラス／アルミニウム）／ヨウ素と光（レーザー／偏光板　他）／ヨウ素とエレクトロニクス（有機伝導体／太陽電池　他）／ヨウ素と医薬品／ヨウ素と生物（甲状腺ホルモン／ヨウ素サイクルとバクテリア）／応用
執筆者：村松康行／佐久間　昭／東郷秀雄　他24名

きのこの生理活性と機能性の研究
監修／河岸洋和
ISBN978-4-7813-0296-6　　B948
A5判・286頁　本体4,400円＋税（〒380円）
初版2005年10月　普及版2011年1月

構成および内容：【基礎編】種類と利用状況／きのこの持つ機能／安全性（毒きのこ）／きのこの可能性／育種技術　他【素材編】カワリハラタケ／エノキタケ／エリンギ／カバノアナタケ／シイタケ／ブナシメジ／ハタケシメジ／ハナビラタケ／ブクリョク／ブナハリタケ／マイタケ／マツタケ／メシマコブ／霊芝／ナメコ／冬虫夏草　他
執筆者：関谷　敦／江口文陽／石原光朗　他20名

水素エネルギー技術の展開
監修／秋葉悦男
ISBN978-4-7813-0287-4　　B947
A5判・239頁　本体3,600円＋税（〒380円）
初版2005年4月　普及版2010年12月

構成および内容：水素製造技術（炭化水素からの水素製造技術／水の光分解／バイオマスからの水素製造　他）／水素貯蔵技術（高圧水素／液化水素）／水素貯蔵材料（合金系材料／無機系材料／炭素系材料　他）／インフラストラクチャー（水素ステーション／安全技術／国際標準）／燃料電池（自動車用燃料電池開発／家庭用燃料電池　他）
執筆者：安田　勇／寺村謙太郎／堂免一成　他23名

ユビキタス・バイオセンシングによる健康医療科学
監修／三林浩二
ISBN978-4-7813-0286-7　　B946
A5判・291頁　本体4,400円＋税（〒380円）
初版2006年1月　普及版2010年12月

構成および内容：【第1編】ウエアラブルメディカルセンサ／マイクロ加工技術／触覚センサによる触診検査の自動化　他【第2編】健康診断／自動採血システム／モーションキャプチャーシステム　他【第3編】画像によるドライバ状態モニタリング／高感度匂いセンサ　他【第4編】セキュリティシステム／ストレスチェッカー　他
執筆者：工藤寛之／鈴木正康／菊池良彦　他29名

カラーフィルターのプロセス技術とケミカルス
監修／市村國宏
ISBN978-4-7813-0285-0　　B945
A5判・300頁　本体4,600円＋税（〒380円）
初版2006年1月　普及版2010年12月

構成および内容：フォトリソグラフィー法（カラーレジスト法　他）／印刷法（平版、凹版、凸版印刷　他）／ブラックマトリックスの形成／カラーレジスト用材料と顔料分散／カラーレジスト法によるプロセス技術／カラーフィルターの特性評価／カラーフィルターにおける課題／カラーフィルターと構成部材料の市場／海外展開　他
執筆者：佐々木　学／大谷薫明／小島正好　他25名

水環境の浄化・改善技術
監修／菅原正孝
ISBN978-4-7813-0280-5　　B944
A5判・196頁　本体3,000円＋税（〒380円）
初版2004年12月　普及版2010年11月

構成および内容：【理論】環境水浄化技術の現状と展望／土壌浸透浄化技術／微生物による水質浄化（石油汚染海洋環境浄化　他）／植物による水質浄化（バイオマス利用　他）／底質改善による水質浄化（底泥置換覆砂工法　他）【材料・システム】水質浄化材料（廃棄物利用の吸着材　他）／水質浄化システム（河川浄化システム　他）
執筆者：濱崎竜英／笠井由紀／渡邉一哉　他18名

固体酸化物形燃料電池（SOFC）の開発と展望
監修／江口浩一
ISBN978-4-7813-0279-9　　B943
A5判・238頁　本体3,600円＋税（〒380円）
初版2005年10月　普及版2010年11月

構成および内容：原理と基礎研究／開発動向／NEDOプロジェクトのSOFC開発経緯／電力事業から見たSOFC（コージェネレーション　他）／ガス会社の取り組み／情報通信サービス事業における取り組み／SOFC発電システム（円筒型燃料電池の開発　他）／SOFCの構成材料（金属セパレータ材料　他）／SOFCの課題（標準化／劣化要因について　他）
執筆者：横川晴美／堀田照久／氏家　孝　他18名

※書籍をご購入の際は、最寄りの書店にご注文いただくか、㈱シーエムシー出版のホームページ(http://www.cmcbooks.co.jp/)にてお申し込み下さい。

CMCテクニカルライブラリーのご案内

フルオラスケミストリーの基礎と応用
監修／大寺純蔵
ISBN978-4-7813-0278-2　B942
A5判・277頁　本体4,200円＋税　(〒380円)
初版2005年11月　普及版2010年11月

構成および内容：【総論】フルオラスの範囲と定義／ライトフルオラスケミストリー【合成】フルオラス・タグを用いた糖鎖およびペプチドの合成／細胞内糖鎖伸長反応／DNAの化学合成／フルオラス試薬類の開発／海洋天然物の合成 他【触媒・その他】メソポーラスシリカ／再利用可能な酸触媒／フルオラスルイス酸触媒反応 他
執筆者：柳　日馨／John A. Gladysz／坂倉　彰 他35名

有機薄膜太陽電池の開発動向
監修／上原　赫／吉川　暹
ISBN978-4-7813-0274-4　B941
A5判・313頁　本体4,600円＋税　(〒380円)
初版2005年11月　普及版2010年10月

構成および内容：有機光電変換系の可能性と課題／基礎理論と光合成（人工光合成系の構築 他）／有機薄膜太陽電池のコンセプトとアーキテクチャー／光電変換材料／キャリアー移動材料と電極／有機ELと有機薄膜太陽電池の周辺領域（フレキシブル有機EL素子その光集積デバイスへの応用 他）／応用（透明太陽電池／宇宙太陽光発電 他）
執筆者：三室　守／内藤裕義／藤枝卓也 他62名

結晶多形の基礎と応用
監修／松岡正邦
ISBN978-4-7813-0273-7　B940
A5判・307頁　本体4,600円＋税　(〒380円)
初版2005年8月　普及版2010年10月

構成および内容：結晶多形と結晶構造の基礎―晶系, 空間群, ミラー指数, 晶癖－／分子シミュレーションと多形の析出／結晶化操作の実験と測定法／スクリーニング／予測アルゴリズム／多形間の転移機構と転移速度論／医薬品における研究実例／抗潰瘍薬の結晶多形制御／バミカミド塩酸塩水和物結晶／結晶多形のデータベース 他
執筆者：佐藤清隆／北村光孝／J. H. ter Horst 他16名

可視光応答型光触媒の実用化技術
監修／多賀康訓
ISBN978-4-7813-0272-0　B939
A5判・290頁　本体4,400円＋税　(〒380円)
初版2005年9月　普及版2010年10月

構成および内容：光触媒の動作機構と特性／設計バンドギャップ狭窄法による可視光応答化 他）／作製プロセス技術（湿式プロセス／薄膜プロセス 他）／ゾル-ゲル溶液の化学／特性と物性(Ti-O-N系／層間化合物光触媒　他)／性能・安全性（生体安全性 他）／実用化技術（合成皮革応用／壁紙応用 他）／光触媒の物性解析／課題(高性能化 他)
執筆者：村上能規／野坂芳雄／旭　良司 他43名

マリンバイオテクノロジー
―海洋生物成分の有効利用―
監修／伏谷伸宏
ISBN978-4-7813-0267-6　B938
A5判・304頁　本体4,600円＋税　(〒380円)
初版2005年3月　普及版2010年9月

構成および内容：海洋成分の研究開発（医薬開発 他）／医薬素材および研究用試薬（藻類／酵素阻害剤 他）／化粧品（海洋成分由来の化粧品原料 他）／機能性食品素材（マリンビタミン／カロテノイド 他）／ハイドロコロイド（海藻多糖類 他）／レクチン（海藻レクチン／動物レクチン 他）／その他（防汚剤／海洋タンパク質 他）
執筆者：浪越通夫／沖野龍文／塚本佐知子 他22名

RNA工学の基礎と応用
監修／中村義一／大内将司
ISBN978-4-7813-0266-9　B937
A5判・268頁　本体4,000円＋税　(〒380円)
初版2005年12月　普及版2010年9月

構成および内容：RNA入門（RNAの物性と代謝／非翻訳型RNA 他）／RNAiとmiRNA（siRNA医薬品 他）／アプタマー（翻訳開始因子に対するアプタマーによる制がん戦略 他）／リボザイム（RNAアーキテクチャと人工リボザイム創製への応用 他）／RNA工学プラットホーム（核酸医薬品のデリバリーシステム／人工RNA結合ペプチド 他）
執筆者：稲田利文／中村幸治／三好啓太 他40名

ポリウレタン創製への道
―材料から応用まで―
監修／松永勝治
ISBN978-4-7813-0265-2　B936
A5判・233頁　本体3,400円＋税　(〒380円)
初版2005年9月　普及版2010年9月

構成および内容：【原材料】イソシアナート（第三成分（アミン系硬化剤／発泡剤 他）【素材】フォーム（軟質ポリウレタンフォーム 他）／エラストマー／印刷インキ用ポリウレタン樹脂【大学での研究動向】関東学院大学-機能性ポリウレタンの合成と特性-／慶應義塾大学-酵素によるケミカルリサイクル可能なグリーンポリウレタンの創成-他
執筆者：長谷山廉二／友定　強／大原輝彦 他24名

プロジェクターの技術と応用
監修／西田信夫
ISBN978-4-7813-0260-7　B935
A5判・240頁　本体3,600円＋税　(〒380円)
初版2005年6月　普及版2010年8月

構成および内容：プロジェクターの基本原理と種類／CRTプロジェクター（背面投射型と前面投射型 他）／液晶プロジェクター（液晶ライトバルブ 他）／ライトスイッチ式プロジェクター／コンポーネント・要素技術（マイクロレンズアレイ 他）／応用システム（デジタルシネマ 他）／視機能から見たプロジェクターの評価（CBUの機序 他）
執筆者：福田京平／菊池　宏／東　忠利 他18名

※書籍をご購入の際は、最寄りの書店にご注文いただくか、
㈱シーエムシー出版のホームページ(http://www.cmcbooks.co.jp/)にてお申し込み下さい。

CMCテクニカルライブラリーのご案内

有機トランジスタ―評価と応用技術―
監修／工藤一浩
ISBN978-4-7813-0259-1　　B934
A5判・189頁　本体2,800円＋税（〒380円）
初版2005年7月　普及版2010年8月

構成および内容：【総論】【評価】材料（有機トランジスタ材料の基礎評価 他）／電気物性（局所電気・電子物性 他）／FET（有機薄膜FETの物性 他）／薄膜形成【応用】大面積センサー／ディスプレイ応用／印刷技術による情報タグとその周辺機器【技術】遺伝子トランジスタによる分子認識の電気的検出／単一分子エレクトロニクス　他
執筆者：鎌田俊英／堀田　収／南方　尚　他17名

昆虫テクノロジー―産業利用への可能性―
監修／川崎建次郎／野田博明／木内　信
ISBN978-4-7813-0258-4　　B933
A5判・296頁　本体4,400円＋税（〒380円）
初版2005年6月　普及版2010年8月

構成および内容：【総論】昆虫テクノロジーの研究開発動向【基礎】昆虫の飼育法／昆虫ゲノム情報の利用【技術各論】昆虫を利用した有用物質生産（プロテインチップの開発 他）／カイコ等の絹タンパク質の利用／昆虫の特異機能の解析とその利用／害虫制御技術等農業現場への応用／昆虫の体の構造，運動機能，情報処理機能の利用　他
執筆者：鈴木幸一／竹田　敏／三田和英　他43名

界面活性剤と両親媒性高分子の機能と応用
監修／國枝博信／坂本一民
ISBN978-4-7813-0250-8　　B932
A5判・305頁　本体4,600円＋税（〒380円）
初版2005年6月　普及版2010年7月

構成および内容：自己組織化及び最新の構造測定法／バイオサーファクタントの特性と機能利用／ジェミニ型界面活性剤の特性と応用／界面制御とDDS／超臨界状態の二酸化炭素を活用したリポソームの調製／両親媒性高分子の機能設計と応用／メソポーラス材料応用／食べるナノテクノロジー―食品の界面制御技術によるアプローチ　他
執筆者：荒牧賢治／佐藤高彰／北本　大　他31名

キラル医薬品・医薬中間体の研究・開発
監修／大橋武久
ISBN978-4-7813-0249-2　　B931
A5判・270頁　本体4,200円＋税（〒380円）
初版2005年7月　普及版2010年7月

構成および内容：不斉合成技術の展開（不斉エポキシ化反応の工業化／バイオ法によるキラル化合物の開発（生体触媒による光学活性カルボン酸の創製 他）／光学活性体の光学分割技術（クロマト法による光学活性体の分離・生産　他）／キラル医薬中間体開発（キラルテクノロジーによるジルチアゼムの製造開発　他）／展望
執筆者：齊藤隆夫／鈴木謙二／古川喜朗　他24名

糖鎖化学の基礎と実用化
監修／小林一清／正田晋一郎
ISBN978-4-7813-0210-2　　B921
A5判・318頁　本体4,800円＋税（〒380円）
初版2005年4月　普及版2010年7月

構成および内容：【糖鎖ライブラリー構築のための基礎研究】生体触媒による糖鎖の構築　他【多糖および糖クラスターの設計と機能化】セルロース応用／人工複合糖鎖高分子／側鎖型糖質高分子　他【糖鎖工学における実用化技術】酵素反応によるグルコースポリマーの工業生産／N-アセチルグルコサミンの工業生産と応用　他
執筆者：比能　洋／西村紳一郎／佐藤智典　他41名

LTCCの開発技術
監修／山本　孝
ISBN978-4-7813-0219-5　　B926
A5判・263頁　本体4,000円＋税（〒380円）
初版2005年5月　普及版2010年6月

構成および内容：【材料供給】LTCC用ガラスセラミックス／低温焼結ガラスセラミックグリーンシート／低温焼成多層基板用ペースト／LTCC用導電性ペースト 他【LTCCの設計・製造】回路と電線路シミュレータの連携によるLTCC設計技術 他【応用製品】車載用セラミック基板およびベアチップ実装技術／携帯端末用Txモジュールの開発　他
執筆者：馬屋原芳夫／小林宜伸／富田秀幸　他23名

エレクトロニクス実装用基板材料の開発
監修／柿本雅明／高橋昭雄
ISBN978-4-7813-0218-8　　B925
A5判・260頁　本体4,000円＋税（〒380円）
初版2005年1月　普及版2010年6月

構成および内容：【総論】プリント配線板および技術動向【素材】プリント配線基板の構成材料（ガラス繊維とガラスクロス 他）【基材】エポキシ樹脂銅張積層板／耐熱性材料（BTレジン材料 他）／高周波材料（熱硬化型PPE樹脂　他）／低熱膨張性材料-LCPフィルム／高熱伝導性材料／ビルドアップ用材料／受動素子内蔵基板】　他
執筆者：高木　清／坂本　勝／宮里桂太　他20名

木質系有機資源の有効利用技術
監修／舩岡正光
ISBN978-4-7813-0217-1　　B924
A5判・271頁　本体4,000円＋税（〒380円）
初版2005年1月　普及版2010年6月

構成および内容：木質系有機資源の潜在量と循環資源としての視点／細胞壁分子複合系／植物細胞壁の精密リファイニング／リグニン応用技術（機能性バイオポリマー 他）／糖質の応用技術（バイオナノファイバー 他）／抽出成分（生理機能性物質 他）／炭素骨格の利用技術／エネルギー変換技術／持続的工業システムの展開
執筆者：永松ゆきこ／坂　志朗／青柳　充　他28名

※書籍をご購入の際は，最寄りの書店にご注文いただくか，㈱シーエムシー出版のホームページ（http://www.cmcbooks.co.jp/）にてお申し込み下さい。

CMCテクニカルライブラリー のご案内

難燃剤・難燃材料の活用技術
著者／西澤 仁
ISBN978-4-7813-0231-7　　B927
A5判・353頁　本体5,200円＋税（〒380円）
初版2004年8月　普及版2010年5月

構成および内容：解説（国内外の規格，規制の動向／難燃材料，難燃剤の動向／難燃化技術の動向 他）／難燃剤データ（総論／臭素系難燃剤／塩素系難燃剤／りん系難燃剤／無機系難燃剤／窒素系難燃剤，窒素-りん系難燃剤／シリコーン系難燃剤 他）／難燃材料データ（高分子材料と難燃材料の動向／難燃性PE／難燃性ABS／難燃性PET／難燃性変性PPE樹脂／難燃性エポキシ樹脂 他）

プリンター開発技術の動向
監修／高橋恭介
ISBN978-4-7813-0212-6　　B923
A5判・215頁　本体3,600円＋税（〒380円）
初版2005年2月　普及版2010年5月

構成および内容：【総論】【オフィスプリンター】IPSiO Color レーザープリンタ 他【携帯・業務用プリンター】カメラ付き携帯電話用プリンターNP-1 他【オンデマンド印刷機】デジタルドキュメントパブリッシャー（DDP）他【ファインパターン形成】インクジェット分注技術 他【材料・ケミカルスと記録媒体】重合トナー／情報用紙 他
執筆者：日高重助／佐藤眞澄／醍井雅裕 他26名

有機EL技術と材料開発
監修／佐藤佳晴
ISBN978-4-7813-0211-9　　B922
A5判・279頁　本体4,200円＋税（〒380円）
初版2004年5月　普及版2010年5月

構成および内容：【課題編（基礎，原理，解析）】長寿命化技術／高発光効率化技術／駆動回路技術／プロセス技術【材料編（課題を克服する材料）】電荷輸送材料（正孔注入材料 他）／発光材料（蛍光ドーパント／共役高分子材料 他）／リン光用材料（正孔阻止材料 他）／周辺材料（封止材料 他）／各社ディスプレイ技術 他
執筆者：松本敏男／照元幸次／河村祐一郎 他34名

有機ケイ素化学の応用展開
―機能性物質のためのニューシーズ―
監修／玉尾皓平
ISBN978-4-7813-0194-5　　B920
A5判・316頁　本体4,800円＋税（〒380円）
初版2004年11月　普及版2010年5月

構成および内容：有機ケイ素化合物群／オリゴシラン，ポリシラン／ポリシランのフォトエレクトロニクスへの応用／ケイ素を含む共役電子系（シロールおよび関連化合物 他）／シロキサン，シルセスキオキサン，カルボシラン／シリコーンの応用（UV硬化型シリコーンハードコート剤 他）／シリコン表面，シリコンクラスター 他
執筆者：岩本武明／吉良満夫／今 喜裕 他64名

ソフトマテリアルの応用展開
監修／西 敏夫
ISBN978-4-7813-0193-8　　B919
A5判・302頁　本体4,200円＋税（〒380円）
初版2004年11月　普及版2010年4月

構成および内容：【動的制御のための非共有結合性相互作用の探索】生体分子を有するポリマーを利用した新規細胞接着基質 他【水素結合を利用した階層構造の構築と機能化】サーフェースエンジニアリング 他【複合機能の時空間制御】モルフォロジー制御 他【エントロピー制御と相分離リサイクル】ゲルの網目構造の制御 他
執筆者：三原久和／中村 聡／小畠英理 他39名

ポリマー系ナノコンポジットの技術と用途
監修／岡本正巳
ISBN978-4-7813-0192-1　　B918
A5判・299頁　本体4,200円＋税（〒380円）
初版2004年12月　普及版2010年4月

構成および内容：【基礎技術編】クレイ系ナノコンポジット（生分解性ポリマー系ナノコンポジット／ポリカーボネートナノコンポジット 他）／その他のナノコンポジット（熱硬化性樹脂系ナノコンポジット／補強用ナノカーボン調製のためのポリマーブレンド技術）【応用編】耐熱，長期耐久性ポリ乳酸ナノコンポジット／コンポセラン 他
執筆者：祢宜行成／上田一恵／野中裕文 他22名

ナノ粒子・マイクロ粒子の調製と応用技術
監修／川口春馬
ISBN978-4-7813-0191-4　　B917
A5判・314頁　本体4,400円＋税（〒380円）
初版2004年10月　普及版2010年4月

構成および内容：【微粒子製造と新規微粒子】微粒子作製技術／注目を集める微粒子（色素増感太陽電池 他）／微粒子集積技術【微粒子・粉体の応用展開】レオロジー・トライボロジーと微粒子／情報・メディアと微粒子／生体・医療と微粒子（ガン治療法の開発 他）／光と微粒子／ナノテクノロジーと微粒子／産業用微粒子 他
執筆者：杉本忠夫／山本孝夫／岩村 武 他45名

防汚・抗菌の技術動向
監修／角田光雄
ISBN978-4-7813-0190-7　　B916
A5判・266頁　本体4,000円＋税（〒380円）
初版2004年10月　普及版2010年4月

構成および内容：防汚技術の基礎／光触媒技術を応用した防汚技術（光触媒の実用化例 他）／高分子材料によるコーティング技術（アクリルシリコン樹脂 他）／帯電防止技術の応用（粒子汚染への静電気の影響と制電技術 他）／実際の防汚技術（半導体工場のケミカル汚染対策／超精密ウェーハ表面加工における防汚 他）
執筆者：佐伯義光／高濱孝一／砂田香矢乃 他19名

※ 書籍をご購入の際は，最寄りの書店にご注文いただくか，㈱シーエムシー出版のホームページ（http://www.cmcbooks.co.jp/）にてお申し込み下さい。

CMCテクニカルライブラリー のご案内

ナノサイエンスが作る多孔性材料
監修／北川 進
ISBN978-4-7813-0189-1　　　　　　　B915
A5判・249頁　本体3,400円＋税（〒380円）
初版2004年11月　普及版2010年3月

構成および内容：【基礎】製造方法（金属系多孔性材料／木質系多孔性材料／吸着理論（計算機科学 他）【応用】化学機能材料への展開（炭化シリコン合成法／ポリマー合成への応用／光応答性メソポーラスシリカ／ゼオライトを用いた単層カーボンナノチューブの合成 他）／物性材料への展開／環境・エネルギー関連への展開
執筆者：中嶋英雄／大久保達也／小倉 賢 他27名

ゼオライト触媒の開発技術
監修／辰巳 敬／西村陽一
ISBN978-4-7813-0178-5　　　　　　　B914
A5判・272頁　本体3,800円＋税（〒380円）
初版2004年10月　普及版2010年3月

構成および内容：【総論】【石油精製用ゼオライト触媒】流動接触分解／水素化分解／水素化精製／パラフィンの異性化【石油化学プロセス用】芳香族化合物のアルキル化／酸化反応【ファインケミカル合成用】ゼオライト系ピリジン塩基類合成触媒の開発【環境浄化用】NO_x選択接触還元／Co-βによるNO_x選択還元／自動車排ガス浄化【展望】
執筆者：窪田好浩／増田立男／岡崎 肇 他16名

膜を用いた水処理技術
監修／中尾真一／渡辺義公
ISBN978-4-7813-0177-8　　　　　　　B913
A5判・284頁　本体4,000円＋税（〒380円）
初版2004年9月　普及版2010年3月

構成および内容：【総論】膜ろ過による水処理技術 他【技術】下水・廃水処理システム 他【応用】膜型浄水システム／用水・下水・排水処理システム（純水・超純水製造／ビル排水再利用システム／産業廃水処理システム／廃棄物最終処分場浸出水処理システム／膜分離活性汚泥法を用いた畜産廃水処理システム 他／海水淡水化施設 他
執筆者：伊藤雅喜／木村克輝／住田一郎 他21名

電子ペーパー開発の技術動向
監修／面谷 信
ISBN978-4-7813-0176-1　　　　　　　B912
A5判・225頁　本体3,200円＋税（〒380円）
初版2004年7月　普及版2010年3月

構成および内容：【ヒューマンインターフェース】読みやすさと表示媒体の形態的特性／ディスプレイ作業と紙上作業の比較と分析【表示方式】表示方式の開発動向（異方性流体を用いた微粒子ディスプレイ／摩擦帯電型トナーディスプレイ／マイクロカプセル型電気泳動方式 他）／液晶とELの開発動向【応用展開】電子書籍普及のためには 他
執筆者：小清水実／眞島 修／高橋泰樹 他22名

ディスプレイ材料と機能性色素
監修／中澄博行
ISBN978-4-7813-0175-4　　　　　　　B911
A5判・251頁　本体3,600円＋税（〒380円）
初版2004年9月　普及版2010年2月

構成および内容：液晶ディスプレイと機能性色素（課題／液晶プロジェクターの概要と技術課題／高精細LCD用カラーフィルター／ゲスト-ホスト型液晶用機能性色素／偏光フィルム用機能性色素／LCD用バックライトの発光材料 他）／プラズマディスプレイと機能性色素／有機ELディスプレイと機能性色素／LEDと発光材料／FED 他
執筆者：小林駿介／鎌倉 弘／後藤泰行 他26名

難培養微生物の利用技術
監修／工藤俊章／大熊盛也
ISBN978-4-7813-0174-7　　　　　　　B910
A5判・265頁　本体3,800円＋税（〒380円）
初版2004年7月　普及版2010年2月

構成および内容：【研究方法】海洋性VBNC微生物とその検出法／定量的PCR法を用いた難培養微生物のモニタリング 他【自然環境中の難培養微生物】有機性廃棄物の生分解処理と難培養微生物／ヒトの大腸内細菌叢／昆虫の細胞内共生微生物／植物の内生窒素固定細菌 他【微生物資源としての難培養微生物】EST解析／系統保存化 他
執筆者：木暮一啓／上田賢志／別府輝彦 他36名

水性コーティング材料の設計と応用
監修／三代澤良明
ISBN978-4-7813-0173-0　　　　　　　B909
A5判・406頁　本体5,600円＋税（〒380円）
初版2004年8月　普及版2010年2月

構成および内容：【総論】【樹脂設計】アクリル樹脂／エポキシ樹脂／環境対応型高耐久性フッ素樹脂および塗料／硬化方法／ハイブリッド樹脂【塗料設計】塗料の流動性／顔料分散／添加剤【応用】自動車用塗料／アルミ建材用電着塗料／家電用塗料／缶用塗料／水性塗装システムの構築 他【塗装】【排水処理技術】塗ラインの排水処理
執筆者：石倉慎一／大西 清／和田秀一 他25名

コンビナトリアル・バイオエンジニアリング
監修／植田充美
ISBN978-4-7813-0172-3　　　　　　　B908
A5判・351頁　本体5,000円＋税（〒380円）
初版2004年8月　普及版2010年2月

構成および内容：【研究成果】ファージディスプレイ／乳酸菌ディスプレイ／酵母ディスプレイ／無細胞合成系／人工遺伝子系【応用と展開】ライブラリー創製／アレイ／細胞チップを用いた薬剤スクリーニング／植物小胞輸送工学による有用タンパク質生産／ゼブラフィッシュ系／蛋白質相互作用領域の迅速同定 他
執筆者：津本浩平／熊谷 泉／上田 宏 他45名

※ 書籍をご購入の際は、最寄りの書店にご注文いただくか、㈱シーエムシー出版のホームページ（http://www.cmcbooks.co.jp/）にてお申し込み下さい。

CMCテクニカルライブラリーのご案内

超臨界流体技術とナノテクノロジー開発
監修/阿尻雅文
ISBN978-4-7813-0163-1　B906
A5判・300頁　本体4,200円+税（〒380円）
初版2004年8月　普及版2010年1月

構成および内容：超臨界流体技術（特性／原理と動向）／ナノテクノロジーの動向／ナノ粒子合成（超臨界流体を利用したナノ微粒子創製／超臨界水熱合成／マイクロエマルションとナノマテリアル　他）／ナノ構造制御／超臨界流体材料合成プロセスの設計（超臨界流体を利用した材料製造プロセスの数値シミュレーション）／索引
執筆者：猪股　宏／岩井芳夫／古屋　武　他42名

スピンエレクトロニクスの基礎と応用
監修/猪俣浩一郎
ISBN978-4-7813-0162-4　B905
A5判・325頁　本体4,600円+税（〒380円）
初版2004年7月　普及版2010年1月

構成および内容：【基礎】巨大磁気抵抗効果／スピン注入・蓄積効果／磁性半導体の光磁化と光操作／配列ドット格子と磁気物性　他【材料・デバイス】ハーフメタル薄膜とTMR／スピン注入による磁化反転／室温強磁性半導体／磁気抵抗スイッチ効果　他【応用】微細加工技術／Development of MRAM／スピンバルブトランジスタ／量子コンピュータ　他
執筆者：宮崎照宣／高橋三郎／前川禎通　他35名

光時代における透明性樹脂
監修/井手文雄
ISBN978-4-7813-0161-7　B904
A5判・194頁　本体3,600円+税（〒380円）
初版2004年6月　普及版2010年1月

構成および内容：【総論】透明性樹脂の動向と材料設計【材料と技術各論】ポリカーボネート／シクロオレフィンポリマー／非複屈折性脂環式アクリル樹脂／全フッ素樹脂とPOFへの応用／透明ポリイミド／エポキシ樹脂／スチレン系ポリマー／ポリエチレンテレフタレート　他【用途展開と展望】光通信／光部品用接着剤／光ディスク　他
執筆者：岸本祐一郎／秋原　勲／橋本昌和　他12名

粘着製品の開発
―環境対応と高機能化―
監修/地畑健吉
ISBN978-4-7813-0160-0　B903
A5判・246頁　本体3,400円+税（〒380円）
初版2004年7月　普及版2010年1月

構成および内容：総論／材料開発の動向と環境対応（基材／粘着剤／剥離剤および剥離ライナー）／塗工技術／粘着製品の開発動向と環境対応（電気・電子関連用粘着製品／建築・建材関連用／医療関連用／表面保護用／粘着ラベルの環境対応／構造用接合テープ）／特許から見た粘着製品の開発動向／各国の粘着製品市場とその動向／法規制
執筆者：西川一哉／福田雅之／山本宣延　他16名

液晶ポリマーの開発技術
―高性能・高機能化―
監修/小出直之
ISBN978-4-7813-0157-0　B902
A5判・286頁　本体4,000円+税（〒380円）
初版2004年7月　普及版2009年12月

構成および内容：【発展】【高性能材料としての液晶ポリマー】樹脂成形材料／繊維／成形品【高機能性材料としての液晶ポリマー】電気・電子機能（フィルム／高熱伝導性材料）／光学素子（棒状高分子液晶／ハイブリッドフィルム）／光記録材料【トピックス】液晶エラストマー／液晶性有機半導体での電荷輸送／液晶性共役系高分子　他
執筆者：三原隆志／井上俊英／真壁芳樹　他15名

CO_2固定化・削減と有効利用
監修/湯川英明
ISBN978-4-7813-0156-3　B901
A5判・233頁　本体3,400円+税（〒380円）
初版2004年8月　普及版2009年12月

構成および内容：【直接的技術】CO_2隔離・固定化技術（地中貯留／海洋隔離／大規模緑化／地下微生物利用）／CO_2分離・分解技術／CO_2有効利用【CO_2排出削減関連技術】太陽光利用（宇宙空間利用発電／化学的水素製造／生物的水素製造）／バイオマス利用（超臨界流体利用技術／燃焼技術／エタノール生産／化学品・エネルギー生産　他）
執筆者：大隅多加志／村井重夫／富澤健一　他22名

フィールドエミッションディスプレイ
監修/齋藤弥八
ISBN978-4-7813-0155-6　B900
A5判・218頁　本体3,000円+税（〒380円）
初版2004年6月　普及版2009年12月

構成および内容：【FED研究開発の流れ】歴史／構造と動作　他【FED用冷陰極】金属マイクロエミッタ／カーボンナノチューブエミッタ／横型薄膜エミッタ／ナノ結晶シリコンエミッタBSD／MIMエミッタ／転写モールド法によるエミッタアレイの作製【FED用蛍光体】電子線励起蛍光体／イメージセンサ／高感度撮像デバイス／赤外線センサ
執筆者：金丸正剛／伊藤茂生／田中　満　他16名

バイオチップの技術と応用
監修/松永　是
ISBN978-4-7813-0154-9　B899
A5判・255頁　本体3,800円+税（〒380円）
初版2004年6月　普及版2009年12月

構成および内容：【総論】【要素技術】アレイ・チップ材料の開発（磁性ビーズを利用したバイオチップ／表面処理技術　他）／検出技術開発／バイオチップの情報処理技術【応用・開発】DNAチップ／プロテインチップ／細胞チップ（発光微生物を用いた環境モニタリング／免疫診断用マイクロウェルアレイ細胞チップ　他）／ラボオンチップ
執筆者：岡村好子／田中　剛／久本秀明　他52名

※書籍をご購入の際は、最寄りの書店にご注文いただくか、㈱シーエムシー出版のホームページ（http://www.cmcbooks.co.jp/）にてお申し込み下さい。

CMCテクニカルライブラリーのご案内

水溶性高分子の基礎と応用技術
監修／野田公彦
ISBN978-4-7813-0153-2　　　B898
A5判・241頁　本体3,400円＋税（〒380円）
初版2004年5月　普及版2009年11月

構成および内容：【総論】概説【用途】化粧品・トイレタリー／繊維・染色加工／塗料・インキ／エレクトロニクス工業／土木・建築／用廃水処理【応用技術】ドラッグデリバリーシステム／水溶性フラーレン／クラスターデキストリン／極細繊維製造への応用／ポリマー電池・バッテリーへの高分子電解質の応用／海洋環境再生のための応用　他
執筆者：金田　勇／川副智行／堀江誠司　他21名

機能性不織布
―原料開発から産業利用まで―
監修／日向　明
ISBN978-4-7813-0140-2　　　B896
A5判・228頁　本体3,200円＋税（〒380円）
初版2004年5月　普及版2009年11月

構成および内容：【総論】原料の開発（繊維の太さ・形状・構造／ナノファイバー／耐熱性繊維　他）／製法（スチームジェット技術／エレクトロスピニング法　他）／製造機器の進展【応用】空調エアフィルタ／自動車関連／医療・衛生材料（貼付製品／マスク）／新用途展開（光触媒空気清浄機／生分解性不織布）他
執筆者：松尾達樹／谷岡明彦／夏原豊和　他30名

RFタグの開発技術Ⅱ
監修／寺浦信之
ISBN978-4-7813-0139-6　　　B895
A5判・275頁　本体4,000円＋税（〒380円）
初版2004年5月　普及版2009年11月

構成および内容：【総論】市場展望／リサイクル／EDIとRFタグ／物流【標準化、法規制の現状と今後の展望】ISOの進展状況　他【政府の今後の対応方針】ユビキタスネットワーク　他【各事業分野での実証試験及び適用検討】出版業界／食品流通／空港手荷物／医療分野　他【諸団体の活動】郵便事業への活用　他【チップ・実装】微細RFID　他
執筆者：藤浪　啓／藤本　淳／若泉和彦　他21名

有機電解合成の基礎と可能性
監修／淵上寿雄
ISBN978-4-7813-0138-9　　　B894
A5判・295頁　本体4,200円＋税（〒380円）
初版2004年4月　普及版2009年11月

構成および内容：【基礎】研究手法／有機電極反応論　他【工業的利用の可能性】生理活性天然物の電解合成／有機電解法による不斉合成／選択的電解フッ素化／金属錯体を用いる有機電解合成／電解重合／超臨界 CO_2 を用いる有機電解合成／イオン性液体中での有機電解反応／電極触媒を利用する有機電解合成／超音波照射下での有機電解反応
執筆者：跡部真人／日嚼稔樹／木瀬直樹　他22名

高分子ゲルの動向
―つくる・つかう・みる―
監修／柴山充弘／梶原莞爾
ISBN978-4-7813-0129-7　　　B892
A5判・342頁　本体4,800円＋税（〒380円）
初版2004年4月　普及版2009年10月

構成および内容：【第1編　つくる・つかう】環境応答（微粒子合成／キラルゲル　他）／力学・摩擦（ゲルダンピング材　他）／医用（生体分子応答性ゲル／DDS応用　他）／産業（高吸水性樹脂　他）／食品・日用品（化粧品　他）他【第2編　みる・つかう】小角X線散乱によるゲル構造解析／中性子散乱／液晶ゲル／熱測定・食品ゲル／NMR　他
執筆者：青島貞人／金岡鍾晶／杉原伸治　他31名

静電気除電の装置と技術
監修／村田雄司
ISBN978-4-7813-0128-0　　　B891
A5判・210頁　本体3,000円＋税（〒380円）
初版2004年4月　普及版2009年10月

構成および内容：【基礎】自己放電式除電器／ブロワー式除電装置／光照射除電装置／大気圧グロー放電を用いた除電／除電効果の測定機器　他【応用】プラスチック・粉体の除電と問題点／軟X線除電装置の安全性と適用法／液晶パネル製造工程における除電技術／湿度環境改善による静電気障害の予防　他【付録】除電装置製品例一覧
執筆者：久本　光／水谷　豊／菅野　功　他13名

フードプロテオミクス
―食品酵素の応用利用技術―
監修／井上國世
ISBN978-4-7813-0127-3　　　B890
A5判・243頁　本体3,400円＋税（〒380円）
初版2004年3月　普及版2009年10月

構成および内容：食品酵素化学への期待／糖質関連酵素（麹菌グルコアミラーゼ／トレハロース生成酵素　他）／タンパク質・アミノ酸関連酵素（サーモライシン／システイン・ペプチダーゼ　他）／脂質関連酵素／酸化還元酵素（スーパーオキシドジスムターゼ／クルクミン還元酵素　他）／食品分析と食品加工（ポリフェノールバイオセンサー　他）
執筆者：新田康則／三宅英雄／秦　洋二　他29名

美容食品の効用と展望
監修／猪居　武
ISBN978-4-7813-0125-9　　　B888
A5判・279頁　本体4,000円＋税（〒380円）
初版2004年3月　普及版2009年9月

構成および内容：総論（市場　他）／美容要因とそのメカニズム（美白／美肌／ダイエット／抗ストレス／皮膚の老化／男性型脱毛）／効用と作用物質／ビタミン／アミノ酸・ペプチド・タンパク質／脂質／カロテノイド色素／植物性成分／微生物成分（乳酸菌、ビフィズス菌）／キノコ成分／無機成分／特許から見た企業別技術開発の動向／展望
執筆者：星野　拓／宮本　達／佐藤友里恵　他24名

※書籍をご購入の際は、最寄りの書店にご注文いただくか、㈱シーエムシー出版のホームページ（http://www.cmcbooks.co.jp/）にてお申し込み下さい。